职业教育无人机应用技术专业系列教材

无人飞机农业植保应用技术

主　编　蒋三生
副主编　乔　军　罗婉芳
参　编　郭　辉　卜小东　戴华兵　秦雪良
主　审　杨学坤

本书是由国内多所职业院校的教师和企业工程师共同编写的，以无人飞机农业植保应用技术为核心的专业教材。本书设置了若干实践情景，在情景中既介绍专业理论知识，又设定具体的教学项目和任务点，集理论知识学习和实践应用于一体。本书内容从简单到综合，循序渐进，学生可掌握无人飞机农业植保和生产作业的相关技术和技能。本书主要内容包括无人飞机农业植保概述、无人飞机植保基础、植保无人飞机作业、植保无人飞机作业模拟实践、植保无人飞机作业典型应用。

本书可作为职业院校无人机应用技术专业的教材，也可供具备一定无人飞机植保作业基础的学习者参考阅读。

本书配有电子课件和教案等资源，凡使用本书的教师可登录机械工业出版社教育服务网（www.cmpedu.com）下载。

图书在版编目（CIP）数据

无人飞机农业植保应用技术 / 蒋三生主编. -- 北京：机械工业出版社，2025.2. -- ISBN 978-7-111-77483-9

I. S4

中国国家版本馆 CIP 数据核字第 2025XM8400 号

机械工业出版社（北京市百万庄大街22号　邮政编码100037）
策划编辑：黄倩倩　　　　　　责任编辑：黄倩倩
责任校对：张爱妮　张亚楠　　封面设计：马精明
责任印制：单爱军
北京虎彩文化传播有限公司印刷
2025年4月第1版第1次印刷
184mm×260mm・15.25印张・353千字
标准书号：ISBN 978-7-111-77483-9
定价：49.80元

电话服务　　　　　　　　　网络服务
客服电话：010-88361066　　机　工　官　网：www.cmpbook.com
　　　　　010-88379833　　机　工　官　博：weibo.com/cmp1952
　　　　　010-68326294　　金　书　网：www.golden-book.com
封底无防伪标均为盗版　机工教育服务网：www.cmpedu.com

前　言

本书基于现代农业装备应用技术（无人飞机植保技术方向）和无人机应用技术专业人才培养方案，重点介绍了无人飞机的农业植保技术与应用情况。通过本书的学习可了解和掌握我国大田农业的基础知识、无人飞机农业植保的应用现状、植保飞防相关的病虫草害防治常识和用药理论、植保无人飞机的操控与维护、植保作业地块及航线的规划、植保作业项目的模拟实践以及植保无人飞机作业的典型应用分析等相关理论知识与实践操作技能。

本书设置了若干个实践情景，在情景中既介绍专业理论知识，又设定具体的教学知识点，是一本集理论知识学习和项目实践应用于一体的教材。本书内容从入门到简单，从教室到实训室，从实训室到田间地头，循序渐进地让学生逐步掌握无人飞机农业植保的相关技术和技能。每个实践应用，会结合背景和任务，进行适当的学习拓展。本书还引入了现代化信息技术，通过在书中插入二维码，让读者随时随地扫码观看学习视频，可以更加直观地学习和理解专业知识；本书还同步建设了线上资源，通过打造网络在线精品课程，满足不同读者的需求。

本书由国内多所职业院校的教师和企业工程师共同编写而成，可作为职业院校无人机应用技术专业的教材，也可供相关工程技术人员参考和阅读。

本书由北京农业职业学院蒋三生任主编，辽宁农业职业技术学院乔军和广西轻工技师学院罗婉芳任副主编，北京农业职业学院郭辉、卜小东、戴华兵和北京中科浩电科技有限公司秦雪良共同参与了本书的编写工作。全书由蒋三生统稿。

北京农业职业学院杨学坤对本书进行了审阅，并提出了许多宝贵的修改意见，在此表示衷心感谢！

由于编者水平有限，书中不足之处在所难免，恳请广大读者批评指正。

编　者

目 录

前言

模块一　无人飞机农业植保概述 / 001

单元一　认识植保无人飞机 / 001
　1.1.1　植保无人飞机的发展历程 / 001
　1.1.2　植保无人飞机的分类 / 003
　1.1.3　植保无人飞机的优势 / 004
思考与练习 / 004
学习拓展 / 005

单元二　无人飞机农业植保的发展现状 / 005
　1.2.1　无人飞机农业植保的应用现状 / 005
　1.2.2　无人飞机农业植保的发展前景 / 009
　1.2.3　无人飞机农业植保的人才需求 / 012
思考与练习 / 014
学习拓展 / 015

单元三　植保无人飞机的从业要求 / 015
　1.3.1　证照要求 / 015
　1.3.2　证照办理流程 / 017
　1.3.3　相关法律法规 / 020
思考与练习 / 021
学习拓展 / 022

模块二　无人飞机植保基础 / 023

单元一　主要农作物的植保需求 / 023
　2.1.1　农作物概述 / 023
　2.1.2　植保需求 / 025
思考与练习 / 027
学习拓展 / 027

单元二　主要农作物的病虫草害及防治 / 028
　2.2.1　小麦的病虫草害及防治 / 028

2.2.2 水稻的病虫草害及防治 / 036
2.2.3 玉米的病虫害及防治 / 044
2.2.4 棉花的病虫害及防治 / 047
2.2.5 油菜的病虫害及防治 / 050
思考与练习 / 052
学习拓展 / 053
单元三 无人飞机植保用药基础 / 054
2.3.1 植保用药概述 / 054
2.3.2 航空植保药剂 / 058
2.3.3 无人飞机植保用药案例 / 061
思考与练习 / 063
学习拓展 / 063
单元四 无人飞机植保用药安全 / 064
2.4.1 配药安全 / 064
2.4.2 施药安全 / 066
2.4.3 作业安全 / 067
思考与练习 / 067
学习拓展 / 068

模块三 植保无人飞机作业 / 069

单元一 植保无人飞机的作业流程 / 069
3.1.1 无人飞机飞防作业流程 / 069
3.1.2 无人飞机飞防作业注意事项 / 072
思考与练习 / 073
学习拓展 / 073
单元二 植保无人飞机作业环境调查 / 074
3.2.1 无人飞机作业的气象条件 / 074
3.2.2 无人飞机作业地形的勘测 / 078
3.2.3 无人飞机作业对象的视察 / 079
思考与练习 / 083
学习拓展 / 084
单元三 植保无人飞机作业方式 / 088
3.3.1 手动作业与自动作业 / 088
3.3.2 单机作业与多机作业 / 090
思考与练习 / 093

学习拓展 / 093

单元四　极飞 P40 植保无人飞机作业 / 094

　　3.4.1　设备安装与调试 / 094

　　3.4.2　设备使用与作业 / 104

　　3.4.3　设备安全与维护 / 110

思考与练习 / 116

学习拓展 / 117

单元五　大疆 T20 植保无人飞机作业 / 118

　　3.5.1　设备安装与调试 / 118

　　3.5.2　设备使用与作业 / 124

　　3.5.3　设备安全与保养 / 134

思考与练习 / 136

学习拓展 / 136

模块四　植保无人飞机作业模拟实践 / 138

单元一　避障飞行模拟实践 / 138

　　4.1.1　障碍物类型及避障方法 / 138

　　4.1.2　无人飞机避障飞行模拟实践 / 143

思考与练习 / 147

学习拓展 / 148

单元二　平地飞防作业及模拟实践 / 151

　　4.2.1　平地飞防作业常识 / 151

　　4.2.2　平地飞防模拟实践 / 154

思考与练习 / 158

学习拓展 / 159

单元三　山地飞防作业及模拟实践 / 162

　　4.3.1　山地飞防作业常识 / 162

　　4.3.2　山地飞防模拟实践 / 165

思考与练习 / 172

学习拓展 / 172

模块五　植保无人飞机作业典型应用 / 176

单元一　单机飞防作业 / 176

　　5.1.1　案例背景 / 176

　　5.1.2　案例分析 / 177

5.1.3　飞防方案 / 178

 思考与练习 / 183

 学习拓展 / 184

 单元二　多机飞防作业 / 187

  5.2.1　案例背景 / 187

  5.2.2　案例分析 / 188

  5.2.3　飞防方案 / 189

 思考与练习 / 193

 学习拓展 / 194

 单元三　大田飞防作业 / 198

  5.3.1　湖北水稻稻飞虱与稻瘟病防治 / 198

  5.3.2　新疆玉米钻心虫防治 / 199

  5.3.3　四川直播水稻田封闭除草 / 200

  5.3.4　新疆油菜花蚜虫防治 / 202

 思考与练习 / 203

 学习拓展 / 204

 单元四　果园飞防作业 / 207

  5.4.1　果园航线规划和相关计算 / 207

  5.4.2　广西沃柑清园作业 / 212

  5.4.3　湖南桃树褐腐病和流胶病防治 / 213

  5.4.4　赣南脐橙园红蜘蛛防治 / 214

  5.4.5　广州荔枝园病虫害防治 / 216

 思考与练习 / 218

 学习拓展 / 219

 单元五　其他农业领域的作业 / 223

  5.5.1　小麦追肥 / 223

  5.5.2　猕猴桃授粉 / 225

  5.5.3　油菜籽播种 / 226

  5.5.4　红干椒喷洒催红催熟剂 / 228

  5.5.5　棉花变量化控旺作业 / 229

 思考与练习 / 230

 学习拓展 / 231

参考文献 / 233

模块一　无人飞机农业植保概述

🎯 知识目标

1. 了解植保无人飞机的发展历程、分类和优势。
2. 了解无人飞机农业植保的应用现状、发展前景和人才需求状况。
3. 熟悉植保无人飞机的执照要求、考证流程和相关法律法规知识。

🎯 能力目标

1. 正确识别植保无人飞机的基本构造和类型。
2. 分析无人飞机在农业领域的应用前景和人才需求特点。
3. 合法使用植保无人飞机进行相关作业。

🎯 素质目标

1. 培养三农情怀和乡村振兴的使命当担。
2. 树立坚定的职业信念，练就过硬的职业素养。
3. 养成良好的法律意识，做一名知法、守法的好公民。

单元一　认识植保无人飞机

植保无人飞机的认识

1.1.1　植保无人飞机的发展历程

从广义上来讲，农业植保无人飞机是一种用于农、林植物保护或农业生产领域作业的无人驾驶飞机，一般由飞控系统、飞行平台和作业装置等主要部分组成，通过遥控器或地面站操控无人飞机自主飞行，可完成喷药、播种、施肥、授粉、农业信息采集和农情监测等多种任务，图1-1所示为一架农业植保无人飞机的结构组成。

将飞机用于农业植保领域，已有100多年的发展历史。早在1906年，美国就开始采用有人飞机喷洒化学农药消除牧草害虫；1911年，德国林务官阿尔福莱德·齐梅尔曼在世界上首次利用有人驾驶的飞机喷洒液体和粉末农药，以防治森林病虫害；1918年，美国第一次使用有人驾驶飞机喷施农药灭杀棉花虫害；1922年，苏联采用飞机喷洒农药防治蝗虫；1932年，Huff-Daland飞机制造公司在其原有机型的基础上进行改进，制造出一架应用于农业领域的飞机；1947年，澳大利亚开始将飞机用于农业喷洒；1949年，用于大规模农田植保的固定翼飞机在美国研制成功。

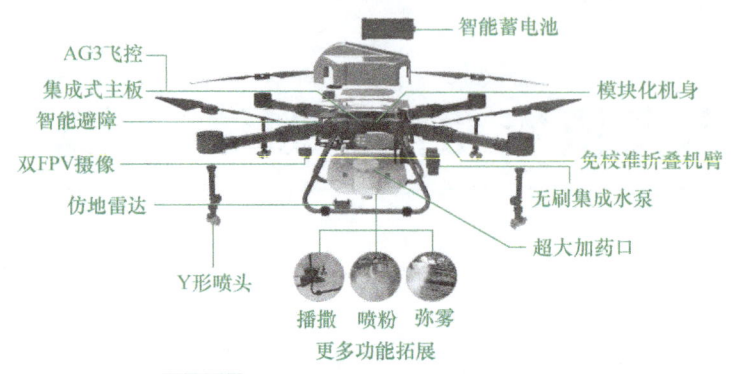

农业植保无人飞机的结构

图 1-1　农业植保无人飞机的结构组成

使用无人飞机进行农业植保，日本和美国等发达国家起步较早，产业体系相对成熟。自1987年日本Yamaha公司生产出世界上第一架R-50农用植保无人飞机（图1-2）至今，已有30多年的发展历程。由于日本耕地面积小且分散，水稻地多，对无人飞机依赖性大，促使农用无人飞机快速发展，已广泛用于播种、监测、施肥和喷药等作业。美国农业生产则以大农场居多，经营规模大，往往使用载重量大、续航时间长、工效比高的有人飞机进行植保作业。据统计，当前美国农用航空相关企业有2000多家，对农业的直接贡献率为15%以上，年处理40%以上的耕地面积，全美65%的化学农药采用飞机作业完成喷洒，其中水稻施药作业100%采用航空作业方式。

中国的农用航空作业始于20世纪50年代初，运用的机型主要有"Y-5B（D）""蓝鹰AD200N""蜜蜂3型""海燕650B"等固定翼有人驾驶机型。20世纪90年代，专门为超轻型飞机配套设计的3WQF型农药喷洒设备，可广泛用于水稻、小麦、棉花等大田农作物的病虫害防治、化学除草，也可用于草原灭蝗、森林害虫防治等。

2004年，科技部对植保无人飞机进行了立项资助；2008年，农业农村部南京农业机械化研究所研制出我国第一架植保无人飞机；2010年，无锡汉和3CD-10型单旋翼油动植保无人飞机（图1-3）研制成功，开启了我国植保无人飞机商业化的第一步；2014年起，植保无人飞机得到规模化应用；2016年起，植保无人飞机得到大面积推广应用，植保无人飞机的使用及经营逐渐成熟。

图 1-2　Yamaha R-50农用植保无人飞机　　图 1-3　汉和3CD-10型单旋翼油动植保无人飞机

1.1.2 植保无人飞机的分类

1. 按动力源分类

按照动力源不同，植保无人飞机可分为电动植保无人飞机、油动植保无人飞机及油电混合植保无人飞机三种。

（1）电动植保无人飞机　　通常利用锂电池作为动力源，其优点是无人飞机构造比较简单，容易维护，对操控人员的技能要求较低；场地适应能力强，轻便灵活，操作便捷，响应迅速；电动输出功率不受含氧量的影响，可在高原地区使用；电池可通过充电重复使用，成本低；振动小，监控画面的成像质量好。其缺点是抗风能力弱，续航能力有限，电池报废后存在污染环境的问题。

（2）油动植保无人飞机　　采用燃油作为动力源，其优点是燃料易取，载重大，续航能力强，具有较好的抗风能力。其缺点主要体现在自主飞行能力差，油门响应速度慢，不易掌控，对操控员的技能水平要求较高；控制精准度低；高原飞行性能不足；振动大。

（3）油电混合植保无人飞机　　其动力来自燃油发动机和电动机，将电动植保无人飞机和油动植保无人飞机相互结合，可以弥补各自的缺点和不足，具有很好的发展前景，但仍存在一些技术难题亟待解决。首先，油电混合对无人飞机的飞控算法要求较高，因为燃油发动机的输出功率变化存在延迟现象，需要电动机来提供动力补充；其次，燃油发动机动力和电动机动力的配比不好平衡，由于两者的升力衰减程度不一致，油动力过大会造成无人飞机飞行姿态不稳定，过小则不具备续航优势。

2. 按机型结构分类

按照机型结构不同，植保无人飞机可分为固定翼植保无人飞机、单旋翼植保无人飞机和多旋翼植保无人飞机三种。

（1）固定翼植保无人飞机　　其载重量大、飞行速度快、作业效率高，作业时采用超低空飞行，具备简易、安全的起降系统，可按照多种模式自动执行植保任务。同时，固定翼植保无人飞机对作业区域地形条件要求较高，需要有较为宽敞、无障碍地用于起降的场地，若作业区域或周围有电线、电杆或树木等障碍物的影响，会引起飞行安全问题，并且无法实现悬停。

（2）单旋翼植保无人飞机　　它是早期阶段农业植保的尝试选择，其优点是风场稳定，雾化效果好，向下风场大，穿透力强，可以把药撒到作物根茎部，抗风能力强。其缺点是造价高，飞行操控员培训难，并且一旦发生炸机事故，单旋翼无人飞机造成的损害可能更大。

（3）多旋翼植保无人飞机　　它采用对称结构的多个旋转中心带动旋翼产生风力进行飞行作业，价格适中，操作方便，操控人员培训快。但抗风性弱，下旋风场更弱，造成风场散乱，风场覆盖范围小；若为了加大喷洒面积把杆加长，会导致飞行不稳，作业难度加大，增加炸机风险，作业覆盖半径一般在300m之内，单次作业时间小于30min，比较适合田间小地块作业。

当前农户使用的多为多旋翼植保无人飞机，未来的选择则需要根据无人飞机技术的进一步发展进行更多的探索和实践。

1.1.3 植保无人飞机的优势

1. 适用面广

植保无人飞机具有携带方便，使用优势突出，既能适应不同地形，又可满足不同作物，而且不受作物种植模式的影响；植保无人飞机升降简单，不要求有专用跑道，过去地面大型植保机械较为棘手的水田、山地、坡地及不平整田地等，大部分可以使用植保无人飞机进行作业。此外，针对一些作物的不同生长阶段，无人飞机作业优势明显。以甘蔗施药为例，在生长前期利用拖拉机作业，会损伤部分甘蔗苗；在甘蔗生长后期施药更为困难，拖拉机根本无法作业，而人工很难将药喷到甘蔗顶部，且对人身健康存在巨大安全隐患，使用无人飞机喷洒则可以轻松解决这些问题。

2. 节水节药、节能环保

植保无人飞机为低空雾化喷洒，保证均匀喷施整个植株。常规施药器械每公顷（1 公顷 $=1hm^2=10^4m^2$）的药液用量 200~1000L（大田低，果园林木高），而无人飞机作业只需每公顷喷施药液 5~200L 就可达到防治效果，节省了大量的水资源和农药使用量，大幅度减轻了农药对环境的影响。

3. 效率高

植保无人飞机喷洒效率约为人工喷洒的 100 倍，可在一定程度上解决当今劳动力缺乏、劳动力成本高等问题。此外，植保无人飞机作业时大多使用飞防专用药剂，作物吸收率比传统农药高得多，无人飞机飞行时产生的风力甚至可以将一些细长叶片吹翻，使作物叶面受药均匀。

4. 安全性高

植保无人飞机飞防作业为远程遥控操作，人距离农药相对较远，减少了有毒农药对人体的伤害；还可以夜间作业，安全生产工作得到更有效的保障。

思 考 与 练 习

一、填空题

1. 将飞机用于农业植保领域，已有 100 多年的发展历史。早在_____年，美国就开始采用有人飞机喷洒化学农药消除。
2. 日本_____公司于_____年生产出世界上第一架农用植保无人飞机。
3. 中国的农用航空作业始于 20 世纪 50 年代初，运用的机型主要有_____、_____、_____和_____等固定翼有人驾驶机型。
4. 2010 年，无锡汉和的_____植保无人飞机研制成功，开启了中国植保无人飞机商业化的第一步。

5. 按照动力源不同，植保无人飞机可分为_____、_____和_____三种类型。

6. 按照机型结构不同，植保无人飞机可分为_____、_____和_____三种类型。

二、简答题

1. 什么是农业植保无人飞机？
2. 电动植保无人飞机的优缺点有哪些？
3. 将多旋翼植保无人飞机用于飞防作业，具有哪些优势？

学习拓展

1. 任务背景

近年来，随着大批农村适龄劳动力向城市转移，面对大片良田，我国农业生产经营者利用自动化机械完成生产的需求显著增加。2022年1月，中共中央、国务院印发《关于做好2022年全面推进乡村振兴重点工作的意见》，提出应提升农机装备研发应用水平，将高端智能机械研发制造纳入国家重点研发计划并予以长期稳定支持；另一方面，为植保无人飞机购置提供补贴。

在利好政策的助推下，植保无人飞机成为推进农业机械化的重要举措之一，技术水平、普及程度和市场规模大幅提升。未来，随着数字化、智能化技术与无人飞机产品和农业场景深度融合，植保无人飞机有望为智慧农业赋能，有效加快农业现代化建设，助力乡村振兴。

2. 任务要求

请结合上述农业植保无人飞机的发展背景，通过查阅资料和市场调研等，制作一份PPT报告，要求围绕以下方面的内容进行选题和设计：

1）无人飞机在农业植保方面的应用领域。
2）国内生产植保无人飞机的知名厂家。
3）列举一款植保无人飞机产品，写出其销售价格、型号规格和性能参数等。
4）国内针对植保无人飞机的购置补贴政策。

单元二　无人飞机农业植保的发展现状

1.2.1　无人飞机农业植保的应用现状

无人飞机农业植保的发展现状

随着农村劳动人口的减少和土地集约化经营不断扩大，传统的农业生产方式及作业手段效率低，已满足不了现代农业发展的需要，随着民用无人飞机技术的快速发展，采用植保无人飞机作业在现代农业生产中的应用越来越广泛。截至2023年底，我国农业植保无人飞机保有量约20万架，作业面积累计超过21.3亿亩次。随着市场需求的逐年提升，植保无人飞机在我国已发展成为一种常见的现代化农业生产装备。

植保无人飞机的推广和应用有效解决了传统农作物植保作业过程中存在的相关问题，不仅能提高植保作业效率，降低作业成本，还能减少农作物病虫草害的发生率，增加经济收益。同时，还能通过对农药的科学配比，避免农药的过度使用，减少土地污染等问题。我国植保无人飞机在现代农业生产和研究中的应用主要表现在农药喷施、灾情防控等飞行防护领域，播种、施肥、授粉等农业生产领域，以及结合低空遥感技术和智慧农业技术的农业信息采集与农情监测领域等。

1. 植保飞防

在农作物的生长周期中，病虫草害的有效防控是保证粮食安全与产量的重要环节，通过无人飞机施药技术对农作物进行保护，是现代化农业发展的重要手段。面对大规模的病虫草害，一般的传统植保机械已经无法满足现代农业发展的要求。以无人飞机作为飞行载体对农作物进行喷药，具有效率高、立体性强、效果好、不损伤农作物、人工劳动强度低以及对土地污染少等优点，不仅适合大面积的平原地形集群作业，也适合复杂地带和分散零星的小面积作业，在我国大部分地区的旱地、水田和丘陵等都有着较好的应用前景。目前，采用植保无人飞机施药涉及范围广，作业对象既有水稻、玉米和小麦等主要粮食产物，也有香梨、柑橘、苹果和茄子等果蔬，还有棉花、花生、油菜、茶树和核桃等经济类作物。根据地形分布特点，植保飞防的作业对象总体上分为两大类，一是包括水稻、小麦、玉米和棉花等以平原地形为主体的大田农作物类；二是以柑橘、龙眼、荔枝、茶树、桃树等以山地地形为主体的园林果树类。

（1）大田农作物 目前，我国植保飞防作业的对象主要集中在大田农作物上。大田农作物是指大面积种植的作物，如小麦、水稻、玉米和棉花等，大田农业能更好地实施农业生产规模化，是推行现代化农业发展的优先选择。由于大田农作物地形分布简单，种植面积广阔，病虫草害发生率高，特别适合无人飞机集中作业，不仅大大降低了人工成本，还解决了农村地区劳动力短缺的问题。图1-4所示为植保无人飞机进行大田农作物的飞防作业。

图1-4 植保无人飞机进行大田农作物飞防作业

（2）园林果树 果树是指能提供可供食用果实、种子的多年生植物及其砧木的总称，常通过所结果实产生收益。果树共分为三大类，包括木本落叶果树、木本常绿果树和多年生草本果树。木本落叶果树品质繁多，包括仁果类果树（如苹果树、梨树、海棠果树、山楂树和木瓜树等）、核果类果树（如桃树、李子树、杏树和樱桃树等）、浆果类果树（如猕猴桃树、树莓树、石榴树和葡萄树等）、坚果类果树（如核桃树、板栗树、榛子树和银杏树等）和柿枣类果树；木本常绿果树主要包括柑果类果树（如柑橘树、橙子树和柚子树等）和荔枝、龙眼树等其他果树；多年生草本果树主要包括香蕉树、菠萝树和草莓树等。

目前，由于山区丘陵地区的果树种植带地形起伏大，果树植保存在作业效率低、作业环境差、农药用量大等问题，一般植保机械难以完成作业任务，而植保无人飞机在果树领域的应用有着地形适应性强、工作效率高、对土地污染小等优势，具备一定的应用前景。由于不少果园存在植株大、冠层厚、行距不一等问题，使得植保无人飞机作业受到一定限制。此外，果树种植带视线容易受到遮挡，对于往返作业的无人飞机的操作和安全性要求都更高。因此，以果树为飞防对象的植保作业在用药安全、操作安全和可行性等方面仍然需要大量的经验。

在以果树为作业对象的植保无人飞机装备研制上，中国农科院植保所以大疆的植保无人飞机为测试平台，在全国多个柑橘等果树产区进行实地测试，为有效防治柑橘木虱提供了科学的飞防方案，并基于农科院的试验数据对植保系列无人飞机的"果树作业"模式进行了持续优化。图 1-5 所示为大疆无人飞机在不规则的果园里进行全自动作业，能自动避开建筑物、池塘和电线等障碍物，整个作业过程几乎不需要人工进行干预。

图 1-5 大疆植保无人飞机在果树模式下作业

2. 农业生产

农业生产指种植农作物的相关生产活动，包括在粮食、瓜果、蔬菜和各类经济作物生长过程中进行的"耕种管收"等。目前，植保无人飞机除了在飞防作业方面应用较广外，还能参与播种、撒肥、脱叶剂喷洒和授粉等多个生产环节，植保无人飞机已从早期单一的飞防领域发展到了农业生产和研究中的多领域，成为真正意义的"农业无人飞机"。

（1）播撒　随着播撒机在农业种植中的应用普及，将播撒技术移植到无人飞机上能够大大提高作业的效率。目前，农业植保无人飞机参与程度较高的播撒作业主要有播种（如水稻、油菜籽和草原种子等的播种）、撒肥、棉花脱叶剂喷洒和鱼虾塘饲料播撒等，特别是在水稻生产的各个环节，包括播种、施肥、施药和叶面肥喷洒等作业环节，农业植保无人飞机真正全面参与了农业生产"耕种管收"的全部阶段，进一步促进了农业生产方式的现代化和自动化。图 1-6 所示为无人飞机播撒作业。

近年来，由于水稻直播栽培技术具有投资小、效率高、操作简单，适用于任何土质和形状的土地等优点，在我国有很高的推广和应用价值。随着种子播撒的便利，水稻种植区直播的比例在迅速增加，不仅降低了生产成本，也增加了农户的种植收益。据统计，我国水稻种植中采用直播作业的面积大约为 $1.51 \times 10^7 hm^2$，水稻直播作业的年均市场价值约 34 亿元。因此，基于水稻直播栽培技术的植保无人飞机种子播撒作业量迅速增加，预计未来几年播撒作业将会保持 200% 的年增长速度。

图1-6 无人飞机播撒作业

2019年4月，极飞科技发布的一款搭载有智能播撒系统的植保无人飞机能一键起动全自主飞行播撒，水稻播种作业效率高达 5.3hm²/h。极飞科技植保服务团队利用该型号无人飞机在全国多个省份进行了播撒作业，结果显示，采用直播的水稻发芽率超过98%，稻苗分布均匀，生长态势良好。

(2) 授粉　在多种农作物生长的花期，花朵中的雄蕊通常包含一种黄色花粉，这些花粉被传给雌蕊柱头的移动过程称为授粉。授粉是植物结成果实必经的过程，一般通过蜜蜂授粉或人工授粉完成。传统的农业生产是依靠蜜蜂来授粉的，但是蜜蜂授粉非常依赖于天气状况，一旦植物生长的花期短，很容易错过最佳授粉时间；人工授粉是指用人工方法把植物花粉传送到柱头上，以提高籽实率，或有方向性地改变植物物种的技术措施，一般用在自花不结实、雌雄同株而异花以及雌雄异株的果树生产上，或在缺乏授粉树或花期气候恶劣、影响正常自然授粉的情况下。

传统的人工授粉不仅效率低，而且人力成本高，遇到树高超过四五米的果树，还需要爬梯进行作业，费时费力；人工使用喷雾器进行液体授粉时，喷洒不均匀，籽实率低。随着人工成本的不断增加和产业健康发展的需要，无人飞机喷施高效液体授粉技术开始出现。无人飞机授粉与传统的人工授粉方式相比，具有明显的效率高、成本低等优势，授粉速度快，让农户能够抓住授粉的有效时机，达到最佳效果。无人飞机授粉的应用不仅保障了瓜果作物的坐果率及产量，还避免

图1-7 无人飞机对梨树进行授粉作业

了因人工沾染等传统授粉方式带来的作物病害扩散，减少了农药的使用与残留。图1-7所示为无人飞机对梨树进行授粉作业。

3. 农业信息采集

基于现代农业和智慧农业的发展背景，将无人驾驶、遥控、遥测、无线通信、卫星定位和传感器技术融为一体的低空无人飞机遥感技术，能够实时、快捷、高效地获取地表农作物的空间遥感信息。通过无人飞机搭载的摄像机、传感器等设备对农作物、农田进行扫描、拍摄和采集，可完成对农作物、农田的特征测量和信息采集，从而实现农情

监测和农业生产的现代化、信息化。

低空无人飞机遥感技术应用前景广阔，相比卫星遥感具有更高的空间分辨率和时间分辨率，能够很好地进行精细化管理。首先，该技术可以通过无人飞机航拍影像对部分地区的农作物类型及长势等信息进行统计，用来评估大范围地区的农作物类型、长势和产量等；其次，低空无人飞机遥感技术能灵活便捷地获取地面农作物样方的数据信息，克服传统卫星地面样方调查的局限性，为卫星影像监测不到的作物信息空间抽样提供数据；此外，在农情监测方面，低空无人飞机遥感技术具有空间分辨率高、灵活性好、机动性强等特点，替代传统人工采集农情信息时的片面性、低效性和主观性，实现全面、准确、高效和客观的农情监测。

此外，低空无人飞机遥感技术在土壤水分监测方面也有一定的研究和应用。土壤含水量对地面和大气层之间水气及热量的传输和平衡方面有着重要影响，是现代农业节水研究的重要参数和研究热点。利用微波遥感和近、远红外遥感等技术监测土壤水分，通过土壤成像的对比和分析，计算出土壤的湿度及其相关系数。通过对土壤水分的定期监测及对农作物生长趋势的系统评估，不仅能精准监测农作物的需水量，从而采取合理的节水灌溉方式，还能全面监测洪涝灾害等农情。

图 1-8~图 1-10 所示为低空无人飞机遥感技术在农业信息采集方面的应用。

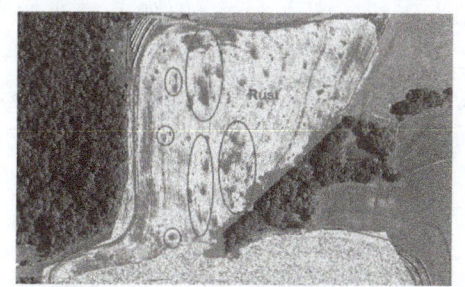

图 1-8 无人飞机监测麦田锈病情况

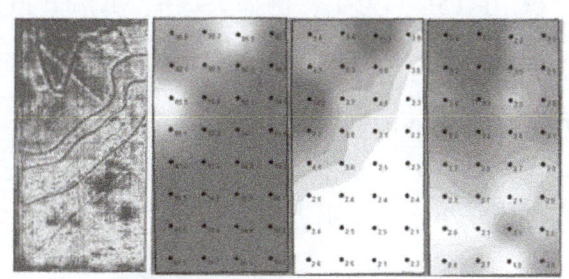

图 1-9 无人飞机分析土壤属性

图 1-10 无人飞机对水土保持进行监测

1.2.2 无人飞机农业植保的发展前景

无人飞机植保作业具有安全高效、绿色节能、防治效果优良、作业精准等优势，对现代农业的发展具有重要意义，是现代化施药器械革新的重要途径之一。我国作为农业大国，植保市场前景广阔，大力推广无人飞机进行植保作业不仅可以解决农村劳动力短缺的问题，还能实现安全高效喷洒。

目前，我国农作物耕种等主要生产劳动中的植后管理（施药撒肥、病虫害防治、农田灌溉等环节）仍较为依赖人力和个人经验，机械化率不到10%，加上农业劳动力减少、农村老龄化加剧等问题，无人农业装备在植后管理环节具备广阔应用空间。

目前，农业农村部已经意识到植保无人飞机给农业发展和变革所带来的积极效果，并加大了补贴力度，尝试对农机新产品加大补贴范围，同时在一定区域开展植保无人飞机的补贴试点工作，从而推动农机科技创新成果的转化。目前，将无人飞机列入试点的省份逐渐增多，且全国各地都在积极推广无人飞机植保技术，国家对农户购置植保无人飞机提供了资金补贴，极大促进了该行业的发展，从业者们也愿意在植保方面投入更多的资金，并产生更为理想的经济效益。

1. 植保无人飞机发展特点

结合无人飞机农业植保的应用现状，植保无人飞机产品的发展将会呈现以下特点：

（1）需求分化、产品型号多样　早期的植保无人飞机机型多以10~15kg载重（药箱容积10~15L）为主，例如大疆的MG-1P植保无人飞机（图1-11）；但随着行业的发展，机型载重逐年增长，目前主流厂家的最大载重机型已经增长至30~40kg（药箱容积30~40L），例如极飞科技的P100-2022植保无人飞机（图1-12）。载重量的增加，极大提升了喷洒作业的效率，但作业成本也随之上升，面对作业价格逐年下降的整体趋势，预计在几年内就会获得一定的平衡。未来，大载重机型将主要面向播撒作业，而普通的喷洒作业并不一定要求大载重机型。

图1-11　大疆MG-1P植保无人飞机

图1-12　极飞科技P100-2022植保无人飞机

（2）迭代迅速、设备性能提升　我国地域辽阔，不同区域的地形存在差异，需结合不同的地貌、地质特征创新农业植保无人飞机的性能，使其适应不同区域的差异性特点，并有效地提高其使用效率和使用寿命。近年来，无人飞机行业整体技术发展日新月异，生产企业每年都会推出新产品，从而推动了农业植保无人飞机应用技术及其产品性能的迅速提升。具体体现在以下方面：①作业效率显著提升，单部飞机、单个操控员植保的最高日作业效率已达1800亩[①]；②生产企业工业设计能力逐步提升，整机IP67防

---

① 1亩=666.6m^2。

尘防水能力成为市场标配；③受益于电池技术的迅速发展，锂电池寿命由300次提升至1200次，大幅降低了使用成本；④主流生产企业通过RTK（实时动态）基站的建设，网络RTK已经普及到全国大部分省市。

在植保无人飞机产品更新换代的进程中，应重视科研院所和无人飞机生产企业之间的合作，加快研发创新的速度，研发出更先进的农用无人飞机。未来农用无人飞机应向更加成熟和稳定的移动终端操控平台上发展，让被用于农业植保的无人飞机在飞行时能够更加可靠、稳定；还可以采取净喷雾技术提高农药的附着率，减少浪费和污染，从而有效地发挥农药的使用价值。

(3) 提升效率、融合多个领域　植保无人飞机从早期的单人单机作业，逐步发展到了多机集群作业；已从单一的植保飞防作业，演变到与航拍、测绘和遥感等其他无人飞机应用领域协同作业。通过航拍无人飞机和卫星地图，可以实现空中航线规划，操控员不再下地规划，大幅提升了规划效率；通过带有RTK的测绘无人飞机进行空中拍摄，可对作业地块进行地图重建，能够将地块的高程信息有效记录并产生三维航线，从而使得山地果树飞防作业更为安全可行；通过遥感技术，可对农作物、农田等进行扫描、拍摄和采集，完成对农作物、农田地块等特征测量和信息采集，从而实现农情监测和农业生产的现代化、信息化。

(4) 精准作业、助力智慧农业　通过多光谱无人飞机进行空中拍摄，能够实时监测农田和农作物的相关信息，使得地块平整度监测、地块生长作物监测、作物长势监测、作物营养分析和农田水土保持情况监测等成为可能，通过对采集到的信息分析、计算和处理，得到农田处方图，从而实现精准变量喷洒、变量播撒，为实现农业生产减肥、减药的目标和智慧农业的发展格局提供助力。

2. 市场发展趋势分析

(1) 总体增长趋势明显　相关数据显示，2020~2021年我国植保无人飞机市场规模增长迅猛，2021年植保无人飞机市场规模达到28.63亿元，同比增长率为124.2%。随着农机补贴政策升级和无人飞机智能化发展应用，我国植保无人飞机市场有望进一步打开。根据中研普华研究院《2022~2027年植保无人机产业深度调研及未来发展现状趋势预测报告》分析，预计在2022~2025年，我国植保无人飞机市场将保持稳定增长，预计2025年市场规模可达115亿元。

植保无人飞机作业规模整体呈现上升趋势，但不同区域有较大差异。地块平整的区域，如黑龙江、新疆等省、自治区，市场规模将先达到最大，然后进入缓慢增长期。地块平整区域短期内不会停止增长，因为仍然有部分作物的飞防作业比例较低，如东北地区的玉米与大豆。山东、河南、安徽、江西、湖南、湖北等中东部省份，因为土地集中度低、单位地块规模小、土地流转等原因，飞防作业整体比例还处于相对低位，依然存在较大的市场发展空间。云南、贵州、四川、广西等省、自治区受地形、单块耕地面积等的限制，飞防作业基数较低，依然还有非常大的发展空间。

(2) 改变农业格局　我国农业生产总体存在种植规模小、机械化程度低、生产率低、人员成本高等问题。植保无人飞机的出现，是"管理"薄弱环节的突破，是农业生产走向机械化和现代化的重要一步。首先，植保作业的价格逐年下降，以江苏农场水稻种植为例，2016年水稻农药喷洒作业单价为8元/亩左右，经过5年的发展，2021年已降低到4元/亩；其次，植保飞防作业比例的增加，对农药水基化剂型的需求加大，促进了农药生产企业对剂型的适应与调整，农药厂家已经着手开发市场专用的飞防药剂，用于搭配植保无人飞机的使用，提升作业效果，推动植保无人飞机发展。此外，植保无人飞机能够实现种子播撒、肥料播撒、农药与叶面肥的喷洒、棉花脱叶剂的喷洒等多项作业，实现全面参与农业生产"耕种管收"的所有阶段，促进了农业生产方式的变革。预计2021—2025年期间，播撒作业将会保持200%的年增长速度，在应用作物上，水稻将成为播撒作业的主要作业对象。

1.2.3 无人飞机农业植保的人才需求

1. 总体概况

中国有18亿亩农田，每年需要大量的农业植保从业人员，植保无人飞机操控员的市场需求空间巨大。据有关部门统计，2022年植保无人飞机市场保有量约16万架，防治面积达到14亿亩次，专业的植保无人飞机操控员需求量约40万人。植保无人飞机操控员作为一个技术要求较高的职业，不仅需要娴熟的植保无人飞机飞行技巧，还需进行系统的植保知识培训，对理论知识和实操要求较高。据了解，目前无人飞机植保作业的市场价格为每亩5~20元，旺季每架无人飞机的收入可以达到2000元/天以上，专业植保无人飞机操控员的年收入平均在10万元以上，吸引了不少年轻群体的加入。

2. 岗位分析

相关调查结果显示，企业为无人飞机相关专业毕业生提供的岗位主要分为四类。

（1）飞行培训师　主要培训学员，帮助购机客户掌握无人飞机飞行技能、植保作业技能、使用注意事项和维护方法，一般适合飞行技术好，表述能力强的高职毕业生。

（2）维修技术人员　检测并排除送修无人飞机的故障、更换已损坏部件或整机拆装维修，为保险公司提供理赔依据，在线指导或到场帮助客户对飞机进行维护和维修，一般适合动手能力较强，爱钻研的高职毕业生。

（3）生产调试人员　加工各类常用零部件，焊接线路，总装飞机，整机出厂调试，其中加工岗位适合具有钳工和电工基础的中、高职毕业生，调试岗位适合理论基础扎实，具备一定探究能力的高职毕业生。

（4）农林植保飞防员　俗称植保"飞手"，指在特定时间为种植客户提供农林植保飞防类的服务。

近两年受国家政策推动，植保无人飞机市场高速发展，企业销量大幅度增长，随之而来的是无人飞机相关技术人员处于短缺状态。植保无人飞机作为新兴农具，具备操作基础的人员较少，因此企业的主要需求是拥有扎实的理论基础和良好表达能力的飞行培训师。从行业发展趋势来看，随着植保无人飞机保有量和飞行小时数的提高，企业在未来几年将对技术扎实、实践经验丰富的维修技术人员产生较大的需求。从长远来看，企业最需要的是既拥有培训能力，又能完成检修调试工作的综合性售后人才，以及具备理论基础、探究能力和实践经验的研发人才。

3. 能力要求

农业植保飞防对植保无人飞机操控员有很高的要求，不仅要掌握精湛的飞行操控技术，还需懂得植保用药理论知识。要想成为一名优秀的植保无人飞机操控员，不仅需要掌握先进的农业智能装备应用技术，还要能够对生产数据进行采集、处理、分析和决策，为农田规划、作物监测、病虫害防治、农事管理提供高效可靠的解决方案。具体包括：

（1）无人飞机飞行理论知识　针对不同机型的植保无人飞机，需要了解和掌握其飞行原理和空气动力学相关的专业理论知识，保障无人飞机能够安全可靠地飞行，在遇到突发事故时合理迅速地采取紧急应对措施，减少"炸机"现象的发生。

（2）无人飞机装调和维护技能　植保无人机操控员需要充分了解常用机型的主要配件和功能，对无人飞机的组装具有全面的认识，一旦飞机出现异常现象，能够依靠自己的知识和经验进行故障排除，并能解决不同作业阶段可能发生的常规故障。

（3）精湛的飞行操控技术　由于植保无人飞机飞行的地理环境复杂多变，会存在一棵树、一根电线杆和一座高压线塔等不同的障碍物，平原、山区、河流和高原等不同的地形条件，农作物、果树等不同的作业对象，这些因素都是对植保无人飞机操控员操控技术的考验。一名熟练的植保无人飞机操控员不仅要能够保证作业时的人身和设备安全，更要能根据农田地形和作物对象的特征选择合适的飞行作业方式，合理规划航线，设置最优的飞行参数，提高作业效率。

（4）航空气象知识　植保无人飞机的飞行作业很大程度上受到气象要素的限制。气象要素的变化，对植保无人飞机飞行作业的影响也有所不同。天气是限制飞行的主要因素，与无人飞机的安全息息相关。事先了解天气状况、气候条件以及空中能见度等情况具有重要意义。掌握无人飞机运行过程中所需的各种设备和环境参数（包括飞行高度和航程），并准确预测其可能发生危险的程度及危害范围，将有利于飞行作业的开展。气象因素对植保无人飞机作业的影响是不可避免的，要事先通过天气预报，了解天气情况，以便做出相应的工作计划，一旦气象条件不允许时，要禁止植保无人飞机开展飞行作业，或对已经开始飞行作业的植保无人飞机立即回收。

（5）药学理论知识　在无人飞机飞防作业中，药剂选择、配药技巧等对植保效果影响重大，用药不慎会造成药害，导致作物减产、绝产。此外，农作物中的残留农药过高，还会引起食物慢性中毒，诱发慢性疾病，严重危害人体健康。因此，掌握植保药学理论和用药技巧，对提高作业效果和杜绝质量事故起着至关重要的作用。

1）因病施药。植保从业者应具备一定的植保理论基础和药学理论知识，能够针对不同的农作物，不同的苗期，不同的病、虫、草害等实情合理选择药剂，预防植物不同生长环节中可能发生的"疾病"，或者针对已有的"病状"进行科学施药和治理。就像一名中医医生，能够通过"望闻问切"对病人进行诊断，确定病情和病因，从而对症下药。

2）配药技巧。第一，对于敏感农药（例如抗病毒类和杀菌类农药）在高浓度施药过程中容易造成药害，这类农药建议按常规用量减量20%~30%施用；第二，对于瓜菜类等苗期敏感作物，应提前小面积试用后再进行大面积作业，而豇豆等高危作物容易产生药害，需谨慎用药；第三，对于繁殖迭代率较高的害虫，要根据作业周期适时调整用药方案，不能一种配方用到底；第四，无人飞机飞防作业时，应避免可湿性粉剂与乳油制剂混合使用，因为两者混合会造成药液黏稠度高或药液不易溶解的现象，增加水泵工作压力，出现喷头堵塞现象；第五，配制飞防用药时，一定要做到二次稀释，否则容易引起原药的化学反应，从而导致药效不佳或结晶，甚至产生药害，一般需要先将每种农药以 5~10 倍稀释，然后混配后加水至适量，搅拌均匀后再使用。

（6）过硬的职业素养　植保飞防工作常在野外作业，风吹日晒，工作条件简陋且相对艰苦，若选择了这个职业，就要想办法克服这些困难。例如，作业前应到田间地头进行地情勘察，做好地面识别标记，防止漏喷，并合理规划航线等；作业结束后应对无人飞机进行清洗和养护，对作业田块进行防治效果调查，必要时完成补喷等。

上述工作内容和强度，都需要从业者拥有过硬的职业素养，愿意从事到农业植保的事业中，拥有高尚的"三农"情怀。

思 考 与 练 习

一、填空题

1. 截至 2023 年我国植保无人飞机保有量约____架，作业面积累计超过____hm^2。
2. 我国植保无人飞机在现代农业生产和研究中的应用，主要表现在_____、_____等飞防领域，_____、_____、_____等农业生产领域，以及结合遥感技术和智慧农业技术的农作物生长环境的_____与_____领域等。
3. 果树共分为三大类，包括_____、_____和_____。
4. 农业生产是指种植农作物的相关生产活动，包括_____、_____、_____和_____在生长过程中进行的"耕种管收"等农业生产活动。
5. 由于无人飞机植保作业具有_____、_____、_____、_____等优势，对我国现代农业发展意义重大，是现代化施药器械革新的重要途径。
6. 2022 年，我国植保无人飞机的市场保有量约为____万架，防治面积达到____亿亩次，专业的植保无人飞机操控员需求量约____万人。
7. 相关调查数据显示，企业给无人飞机植保相关专业的毕业生提供的岗位类型主要包括_____、_____、_____、_____四类。
8. 农业植保飞防对植保无人飞机操控员有很高的要求，不仅要掌握_____，还需懂得_____。

二、简答题

1. 无人飞机作为飞行载体对农作物进行喷药，具有哪些优点？
2. 采用无人飞机施药技术进行飞防作业涉及范围广，其作业对象包括哪些？
3. 举例说明什么是大田农作物？
4. 与传统的人工授粉相比，无人飞机授粉的优点有哪些？
5. 结合无人飞机农业植保的应用现状，植保无人飞机产品的发展将会呈现哪些趋势？
6. 在植保飞防作业中，一名优秀的植保无人飞机操控员必须掌握哪些方面的专业知识和具备哪些能力？

学习拓展

1. 任务背景

随着我国国民经济的快速发展,无人飞机研制和生产成本不断降低,无人飞机具有旺盛的市场需求和广阔的发展前景,在影视航拍、传统农林业、工业作业、灾害救援、公共安全以及消费娱乐业等领域得到广泛应用,在国民经济建设中的作用日益突出,逐渐成为支持中国经济发展的重要产业。

无人飞机产业发展持续提升,不断刷新着市场对无人飞机人才的需求,很多生产和装备企业无人飞机操控员十分紧缺。由于无人飞机人力资源供不应求,具备实际操作能力的无人飞机操控及维护人员成为炙手可热的高薪人才。

2. 任务要求

结合上述资料,请通过查阅人才招聘网发布的无人飞机行业相关岗位的招聘公告,制作一份国内无人飞机专业人才需求情况调研表(格式参考表1-1),具体要求如下:
1)岗位需求类型、薪资待遇和岗位核心能力要求。
2)招聘企业名称及人数需求统计(3家)。

表1-1　北京地区无人飞机专业人才需求调研表

招聘企业名称	招聘岗位	岗位需求数量	薪资待遇	岗位核心能力要求

单元三　植保无人飞机的从业要求

1.3.1　证照要求

1. 实名登记

根据民航局航空器适航审定司发布的《民用无人驾驶航空器实名制

植保无人飞机的从业要求

登记管理规定》(以下简称《规定》)规定,自2017年6月30日开始,起飞重量超过250g的民用无人飞机将需要实名登记,并且2017年8月31日前登记完成。民用无人飞机拥有者如果未按照本管理规定实施实名登记和粘贴登记标志的,其行为将被视为违反法规的非法行为,其无人飞机的使用将受影响,监管主管部门将按照相关规定进行处罚。

《规定》还要求,民用无人飞机发生出售、转让、损毁、报废、丢失或者被盗等情况,民用无人飞机拥有者应及时通过登记系统注销该无人飞机信息;民用无人飞机的所有权发生转移后,变更后的所有人须按照《规定》相关要求实名登记该无人飞机信息。

2. 经营许可证

为规范无人飞机从事经营性飞行活动,加强市场监管,促进无人飞机产业安全、有序、健康发展,2018年民航局发布了《民用无人驾驶航空器经营性飞行活动管理办法(暂行)》(以下简称《管理办法》),规范了无人飞机从事经营性通用航空飞行活动的准入和监管要求,并对如何取得经营许可证做出了明确说明。该《管理办法》已于2018年6月1日起正式实施。

自2021年1月1日起,民用无人驾驶航空器经营许可证和通用航空经营许可证合并,无人飞机企业应到通用航空管理系统申请办理通用航空经营许可,无人飞机从事航空植保作业,在许可证经营范围内需增设"航空喷洒(撒)"项目。依据《中华人民共和国民用航空法》和《通用航空经营许可管理规定》相关内容,取得通用航空经营许可证(图1-13),应当具备下列基本条件:

图1-13 通用航空经营许可证

1)从事通用航空经营活动的主体应当为企业法人,主营业务为通用航空经营项目,企业的法定代表人为中国籍公民。

2)企业名称应当体现通用航空行业和经营特点。

3)购买或租赁不少于两架民用航空器,航空器应当在中华人民共和国登记,符合适航标准。

4)有与民用航空器相适应,经过专业训练,取得相应执照或训练合格证的航空人员。

5)设立经营、运行及安全管理机构并配备与经营项目相适应的专业人员。

6）企业高级管理人员应当完成通用航空法规标准培训，主管飞行、作业质量的负责人还应当在最近六年内具有累计三年以上相关专业领域工作经验。

7）有满足民用航空器运行要求的基地机场（起降场地）及相应的基础设施。

8）有符合相关法律、法规和标准要求，经检测合格的作业设施、设备。

9）具备充分的赔偿责任承担能力，按规定投保地面第三人责任险等保险。

10）民航局认为必要的其他条件。

3. 驾驶员执照

根据《民用无人机驾驶员管理规定》，植保无人飞机属于分类中的第五类民用无人飞机机型。规定明确：担任操控植保无人机系统并负责无人机系统运行和安全的驾驶员，应当持有按本规定颁发的具备V分类等级的驾驶员执照，或经农业农村部等部门规定的由符合资质要求的植保无人机生产企业自主负责的植保无人机操控人员培训考核。

1.3.2 证照办理流程

1. 实名登记办理流程

1）首先登录"国家无人机实名登记系统"（地址：https://uom.caac.gov.cn），首次登录需单击"用户注册"进行注册登记，已注册过的用户可直接输入用户名，密码登录，如图1-14所示。

图1-14　无人飞机实名登记系统入口

2）新用户单击"进入用户注册界面"，按照要求依次输入用户名，设定密码，选择用户类型等，然后单击"立即注册"。

3）根据设置的用户名和密码，"登录"实名登记系统。

4）进入系统后需首先完善单位资料，依次输入单位名称、法人姓名和机构代码等信息（以企业类型用户为例），然后单击"保存修改"。

5）进入"无人机管理"界面，选择"新增品牌无人机"，会弹出相应对话框。
6）在新增无人机对话框内，依次输入对应厂家无人机序号。
7）若成功完成无人机实名登记后，登记信息将显示在"无人机管理"界面中。

2. 经营许可证申请流程

图 1-15 所示为该系统登录网站界面，具体网址为：http：//ga.caac.gov.cn/gacaac/home.html，办理流程共分为三个阶段。

图 1-15　通用航空管理系统

（1）申请受理阶段　按照《通用航空经营许可管理规定》，申请人通过"通用航空管理系统"在线提交经营许可申请材料，具体包括：

1）通用航空经营许可申请书。
2）企业章程。
3）法定代表人、经营负责人、主管飞行和作业技术质量负责人的任职文件、资历表、身份证明、无犯罪记录声明。公司董事、监事、经理的委派、选举或聘用的证明文件。
4）航空器购租合同，航空器的所有权、占有权证明文件。
5）民用航空器国籍登记证、适航证以及按照民航规章要求装配的机载无线电台的执照。
6）航空器喷涂方案批准文件以及喷涂后的航空器照片。
7）航空人员执照以及与申请人签订的有效劳动合同。
8）基地机场的使用许可证或者起降场地的技术说明文件。基地机场为非自有机场的，还应提供与机场管理方签署的服务保障协议。
9）具备充分赔偿责任承担能力的证明材料，包括地面第三人责任险的投保文件等。
10）企业经营管理手册。
11）企业及法定代表人（负责人）的通信地址、联系方式，企业办公场所所有权或使用权证明材料。

12）有外商投资的，申请人应当按国家及民航外商投资有关规定提交外商投资项目核准或备案文件、外商投资企业批准证书。

13）申请材料全部真实、有效的声明文件。

（2）审查决定阶段　民航地区管理局通过"通用航空管理系统"对申请材料进行审核，并出具受理意见。自受理之日起20日内作出是否准予许可的决定；20日内不能做出决定的，经民航地区管理局负责人批准，可以延长10日。

（3）结果通知阶段　民航地区管理局在做出决定之日起10个工作日内向申请人颁发经营许可证，并将许可决定通过"通用航空管理系统"予以公布。如不予许可，将书面通知申请人不予许可的决定，并说明理由，同时告知申请人享有依法申请行政复议或者提起行政诉讼的权利。

3. 驾驶员执照考取流程

目前，在国内可以考取的无人飞机驾驶员执照主要包括三种：中国民航局电子执照（图1-16，同时可增发如图1-17所示AOPA合格证）、UTC合格证（图1-18，由大疆创新、中国航空运输协会通用航空分会和中国成人教育协会联合认证）和中国航空运动协会（ASFC）遥控航空模型飞行员证（图1-19，仅限7kg以下无人飞机）。

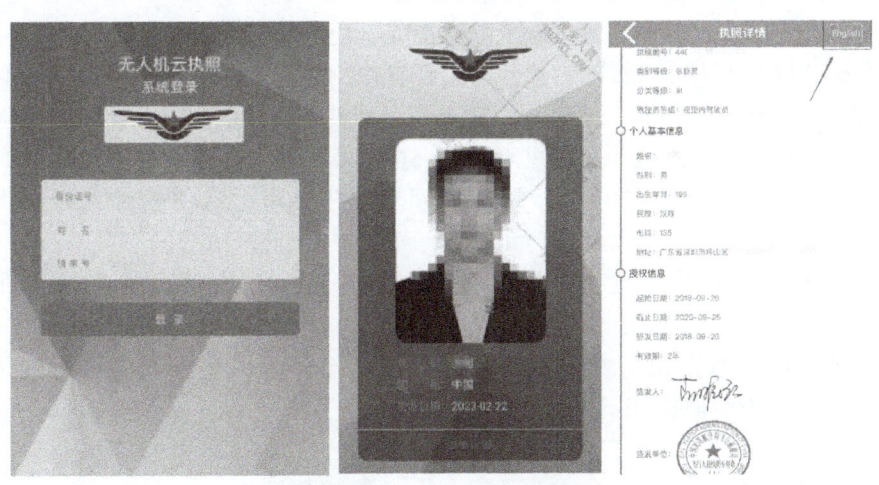

图1-16　中国民航局电子执照

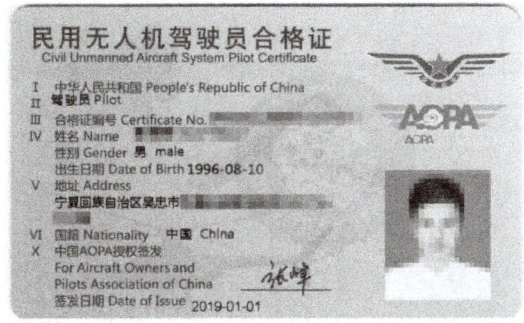

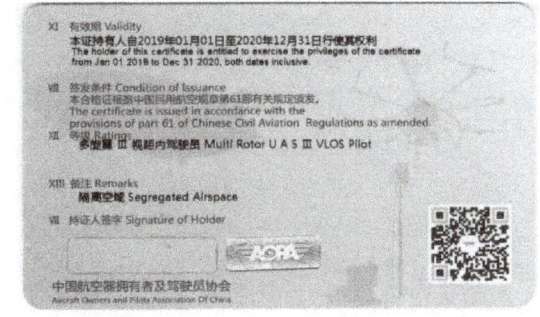

图1-17　AOPA合格证

图 1-18　UTC 合格证

图 1-19　ASFC 航空模型飞行员证

近年来，国内认可度较高的无人机驾驶员执照是由民航局认证的电子执照，分为视距内驾驶员、超视距驾驶员（机长）和教员三个等级，视距内驾驶员、超视距驾驶员可直接考取，已取得超视距驾驶员执照后可递进考取教员等级。驾驶员获得民航局电子执照后，可申请增发中国航空器拥有者及驾驶员协会（AOPA-China）认证的 AOPA 合格证。

报考民航局无人机驾驶员电子执照，具体要求如下：

1）年满 16 周岁，初中以上文化程度。

2）遵纪守法，无不良行为，提供无犯罪记录申明。

3）身体要求：矫正视力 1.0 以上，无色盲、色弱，无传染性疾病、无心脑血管及精神类疾病，肢体无残疾，无不良嗜好。

中国民航电子执照考试流程

4）无人飞机训练合格证：视距内驾驶员飞行训练时间不少于 44h；超视距驾驶员（机长）飞行训练时间不少于 56h；教员培训要求有 100h 以上机长经历，两年以上工作经验，培训时间不少于 20h；驾驶员对飞行中飞行器的安全负责，而机长则对整个飞行系统（如飞机、驾驶员、地面站等）负责。

民航局电子执照的考试流程：报名→在 AOPA 协会指定的无人飞机培训机构接受专业培训→理论课程考试→实飞考试→口试考试→地面站考试（机长及以上）→颁发证书。教员报名条件：取得机长执照后，飞行记录本记录 100h 以上飞行时间（有教官签字或盖公章、在合法空域内飞行有效）。

1.3.3　相关法律法规

据统计，目前与无人飞机航空飞行活动相关的法律规章制度有十余部，下面列出植保无人飞机飞行或外出作业时应遵守的部分条款内容。

《中华人民共和国民用航空法》第一百四十八条规定：通用航空企业从事经营性通用航空活动，应当与用户订立书面合同，但是紧急情况下的救护或者救灾飞行除外；第一百四十九条规定：组织实施作业飞行时，应当采取有效措施，保证飞行安全，保护环境和生态平衡，防止对环境、居民、作物或者牲畜等造成损害。

《通用航空经营许可管理规定》第二十二条规定：开展经营活动前，通用航空企业应当按照民航局有关信息报送规定要求向住所地民航地区管理局备案经营活动信息；跨地区开展经营活动的，还应当向经营活动所在地区的民航地区管理局备案经营活动信息，并接受监督管理。经营活动结束后，通用航空企业应当按照民航局有关信息报送规定要求及时、真实、完整地报送安全生产经营情况、行业统计数据以及申领民航财政补贴所需信息等有关内容。

《轻小无人机运行规定（试行）》中对于植保无人飞机的运行要求如下：

（1）植保无人机作业飞行　是指无人机进行下述飞行：喷洒农药；喷洒用于作物养料、土壤处理、作物生命繁殖或虫害控制的任何其他物质；从事直接影响农业、园艺或森林保护的喷洒任务，但不包括撒播活的昆虫。

（2）人员要求　担任操纵植保无人机系统并负责无人机系统运行和安全的驾驶员，应当持有按本规定颁发的具备V分类等级的驾驶员执照，或经农业农村部等部门规定的由符合资质要求的植保无人机生产企业自主负责的植保无人机操作人员培训考核。

1）运营人指定的一个或多个作业负责人，该作业负责人应当持有具备V分类等级的驾驶员执照，或经农业农村部等部门规定的由符合资质要求的植保无人机生产企业自主负责的植保无人机操作人员培训考核，同时接受了下列知识和技术的培训或者具备相应的经验：开始作业飞行前应当完成的工作步骤，包括作业区的勘察；安全处理有毒药品的知识及要领和正确处理使用过的有毒药品容器的办法；农药与化学药品对植物、动物和人员的影响和作用，重点在计划运行中常用的药物以及使用有毒药品时应当采取的预防措施；人体在中毒后的主要症状，应当采取的紧急措施和医疗机构的位置；所用无人机的飞行性能和操作限制；安全飞行和作业程序；以无人机的最大起飞全重完成起飞、作业线飞行等操作动作。

2）作业负责人对实施农林喷洒作业飞行的每一人员实施上述第1条规定的理论培训、技能培训以及考核，并明确其在作业飞行中的任务和职责。

3）作业负责人对农林喷洒作业飞行负责。其他作业人员应该在作业负责人带领下实施作业任务。

4）对于从事作业高度在20m以上的作业人员应持有民用无人机驾驶员执照。

（3）喷洒限制　实施喷洒作业时，应当采取适当措施，避免喷洒的物体对地面的人员和财产造成危害。

（4）喷洒记录保存　实施农林喷洒作业的运营人应当在其主运行基地保存关于下列内容的记录，包括服务对象的名称和地址；服务日期；每次作业飞行所喷洒物质的量和名称；每次执行农林喷洒作业飞行任务的驾驶员的姓名、联系方式和合格证编号（如适用），以及通过知识和技术检查的日期。

思　考　与　练　习

一、填空题

1. 根据民航局航空器适航审定司发布的《民用无人驾驶航空器实名制登记管理规定》，自____年____月____日开始，起飞重量超过____g的民用无人飞机将需要实名登记，并且____年____月____日前登记完成。

2. 自2021年1月1日起，_____和_____合并，

无人飞机企业应到通用航空管理系统申请办理通用航空经营许可证，无人飞机从事航空植保作业，在许可证经营范围内需增设_____项目。

3. 根据《民用无人机驾驶员管理规定》，植保无人飞机属于分类中的第_____类民用无人飞机机型。

4. 目前，在国内可以考取的无人飞机驾驶员执照主要包括_____、_____和_____三种类型。

5. 民航局认证的电子执照，分为_____、_____和_____三个等级。

6. 报考民航局无人飞机驾驶员电子执照，需要提前获得无人机训练合格证，要求视距内驾驶员飞行训练时间不少于____h，超视距驾驶员（机长）飞行训练时间不少于____h。

二、简答题

1. 请简要说明民航局无人飞机驾驶员电子执照的考试流程。
2. 《轻小无人机运行规定》中对于"植保无人机作业飞行"的定义是什么？它对植保无人机操作人员的具体要求又有哪些？

学习拓展

1. 任务背景

"黑飞"是指一些没有取得个人飞行执照或者飞机没有取得合法身份的飞行，也就是未经登记的飞行，这种飞行有一定危险性。

2022年春节期间，北京市公安局禁飞通告提示，自2022年1月28日零时至3月13日24时期间，在本市行政区域内，禁止一切单位、组织和个人利用无人飞机、"穿越机"等"低慢小"航空器进行体育、娱乐、广告性飞行活动。

2022年2月3日12时，李某（男，38岁）在明知禁飞期间不能使用无人飞机飞行的情况下，仍到房山区韩村河镇进行无人飞机作业飞行，后被房山警方当场查获，并被房山警方行政拘留；2022年2月16日10时，在房山区向阳路街道有无人飞机升空，经调查，民警将无人飞机操控员汪某（男，38岁）查获，目前该人已被房山警方行政拘留；2022年2月19日14时，张某（男，29岁）在明知禁飞期间不能使用无人飞机飞行的情况下，仍到房山区十渡镇进行无人飞机飞行，后被房山民警当场查获，目前该人已被房山警方行政拘留。

2. 任务要求

结合上述"黑飞"查处现象，通过查阅与无人飞机飞行活动相关的法律法规，以及北京地区的空域和治安管理相关要求，撰写一份"北京地区无人飞机合法飞行注意事项"，需要涵盖以下内容：

1）北京地区空域管理规定。
2）合法持证要求。
3）禁飞期间的注意事项。
4）涉及管理部门及对应业务。

模块二　无人飞机植保基础

🎯 知识目标

1. 了解农作物的基本常识。
2. 了解小麦、水稻、玉米、棉花和油菜等的病虫草害常见类型及防治方法。
3. 熟悉航空植保药剂和飞防助剂等基本知识。
4. 熟悉植保无人飞机的配药、施药和飞行安全常识。

🎯 能力目标

1. 分析我国各地区主要作物的飞防需求情况。
2. 简单识别常见的主要农作物病害和虫害。
3. 熟练掌握植保药剂的配药原则和安全施药流程。

🎯 素质目标

1. 培养实事求是、严谨求真的工作态度。
2. 树立节约、环保和绿色防控意识，明确国家粮食安全的重要性。
3. 养成良好的安全意识，安全生产要防患于未然。

单元一　主要农作物的植保需求

2.1.1　农作物概述

1. 农作物的分类

农作物是指经人工管理和栽培的各种植物。广义上，农作物主要指大田作物、园艺作物和林木三大类，包括所有栽培植物，如大田作物、果树、蔬菜、观赏、药用植物和林木等；狭义上，农作物专指大田作物，即在田间进行大面积栽培的农艺作物，包括粮、棉、油、麻、桑、茶、糖、烟和饲料等。

若按照用途和植物学系统相结合的方法分类，可将农作物分成四大部分，共计九大类别。

主要农作物的植保需求

(1) 粮食作物　粮食作物也称食用作物，共包含三大类。

1) 谷类作物。谷类作物也叫禾谷类作物，在营养上主要提供淀粉、植物蛋白和维生素等，包括小麦、大麦、燕麦、黑麦、稻、玉米、谷子、高粱、黍、稷、稗、龙爪稷、蜡烛稗和薏苡等。此外，荞麦虽属蓼科，但其谷粒可供食用，通常也列入此类。

2) 豆类作物。豆类作物又称菽谷类作物，属豆科，在营养上主要提供蛋白质和脂肪等。常见豆类作物有大豆、豌豆、绿豆、小豆、蚕豆、豇豆、菜豆、小扁豆、蔓豆和鹰嘴豆等。

3) 薯芋类作物。薯芋类作物又称根茎类作物，植物学上的科、属性不统一，在营养上主要提供淀粉和维生素。常见薯芋类作物有甘薯、马铃薯、木薯、豆薯、山药（薯蓣）、芋、菊芋和蕉藕等。

(2) 经济作物　经济作物也称"工业原料作物""技术作物"，一般指为工业特别是为轻工业提供原料的作物，一共包含四大类。

1) 纤维作物。纤维作物主要包含种子纤维（如棉花）、韧皮纤维（如大麻、亚麻、洋麻、黄麻、茼麻和苎麻等）和叶纤维（如龙舌兰麻、蕉麻和菠萝麻等）。

2) 油料作物。常见的油料作物有花生、油菜、芝麻、向日葵、蓖麻、苏子和红花等。

3) 糖料作物。糖料作物主要有甘蔗和甜菜，此外还有甜叶菊、芦粟等。

4) 其他作物。其他作物包括饮料作物（如茶叶、咖啡和可可等）、嗜好作物（主要有烟草）、薄荷、啤酒花、代代花等，此外还有挥发性油料作物，如香茅草等。

(3) 饲料及绿肥作物　饲料及绿肥作物，主要是以制作饲料和肥料为主要栽培目的的作物。豆科中常见的有苜蓿、茼子、紫云英、草木樨、田菁、柽麻、三叶草和沙打旺等；禾本科中常见的有苏丹草、黑麦草、雀麦草等；其他还有红萍、水葫芦、水浮莲和水花生等。

(4) 药用作物　药用作物种类繁多，栽培上常见的有人参、枸杞、黄芪、沙参、颠茄等。由于医疗健康事业的发展，对中草药的需求日益增加，野生草药供不应求，人工草药栽培发展趋势明显，有望成为一门独立的学科。

2. 我国主要农作物的分布

(1) 主要粮食作物及其分布　主要粮食作物包括小麦、水稻、玉米和大豆等，下面分别介绍其生长特点和分布情况。

1) 小麦。小麦耐寒、耐旱，适应性强，按播种季节可分为春小麦和冬小麦。春小麦在春季播种，夏、秋季收获，生长期为80~120天。春小麦多分布在纬度较高或海拔较高、热量较差的地区，主要集中在中温带的东北平原、河套平原、宁夏平原、新疆和青藏高原等地。冬小麦在秋季播种，次年夏季收获，生长期较长，南方为120天左右，北方为270天左右，西南地势较高地区一般为330天以上。我国冬小麦分布最广，主要集中在黄淮海平原，长江以南地区也有分布。目前，我国优质小麦种植带为黄淮海优质小麦带、长江下游优质小麦带和大兴安岭沿麓优质小麦带。

2) 水稻。水稻喜温、喜湿。由热量条件可分为：单季稻、双季稻和三季稻。东北单季稻生长期在5~10月，南方双季稻生长期在4~7月和7~10月。我国秦岭以北地区以单季稻为主，秦岭以南以双季稻为主。长江中下游平原、四川盆地等地是我国主要的水稻产区。

3）玉米。玉米是喜温作物，品种有早熟、中熟和晚熟三类，生长期为80~140天。玉米在我国分布较广，包括北方的春播玉米、黄淮海平原的夏播玉米和南方山地丘陵的玉米。其中黄淮海平原夏播玉米是中国主要的玉米产区。目前，我国玉米种植优势区包括东北-内蒙古和黄淮海专用玉米优势区。

4）大豆。大豆是豆科大豆属的一年生草本，蛋白质含量为35%~40%，花期在6~7月，果期在7~9月，是中国重要粮食作物之一，已有五千年栽培历史。主要产区分布在东北三省为主的春大豆区，黄淮流域的夏大豆区，长江流域的春、夏大豆区，江南各省南部的秋作大豆区，两广、云南南部的大豆多熟区。其中，东北春播大豆和黄淮海夏播大豆是我国大豆种植面积最大、产量最高的两个区域。

（2）**主要经济作物及其分布** 主要经济作物包括棉花、油菜和糖料作物等，下面分别介绍其生长特点和分布情况。

1）棉花。棉花喜湿、喜光，生长期在4~9月，一般为150~200天。我国棉花多分布在暖温带的黄淮海平原和南疆盆地。目前我国棉花优势区域包括黄河流域棉花区、长江流域棉区和西北内陆棉花区。

2）油菜。油菜是我国最重要的油料作物，种子含油量为33%~50%，性喜温，生长期在冬季12月到次年5月。油菜种植在我国分布较广，北起黑龙江、新疆，南至海南，西至青藏高原，东至沿海各省。我国长江流域是世界最大的冬油菜集中区。

3）糖料。我国糖料作物主要是甘蔗和甜菜，素有"南蔗北甜"一说。甘蔗喜高温，需水肥量大，生长期长，在7个月以上。适合栽种于土壤肥沃、阳光充足、冬夏温差大的地方。我国台湾、福建、广东、海南、广西、四川和云南等南方热带地区广泛种植。甜菜喜温凉、耐寒、耐旱、耐碱，生长期在5~9月。我国甜菜种植分布在北纬40°以北，包括华北、东北、西北地区。其中以中温带为主的东北地区种植最多，占全国糖料种植总面积的65%。

2.1.2 植保需求

我国国土面积辽阔，南北气候差异大，东西地形阶梯化明显，不同地区由于环境因素的不同，种植的农作物各有特色，对于无人飞机飞防的需求也存在着地区性和季节性差异。

1. 东北地区

东北地区包括黑龙江省、吉林省、辽宁省和内蒙古自治区东部等地，具有植保作业需求的农作物包括玉米、大豆、小麦、水稻和杂粮等。一般为一年一熟制，其中，生产季节性强的玉米面积为1.4亿亩，大豆7300万亩，小麦700万亩，水稻5000万亩。由于东北地区的农田地势平坦，人少地多，非常适宜大规模的现代化机械作业，因此对无人飞机飞防的需求量极大，植保作业时间多集中在每年的5~6月。

2. 华北地区

华北地区包括河北省、北京市、天津市、山西省和内蒙古中部地区，主要的农作物有小麦、棉花、玉米、花生、马铃薯和油菜。大部分耕地采用一年两熟或两年三熟进行种植，复种指数（指一年内在同一块耕地面积上种植农作物的平均次数）为1.7~1.9，以旱作、平作为主，多采取小麦、玉米轮种。该地区对于无人飞机植保作业的需求有两个阶段，一是每年4~5月的冬小麦，二是8月份种植的农作物。

3. 华东地区

华东地区包括上海市、江苏省、浙江省、安徽省、福建省、江西省和山东省，该地区适合无人飞机进行植保作业的农作物有水稻、小麦、玉米和棉花等。其中，水稻面积1.47亿亩，小麦1.1亿亩，玉米6000万亩，棉花2600万亩。一般为一年两熟和一年三熟，复种指数高达2.0以上，以稻麦、麦（油）棉、小麦玉米、双季稻两熟等多种熟制为主。华北地区对于无人飞机飞防作业的需求包括三个阶段：每年1~2月的冬作物田间管理，主要表现在春耕备耕的除草需要；每年3月对小麦、油菜的飞防；每年8月对晚稻的飞防。

4. 中南地区

中南地区包括河南省、湖北省、湖南省、广东省、广西省和海南省，该地区适合无人飞机植保的农作物有水稻和小麦。其中，水稻面积1.7亿亩，小麦9000万亩。一般一年两熟和一年三熟，复种指数在2.0以上，以双季稻加一季冬作物（如油菜）种植为主。该地区对无人飞机植保作业的需求有三个阶段：每年4月对早稻、中稻的飞防作业；每年8月对中稻、晚稻的飞防作业；每年12月份对冬季作物的飞防作业。

5. 西南地区

西南地区包括云南省、贵州省、重庆市、四川省和西藏自治区，适合无人飞机植保的农作物包括水稻、小麦、玉米和油菜。该地区水稻面积7000万亩，小麦3800万亩，玉米5400万亩，油菜2500万亩。一般以一年稻油两熟、稻麦两熟为主，部分地区种植双季稻。无人飞机飞防作业的主要时间段为每年12月、1~2月对小麦和油菜的飞防作业；每年3月对水稻的飞防作业；每年6~7月对水稻和玉米的飞防作业。

6. 西北地区

西北地区包括陕西省、甘肃省、宁夏回族自治区、青海省、新疆维吾尔自治区和内蒙古西部地区，适合无人飞机植保作业的农作物有小麦、玉米和棉花。其中，小麦面积5000万亩，玉米面积3500万亩，棉花主要集中在新疆，面积2200万亩。一般为一年两熟或两年三熟制，复种指数在1.20~1.5，主要是麦套玉米、复种青饲玉米、蔬菜和大豆油料作物等。无人飞机植保作业的需求时间为每年3月的冬小麦；每年5月的小麦、玉米和棉花；每年6~8月的春玉米。

思考与练习

一、填空题

1. 农作物是指经人工管理和栽培的各种植物。广义上，农作物主要指_____、_____和_____三大类，包括所有栽培植物；狭义上，农作物专指_____，即在田间进行大面积栽培的农艺作物。

2. 谷类作物也叫禾谷类作物，在营养上主要提供_____、_____和_____等，包括小麦、大麦、稻、玉米、谷子和高粱等。

3. 小麦耐寒、耐旱，适应性强，按播种季节可分为_____和_____。目前，我国优质小麦种植带包括_____优质小麦带_____、优质小麦带和_____优质小麦带。

4. 水稻喜温、喜湿，由热量条件可分为_____、_____和_____三种类型。

5. 大豆是豆科大豆属的一年生草本，是中国重要粮食作物之一，主要产区分布在_____为主的春大豆区，_____的夏大豆区，_____的春、夏大豆区，_____的秋作大豆区，_____和_____的大豆多熟区。

6. 我国糖料作物主要是甘蔗和甜菜，素有"南蔗北甜"一说。甘蔗喜高温，需水肥量大，比较适合栽种在_____、_____、_____的地方。甜菜喜温凉、耐寒、耐旱、耐碱，主要分布在我国的北纬_____度以北。

二、简答题

1. 按照用途和植物学系统相结合的分类方法，农作物有哪些类别？
2. 经济作物的定义是什么？
3. 请说出我国五大商品棉基地。
4. 简要说明东北地区对无人飞机农业植保的需求情况。
5. 我国华北和华东地区对无人飞机农业植保的需求有哪些不同？
6. 我国中南地区对无人飞机农业植保的需求有哪些？

学习拓展

1. 任务背景

2021年8月10日，海淀区农业科学研究所联合北京市植物保护站、北京某农业科技有限公司，分别在海淀区上庄镇、苏家坨镇、温泉镇等地针对京西稻、玉米和樱桃开展无人飞机飞防及专业化统防统治作业。

京西稻是海淀区的特色作物，目前种植区域集中在上庄镇西马坊村、东马坊村、常乐村、永丰屯村、上庄村等地，总面积接近2000亩。此次组织了4架植保无人飞机同时工作，平均每架每小时作业25亩次，计划16小时完成。飞防使用的生物药剂包括井冈霉素、赛茂丰和柠檬烯。井冈霉素主要预防纹枯病、稻曲病、稻瘟病；赛茂丰一方面可以为京西稻提供所需养分，一方面可以诱导水稻迅速产生系统抗性，减少病原菌侵染；柠檬烯可以提高药剂的渗透性和展着性。

海淀区种植的玉米以鲜食为主，目前常见虫害主要包括玉米黏虫、玉米螟和草地贪夜蛾。此次主要是通过无人飞机释放周氏啮小蜂和松毛虫赤眼蜂。周氏啮小蜂可以寄生在玉米螟和草地贪夜蛾的蛹里，松毛虫赤眼蜂可以寄生在卵里，双管齐下。

此次樱桃的飞防面积达200余亩，使用的生物药剂包括多抗霉素、苦参碱、藜芦碱和柠檬烯。2架植保无人飞机同时工作，平均每架每小时作业20亩次，计划5小时完成。

2. 任务要求

请结合上述植保案例背景，分析北京市某一种农作物的植保需求情况，要求包括以下几方面的内容：

1）该农作物的生长习性。
2）该农作物在北京市的主要种植区域和规模。
3）该农作物的常见病虫害情况。
4）该农作物对无人飞机植保的作业时间要求。

单元二　主要农作物的病虫草害及防治

2.2.1　小麦的病虫草害及防治

小麦是全球第一大粮食作物，是中国第三大粮食作物。我国是全球第一大小麦生产国，年产量世界第一。小麦作为北方地区的主要粮食作物之一，2023年中国小麦种植面积为2300万公顷。2023年产量约合1.35亿吨，仅次于水稻，位居第二，面积大、分布广、产量高、以冬麦为主（占比约80%）。我国小麦主要病害种类多达39种，其中真菌病害27种，病毒病8种，细菌病害3种，线虫病1种；小麦的害虫种类（包括螨类）237种，分属11目57科，其中重要害虫20余种。

小麦的病虫草害及防治

小麦在生长存储过程中，受多种病虫为害，苗期有多种地下虫（其中以蛴螬、蝼蛄、金针虫为主）为害，造成缺苗断垄；出苗后有种蝇、麦秆蝇等造成枯心，并有麦蚜、红蜘蛛为害；返青拔节后，麦蚜、麦蜘蛛、麦秆蝇等相继为害，并有麦叶蜂、黏虫等咬食叶片，小麦锈病、纹枯病、白粉病、病毒病（以黄矮病、丛矮病等为主）可抑制小麦正常生长；抽穗后还有吸浆虫、黑穗病、赤霉病、线虫病等直接影响小麦的产量，并有麦蛾、玉米象等在贮藏期继续为害，使小麦产量品质遭受损失。因此，加强小麦病虫害的研究和防治仍是当前生产上的重要课题。

冬小麦各生长周期的主要病害

1. 小麦的病害及防治

小麦的主要病害可分为叶部病害（常见的有锈病、白粉病、叶枯病等）、穗部病害（常见的有赤霉病、黑穗病等）、根茎部病害（常见的有纹枯病、全蚀病、根腐病等）和病毒害（常见的有黄矮病、丛矮病、土传花叶病等）四大类型。

（1）锈病　小麦锈病又叫黄疸，属于真菌类型的病害，主要有条锈病（图 2-1a）、叶锈病（图 2-1b）和秆锈病（图 2-1c）三种，分别是由条锈病菌、叶锈病菌和秆锈病菌引起。该病害主要为害小麦叶片，也可为害叶鞘、茎秆、穗部。小麦发病后轻者麦粒不饱满，重者麦株枯死，不能抽穗。三种锈病的共同特点是"夏孢子铁锈状，冬孢子堆黑色"，区别在于"条锈成行，叶锈乱，秆锈是个大红斑"。

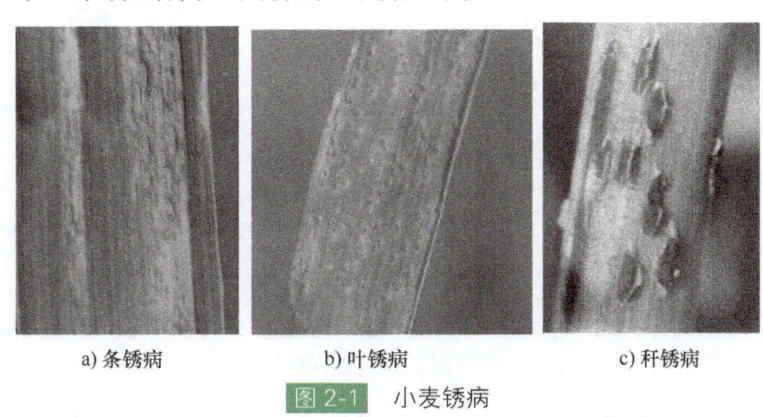

a) 条锈病　　b) 叶锈病　　c) 秆锈病

图 2-1　小麦锈病

小麦锈病的防治应遵循"预防为主、综合防治"的方针，坚持"公共植保，绿色植保"的理念，防控策略从依赖化学防治向综合防治和绿色防控转变，防控方式由传统的分散防治向专业化系统防治转变。

（2）白粉病　小麦白粉病（图 2-2）是由禾本科布氏白粉菌引起的一种病害，主要为害叶片，严重时叶鞘、茎秆、穗部均会受到侵染。发病初期病部可见黄色小点，随着病情加重病点逐渐发展为病斑，呈椭圆形或圆形，表面有一层白粉状霉层，发展至中期呈白灰色，后期呈浅褐色，并产生闭囊壳。小麦白粉病发病适温 15~20℃，相对湿度大于 70% 有可能造成病害流行。

图 2-2　小麦白粉病

小麦白粉病的防治方法主要以农业防治和化学防治为主，因地制宜，种植抗病品种。多施堆肥或腐熟有机肥，增施磷肥和钾肥，提高植株抗病力。及时浇水抗旱，雨后要及时排水，防止湿气滞留。自生麦苗越夏地区，冬小麦秋播前要及时清除自生麦，可大大减少秋苗菌源，再结合化学药剂防治。

（3）叶枯病　小麦叶枯病（图 2-3）是由小麦叶枯病菌引起的一种病害。该病主要为害小麦叶片和叶鞘，有时也为害茎秆及穗部。小麦叶枯病一般约在小麦拔节至抽穗期开始,在叶片上于叶脉间最初出现淡绿色至黄色纺锤形病斑,以后逐渐扩展并相互愈合成不规则形的淡褐色大斑块,上面散生黑色小点,即病菌的分生孢子器。

图 2-3　小麦叶枯病

小麦叶枯病的防治策略为：在防治上,做到农业防治与药剂防治相结合；在田间施药时,先对发病区域施药封锁病点,后向四周喷药保护。防治方法主要有选用抗（耐）病品种、加强栽培管理以及药剂防治。

（4）**赤霉病**　小麦赤霉病（图 2-4）又称烂穗病、麦秸枯、烂麦头、红麦头、红头瘴,是由多种镰刀菌侵染引起的一种病害。从苗期到穗期均可发生,引起苗腐、茎基腐、秆腐和穗腐,以穗腐的危害最大。湿度大时,病部均可见粉红色霉层。小麦受害后千粒重降低,发芽率下降,发芽势减弱,出粉率低,面粉质量差,色泽灰暗,商品价值降低。病麦含有致呕毒素和类雌性激素等毒素,人畜食后可引起急性中毒。

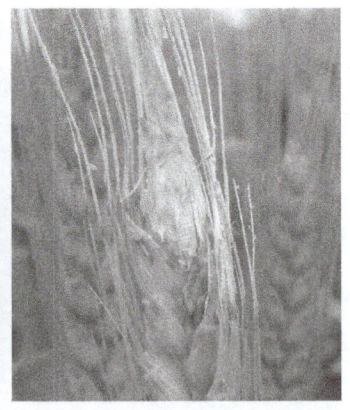

图 2-4　小麦赤霉病

小麦赤霉病的防治方法主要是以选用抗菌品种为基础,培育无病种子田,再以药剂拌种作为重要防治措施；管理上要深耕灭茬,清洁田园,减少和控制病菌来源。农业防治和化学防治相结合,将小麦赤霉病控制好、防治好,确保小麦丰产丰收。

（5）**黑穗病**　小麦黑穗病是小麦的世界性重要病害之一,该病不仅使小麦减产,还使麦粒及面粉的品质降低。小麦黑穗病可分为小麦腥黑穗病、小麦散黑穗病和小麦秆黑粉病等。

1）小麦腥黑穗病（图2-5a）又称腥乌麦、黑麦、黑疸，是由小麦网腥黑粉菌或小麦矮腥黑粉菌引起的病害。病症主要表现在穗部，一般病株较矮，分蘖较多；病穗比健穗短，颖片张开，露出灰黑色或灰白色病粒（菌瘿），外面包有一层灰色薄膜，小麦脱粒时，病粒破裂，散出黑色粉末，有鱼腥味。该病属系统侵染性病害，种子、粪肥和土壤是主要的传染源，收割机跨区域作业也是传播扩散途径之一。要严禁发病区域小麦留种和带病种子下田，同时要做好轮作倒茬和种子处理。具体防治技术措施包括加强栽培管理、合理轮作、药剂拌种和病田土壤处理等。

a）腥黑穗病　　　　b）散黑穗病　　　　c）秆黑粉病

图2-5　小麦黑穗病

2）小麦散黑穗病（图2-5b）是由裸黑粉菌引起的病害。该病以为害穗部为主，初期病穗外面包有一层灰白色薄膜，病穗尖端露出苞叶时，即有黑粉散出。病穗上的小穗几乎全部被毁，一株发病，主茎和所有分蘖都出现病穗。其防治方法主要有选用抗病品种，繁殖无病种子，建立无病留种田，播种前进行种子消毒以及生长期使用化学药剂防治。

3）小麦秆黑粉病（图2-5c）又称乌麦、黑疸，是由小麦条黑粉菌侵染所引起的病害。小麦幼苗期即开始发病，拔节期以后症状逐渐明显，至抽穗期仍有发生。发病部位主要在小麦的秆、叶和叶鞘上，极少数发生在颖或种子上。茎秆、叶片和叶鞘上的病斑初为淡灰色条纹，逐渐隆起，转深灰色，最后寄主表皮破裂，露出黑粉，即病菌的厚垣孢子。小麦秆黑粉病的防治方法可采取种子消毒、栽培防病、利用抗病品种和喷药防治等综合措施。

（6）纹枯病　小麦纹枯病（图2-6）又称立枯病、尖眼点病，是由喙角担菌侵染所引起的一种病害。小麦纹枯病主要发生在叶鞘及茎秆上。发病初期，在地表或近地表的叶鞘上产生黄褐色椭圆形或梭形病斑，以后病部逐渐扩大，颜色变深，并向内侧发展为害茎部。小麦生长中期至后期叶鞘上的病斑呈云纹状花纹。小麦纹枯病的防治策略应以农业栽培防病措施为基础，重点抓好药剂种子处理，重病田早春辅以药剂喷雾防治。

图 2-6 小麦纹枯病

2. 小麦的虫害及防治

小麦虫害根据其生长环境和对小麦的为害特点,可分为两大类,第一类是地下虫害,如蝼蛄、蛴螬、金针虫等;第二类是叶部虫害,如蚜虫、红蜘蛛、吸浆虫、黏虫、种蝇、秆蝇、叶蜂和叶蝉等。根据小麦的生长周期,虫害主要发生在四个不同的阶段,即播种和苗期(红蜘蛛、地下害虫等),拔节期(红蜘蛛、蚜虫等),抽穗和扬花期(吸浆虫、蚜虫、黏虫和灰飞虱等),灌浆乳熟期(蚜虫、灰飞虱等)。图 2-7 所示为冬小麦各生长周期的时间节点。

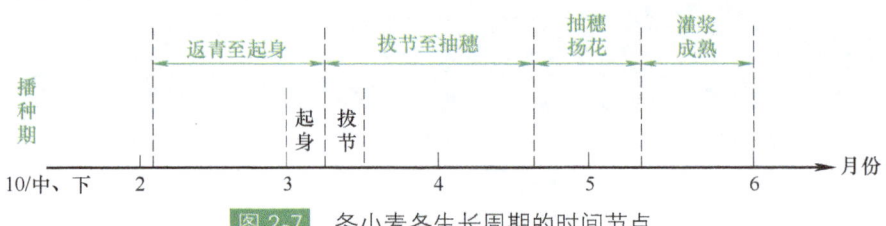

图 2-7 冬小麦各生长周期的时间节点

(1)蚜虫 小麦蚜虫(图 2-8)俗称油虫、腻虫、蜜虫,是小麦主要的害虫之一,可对小麦进行刺吸危害,影响小麦光合作用及营养吸收、传导。小麦抽穗后集中在穗部危害,形成秕粒,使千粒重降低,造成减产。主要危害麦类和其他禾本科作物与杂草,弱虫、成虫常群集在叶片、茎秆、穗部吸取汁液,被害处初期呈黄色小斑,后发展为条斑、枯萎,甚至整株变枯至死。

图 2-8 小麦蚜虫

防治方法：冬、春麦混种区尽量单一化，秋季作物选用玉米和谷子等；选择抗虫耐病的小麦品种，播种前用种衣剂、新高脂膜拌种；冬麦适当晚播，实行冬灌，早春耙磨镇压；雨后应及时排水，防止湿气滞留；孕穗期要喷施壮穗灵，强化作物生理机能，提高授粉、灌浆质量，增加千粒重，提高产量；苗蚜用25%大功牛和除草剂一起使用；穗蚜用25%大功牛噻虫嗪颗粒剂或5%瑞功微乳剂混配或单独喷雾。

(2) 红蜘蛛　小麦红蜘蛛（图2-9）又称麦蜘蛛，属蛛形纲，蜱螨目。国内危害小麦的麦蜘蛛主要由麦圆蜘蛛与麦长腿蜘蛛两种。麦圆蜘蛛发生在北纬29°~37°的冬麦区；麦长腿蜘蛛分布偏北，主要发生在北纬34°~43°的小麦产区。麦蜘蛛在小麦苗期吸食叶汁液，被害叶上初现许多细小白斑，以后麦叶变黄。麦株受害后轻者影响生长，植株矮小，产量降低，重者全株干枯死亡。麦圆蜘蛛危害盛期在小麦拔节阶段，小麦受害后及时浇水追肥，可显著减轻受害程度；麦长腿蜘蛛危害盛期在小麦孕穗至抽穗期，大量发生时可造成严重减产。

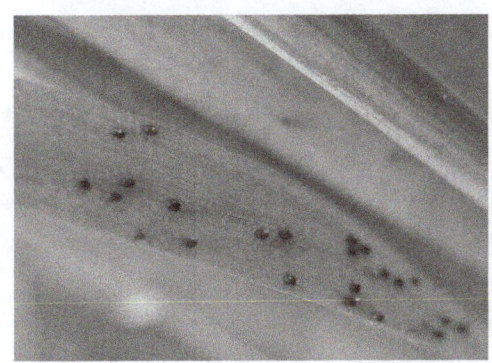

图2-9　小麦红蜘蛛

防治方法：实行倒茬轮作，清理杂草，浇水振落、淹死部分蜘蛛；麦蜘蛛发生早期，进行田间"点片挑治"，消灭田边、地头杂草上的虫源，防治蔓延；化学药剂可使用40%乐果乳油1000倍液，20%哒螨灵1000~1500倍液，或50%马拉硫磷2000倍液进行喷雾防治；每亩用40%乐果乳油50g，对等量水均匀拌入10~15kg细砂土内，配制乐果毒土，顺垄进行撒施。

(3) 吸浆虫　小麦吸浆虫（图2-10）又名麦蛆，分为麦红吸浆虫、麦黄吸浆虫两种。小麦吸浆虫对小麦花器官的损害主要是由幼虫引起的，并吸吮灌浆麦粒中的麦浆。为害时以口器刺伤麦粒果皮，吮吸浆液，严重受害的麦粒甚至无法灌浆。

防治方法：吸浆虫发生严重的麦田，可与棉花、油菜等其他作物进行轮作，以避开虫源；药剂防治可采取"一撒加一喷"的方法，即在小麦拔节到孕穗前，每亩田地用50%辛硫磷0.5~1kg拌细沙15~20kg均匀撒施（撒药后浇水），以杀死刚羽化成虫、幼虫和蛹；在小麦抽穗后到扬花前，用4.5%氯氰菊酯等菊酯农药加40.7%乐斯本800倍混合液或"邯科140"1500倍液进行喷雾，有效杀灭吸浆虫的成虫和卵，可同时兼治麦蚜、红蜘蛛，一喷多治，防治效果显著。

(4) 黏虫　小麦黏虫（图2-11）属鳞翅目，夜蛾科，别名"粟夜盗虫""剃枝虫""五彩虫""麦蚕"等，主要分布在除新疆外的全国各地，寄宿在麦、稻、粟、玉米等禾谷类粮食作物及棉花、豆类、蔬菜等植物上。小麦黏虫以幼虫取食叶片为害，夜间取食为主，低龄幼虫通常栖息在麦株的心叶及中下部茎叶丛中等隐蔽处啃食叶肉。

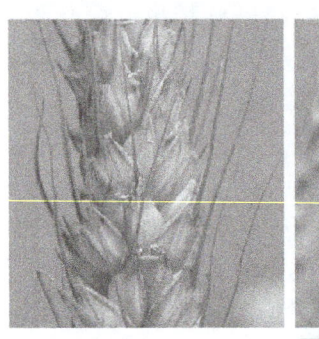
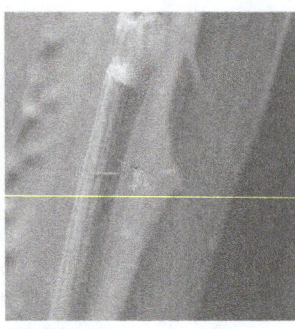
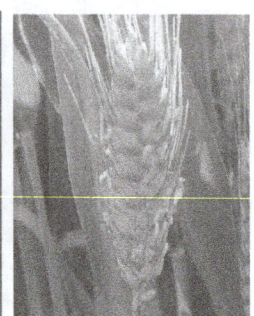

图 2-10　小麦吸浆虫

图 2-11　小麦黏虫

防治方法：在田间设置稻草把、糖醋液或性诱剂，诱杀成虫；成虫盛发期安装频振式杀虫灯，诱杀成虫，减少田间成虫产卵数量；幼虫防治掌握在低龄幼虫（3 龄前）盛期；喷洒化学药剂，每亩田地用 50% 辛硫磷乳油 100 ml，或 25% 除虫脲可湿粉 20g，或 2.5% 氯氰菊酯乳油 20ml，或 2.5% 溴氰菊酯乳油 50ml，或 48% 乐斯本乳油 50ml 等，对水 50kg 手动喷雾或对水 20kg 机动弥雾。

（5）灰飞虱　灰飞虱（图 2-12）属昆虫纲，同翅目飞虱科的一种，是传播条纹叶枯病等多种水稻病毒病的媒介，造成的危害大于直接吸食的危害，被害株表现为相应的病害特征，为害作物多为水稻、大麦、小麦，取食看麦娘、游草、稗草、双穗雀稗等。灰飞虱成、若虫均以口器刺吸汁液为害，一般群集于农作物丛中的上部叶片；虫害大时，会导致整株汁液大量丧失而枯黄。

图 2-12　灰飞虱

防治方法：农业防治以选用抗（耐）虫水稻品种，进行科学肥水管理，减少飞虱繁殖；生物防治需要利用好天敌，如寄生蜂、瓢虫、蜘蛛和线虫等；化学防治以治理低龄若虫高峰期为主。

3. 小麦的草害及防治

小麦是我国重要的大田粮食作物，种植面积非常广泛。小麦在种植过程中难免会出现杂草危害，如果不及时防治会导致小麦严重减产。麦田杂草的发生一般有两个高峰期：一是播种后10~30天；二是在开春气温回升以后。小麦田常见的杂草主要有禾本科恶性杂草（如看麦娘、日本看麦娘、雀麦、节节麦、野燕麦、毒麦、狗尾草、稗草、茵草等）和阔叶杂草（如播娘蒿、猪殃殃、野油菜、牛繁缕、麦瓶草等）。

因为麦田前茬作物不同，麦田杂草发生数量及草相明显不同，旱茬麦田草相以阔叶杂草为主，常伴生棒头草、蜡烛草、早熟禾等禾本科杂草；稻茬麦田则以禾本科杂草为主，伴生猪殃殃、稻槎菜、荠菜等阔叶杂草；冬季麦田以禾本科杂草危害为主，春后大巢菜、猪殃殃、荠菜等阔叶杂草生长旺盛，是主要危害期；在冬季气温低，寒流侵袭频繁的年份，麦田冬前萌发的杂草，越冬期会大量自然死亡。

对小麦田杂草，应根据草相选用适宜的除草剂治理，以秋冬防除为重点，以禾本科恶性杂草和猪殃殃、荠菜、播娘蒿等阔叶杂草为重点防除对象，进行早期防除；小麦返青以后以阔叶杂草为重点对象，进行补治。

主要防治方法如下：

（1）**播前混土处理**　播前混土处理的药剂主要有40%燕麦畏乳剂、20%绿黄隆可湿性粉剂。以野燕麦等禾本科杂草为主的田块，可在麦播前每亩用40%燕麦畏乳剂150~200ml，兑水20~40kg，均匀喷于土表，并耙地混入土中；禾本科杂草与阔叶草混生田块可在麦播前每亩用40%燕麦畏乳剂150~200ml，加20%绿黄隆可湿粉剂3~5g，兑水20~40kg，均匀喷于土表，并耙地混入土中，混土深度要求5~7cm。

（2）**播后苗前封闭处理**　选择药剂为20%的绿黄隆可湿性粉剂，主要用于防除阔叶杂草，每亩用3~5g，兑水20~40kg，均匀喷于土表。应当注意，绿黄隆是长残效除草剂，使用后对下茬敏感作物（如大豆、水稻、油菜、甜菜等）以及多种蔬菜有药害。

（3）**苗后茎叶喷雾处理**　小麦田化学除草以茎叶处理为主，可供选择的除草剂品种也比较多。化学除草的喷药浓度视喷洒工具而定。飞机航化作业，每亩用水量3.3~3.4kg；拖拉机悬挂喷雾，每亩用水量6.7kg；超低容喷雾时用药量可减少1/2，加水5倍。对于麦田的稗草等禾本科杂草可选用其他有效除草剂与"2,4-D丁酯"配合使用，但不同除草剂之间可否混配使用，应以使用说明为准。

（4）**防治阔叶杂草用药方案**　每亩用75%巨星干燥悬乳剂1~1.5g，于小麦2-5叶期，兑水40kg茎叶喷雾；每亩用20%使它隆乳油40~50ml，或用20~25ml加20%二甲四氯水剂125~150ml，于小麦3~5叶期，兑水40kg茎叶喷雾；每亩用50%好事达水分散粒剂3~4kg，或2g加20%二甲四氯水剂100ml，于小麦3~5叶期，兑水40kg茎叶喷雾；48%百草敌水剂15ml，或10ml百草敌水剂加20%二甲四氯水剂150ml，于小麦3叶期至拔节前，兑水40kg茎叶喷雾；每亩用25%苯达松水剂100~125ml加20%二甲四氯水剂125~150ml，于小麦3叶期至分蘖期，兑水40kg茎叶喷雾；每亩用40%快灭灵干悬乳剂3.75~5g，于小麦3~5叶期，兑水40kg茎叶喷雾。

（5）**防治禾本科杂草用药方案** 每亩用6.9%骠马胶悬剂40~60ml或10%骠马乳油50ml，于小麦3~5叶期，兑水40kg茎叶喷雾；每亩用36%禾草灵乳剂135~200ml，于小麦3~5叶期，兑水20~30kg茎叶喷雾；每亩用65%野燕枯可湿性粉剂100~160g，于小麦4~6叶期，兑水30kg茎叶喷雾。

2.2.2 水稻的病虫草害及防治

水稻的病虫草害及防治

水稻是人类重要的粮食作物之一，全世界一半的人口以稻米为主要食物来源，水稻的总产量位居世界粮食作物产量第三位，排在玉米和小麦之后。中国是世界上水稻栽培历史最悠久的国家，是世界上最大的水稻生产国，2020年中国水稻播种面积达3006.7万hm^2，年产量约2.1亿t。据资料记载，我国水稻病害有70余种，水稻害虫有600余种，虽然并非所有的病虫害都需要进行防治，但仅部分重要病虫害造成的产量损失就难以估量。

水稻在其存储或生长过程中，受多种病虫为害，种子期有恶苗病、稻瘟病和白叶枯病等为害；秧田期有绵腐、立枯病、白叶枯、细条病、灰飞虱、稻蓟马和稻瘿蚊等主要病虫为害；进入分叶期，主要病虫害有稻瘟病、纹枯病、胡麻斑病、螟虫、稻纵卷叶螟和稻飞虱等；抽穗期有稻瘟病、纹枯病、稻曲病、白叶枯、细条病、穗枯病、稻秆腐病、螟虫、稻纵卷叶螟和稻飞虱等为害。因此，加强水稻病虫害的科学防治是保障我国粮食安全的重要途径。

1. 水稻的病害及防治

水稻存储或生长过程中的主要病害

水稻的主要病害可分为传染性病害和非传染性病害两大类型。传染性病害包括真菌性病害、细菌性病害、病毒病害和线虫病害四大类型；非传染性病害主要是指生理学病害和农业药（肥）害。我国水稻三大主要病害是稻瘟病、白叶枯病和纹枯病；其他重要病害有稻曲病、恶苗病和霜霉病等。

（1）**真菌性病害** 水稻真菌性病害包括稻瘟病、水稻纹枯病、水稻恶苗病、稻曲病、水稻胡麻叶斑病、水稻小球菌核病、水稻小黑菌核病、水稻叶鞘腐败病、稻叶黑粉病、稻粒黑粉病、水稻颖枯病、水稻霜霉病、水稻穗腐病、水稻秧苗绵腐病和水稻秧苗立枯病等多种类型。下面介绍几种典型的真菌性病害：

1）稻瘟病（图2-13）又名稻热病、火烧瘟、叩头瘟等，是由稻瘟病原菌引起的一种病害，是我国水稻三大主要病害之一。稻瘟病在水稻整个生育期中都可发生，为害秧苗、叶片、穗、节等，分别称为苗瘟、叶瘟、穗瘟和节瘟。稻瘟病的防治方法主要有选用抗病品种、培育优质秧苗、肥水管理技术措施、加强田间管理、落实防治措施、化学药剂控制等。在稻瘟病流行以后，要切实掌握稻瘟病的发病症状、发病规律和发病原因，结合种植情况，采取科学的稻瘟病防治措施，树立起良好的预防理念，降低稻瘟病发生的可能性，避免给稻谷产量和质量造成损失。

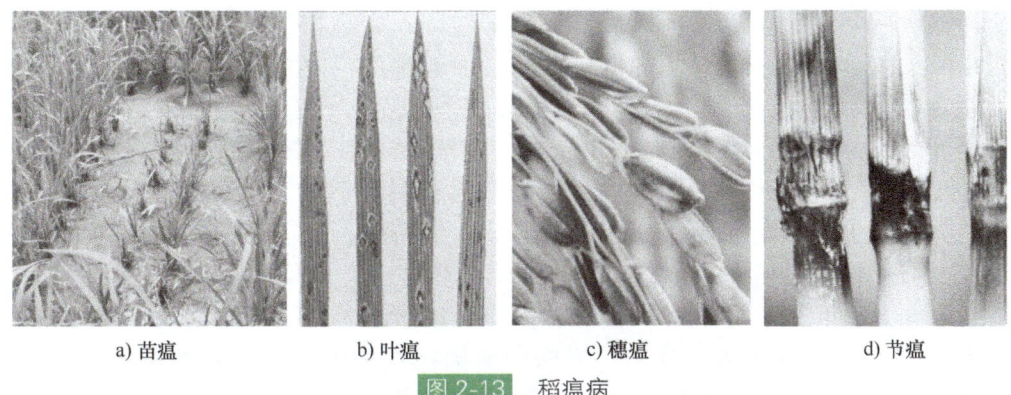

图 2-13　稻瘟病

2）水稻纹枯病（图2-14）又称云纹病，俗名花足秆、烂脚瘟，是一种真菌性病害，是我国水稻三大主要病害之一。水稻纹枯病是由立枯丝核菌侵染所引起的病害。水稻纹枯病在整个生育期都可发生，一般在分蘖期开始，抽穗前后发病最重。该病主要发生在叶鞘和叶片上，发病初期，先在近水面的叶鞘上发生椭圆形暗绿色的水渍状病斑，以后逐渐扩大成为云纹状，中部灰白色，潮湿时变为灰绿色。水稻纹枯病严重时也能危害茎秆和穗部，稻株受害后，秕谷增加，千粒重降低。水稻纹枯病的防治方法主要分为农业防治和化学防治。预防水稻纹枯病，首先要做好田间管理，控制田间湿度，采用配方施肥，控制中后期氮肥的用量，培育壮苗；化学防治主要选用井冈霉素、甲基硫菌灵等药物进行喷洒。

图 2-14　水稻纹枯病

3）稻曲病（图2-15）又称伪黑穗病、绿黑穗病、谷花病、青粉病，俗称"丰产果"。稻曲病是水稻主要病害之一，只发生于穗部，为害部分谷粒。受害谷粒内形成小菌块后逐渐膨大，内外颖裂开，露出淡黄色块状物，即孢子座，后包于内外颖两侧，呈黑绿色，初外包一层薄膜，后破裂，散生墨绿色粉末，即病菌的厚垣孢子，有的两侧生黑色扁平菌核，受风吹雨打后易脱落。稻曲病的防治方法有：选用抗性强的品种或组合；避免病田留种，深耕翻

图 2-15　稻曲病

埋菌核，发病后要及时摘除并销毁病粒；科学施肥，合理搭配氮、磷、钾肥，选用水稻专用肥；抓住关键时期，选对药剂进行预防，一般选用三唑类杀菌剂及其与甲氧基丙烯酸酯类杀菌剂复配的制剂，如戊唑醇、氟环唑、苯甲·丙环唑、肟菌酯·戊唑醇、苯甲·吡唑等。

（2）细菌性病害　水稻细菌性病害主要有水稻白叶枯病、水稻细菌性条斑病、水稻细菌性基腐病、水稻细菌性褐条病和水稻细菌性穗枯病。下面介绍其中几种常见病害：

1）水稻白叶枯病（图2-16）又称白叶瘟，俗称"着风""过火风"等，是由水稻白叶枯病原细菌引起的一种病害。白叶枯病是我国水稻的三大病害之一，在水稻生长发育的各个阶段，无论是芽期、苗期、成株期或抽穗期均可受到叶枯病菌的侵害而发病。该病为害叶片，也可侵染叶鞘，是中国植物检疫对象。水稻白叶枯病的防治策略有：以抗病品种为基础，秧田期预防为重点，在控制菌源前提下，加强农业措施（着重肥水管理），辅以药剂防治。

图 2-16　水稻白叶枯病

2）水稻细菌性条斑病（图2-17）是由稻生黄单胞杆菌稻细条斑致病变种引起病害，主要为害叶片。病株叶面初期表现为细小水渍状短条斑，逐渐发展成纵条斑，对光观察呈半透明；严重时全叶枯黄，甚至呈红褐色。湿润叶面病斑上有许多菌脓胶粒，干燥后成黄色小珠，不易脱落。水稻细菌性条斑病是一种细菌性病害，发病后较难治好。所以，要加强预防措施，并辅以药剂保护，防止病害的扩展蔓延。

图 2-17　水稻细菌性条斑病

3）水稻细菌性基腐病（图2-18）主要为害水稻根节部和茎基部，其独特症状是病株根节部变为褐色或深褐色腐烂，不同于细菌性褐条病心腐型、白叶枯病急性凋萎型及螟害枯心苗等，它主要通过水稻根部和茎基部的伤口侵入。水稻细菌性基腐病的发病特点：早稻移栽后即可出现症状，抽穗期进入发病高峰；晚稻则在秧田期即可发病，孕穗期进入发病高峰；轮作、直播或小苗移栽稻发病轻；偏施或迟施氮素，稻苗嫩柔易导致发病重；分蘖末期不脱水或烤田过度易发病；地势低，粘重土壤通气性差发病重；一般晚稻发病重于早稻。防治方法有：选用抗病良种；培育壮苗，推广工厂化育苗，采用湿润育秧；适当增施磷、钾肥确保壮苗；小苗直栽浅栽，避免伤口；提倡水旱轮作，增施有机肥，采用配方施肥技术。

 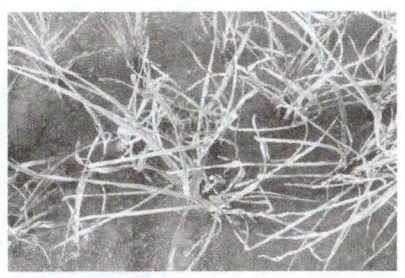

图 2-18　水稻细菌性基腐病

（3）**病毒病害**　水稻病毒病害主要包括水稻条纹叶枯病、水稻矮缩病、水稻黑条矮缩病、南方水稻黑条矮缩病和水稻锯齿叶矮缩病等类型。下面介绍其中几种主要病害。

1）水稻条纹叶枯病（图 2-19）是由灰飞虱为媒介传播的病毒病，俗称水稻上的癌症。病株常枯孕穗或穗小畸形不实；拔节后发病在剑叶下部出现黄绿色条纹，各类型稻均不枯心，但抽穗畸形，结实很少。苗期发病心叶基部出现褪绿黄白斑，后扩展成与叶脉平行的黄色条纹，条纹间仍保持绿色。防治策略：坚持以"预防为主，综合防治"的植保方针，采取"切断毒源，治虫防病"的防治策略，狠治灰飞虱，控制条纹叶枯病。

图 2-19　水稻条纹叶枯病

2）水稻矮缩病（图 2-20）又称水稻普通矮缩病、普矮、青矮等，主要分布在南方稻区。水稻在苗期至分蘖期感病后，植株矮缩，分蘖增多，叶片浓绿，僵直，生长后期病稻不能抽穗结实。病叶症状表现为白点型和扭曲型两种类型，孕穗期发病，多在剑叶叶片和叶鞘上出现白色点条，穗颈缩短，形成包颈或半包颈穗。水稻矮缩病的防治方法：选用抗（耐）病品种；成片种植，防止叶蝉在早、晚稻和不同熟性品种上传毒；加强管理，促进稻苗早发，提高抗病能力；推广化学除草，消灭看麦娘等杂草，压低越冬虫源；治虫防病，及时防治在稻田繁殖的第一代若虫，并要抓住黑尾叶蝉迁入双季晚稻秧田和本田的高峰期,把虫源消灭在传毒之前。

图 2-20　水稻矮缩病

2. 水稻的虫害及防治

水稻害虫根据其为害部位可分为食叶类害虫、钻蛀性害虫、吸汁类害虫和食根类害虫四大主要类型。

（1）食叶类害虫　水稻食叶类害虫根据害虫是否结苞的特性,可分为结苞危害类（稻纵卷叶螟、直纹稻弄蝶）和不结苞危害类（稻螟蛉、稻眼蝶、斜纹夜蛾、中华稻蝗、短额负蝗、黏虫、福寿螺）两种类型。下面介绍几种典型的食叶害虫。

水稻存储或生长过程中的主要虫害

1）稻纵卷叶螟（图 2-21）又称为刮青虫、白叶虫,苞叶虫等,是中国水稻产区的主要害虫之一,广泛分布于各大稻区。稻纵卷叶螟以幼虫为害水稻,缀叶成纵苞,躲藏其中取食上表皮及叶肉,仅留白色下表皮。苗期受害影响水稻正常生长,甚至枯死;分蘖期至拔节期受害,分蘖减少,植株缩短,生育期推迟;孕穗后特别是抽穗到齐穗期剑叶被害,影响开花结实,空壳率提高,千粒重下降。防治手段包括农业防治（如清除杂草、选用抗病虫高产良种、抓紧夏收以减少第三代虫源和灌水灭蛹等）、化学防治、生物防治（如释放天敌和细菌农药防治）、黑光灯诱杀害虫和人工防治等。

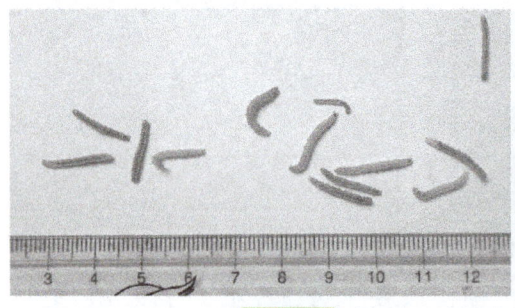

图 2-21　稻纵卷叶螟幼虫及成虫

2）稻螟蛉（图 2-22）又称为双带夜蛾、稻青虫、粽子虫和量尺虫,是夜蛾科螟蛉夜蛾属的一种昆虫。稻螟蛉以幼虫食害稻叶,1~2 龄将叶片食成白色条纹,3 龄后将叶片食成缺刻,严重时将叶片咬成破碎不堪,仅剩中肋,秧苗期受害最重。稻螟蛉主要包括二化螟、三化螟、大螟和台湾稻螟几种类型。稻螟蛉的防治手段采用防治结合,农业预防、化学防治和人工防治等并重,具体包括：冬季结合积肥铲除田边杂草,化蛹盛期摘去并捡净田间三角蛹苞，幼虫初龄主要使用药剂防治，盛蛾期可使用装灯诱杀和性诱剂等手段和方法。

图 2-22　稻螟蛉幼虫及成虫

（2）**钻蛀性害虫**　钻蛀性害虫主要包括水稻螟虫（大螟、二化螟和三化螟）和水稻叶蝇（稻秆蝇）两种类型。

1）水稻螟虫（图 2-23）又称钻心虫，其中发生较严重的主要是二化螟和三化螟，还有稻苞虫、大螟等。二化螟为害水稻，还为害玉米、小麦等禾本科作物，三化螟为单食性害虫，只为害水稻。螟虫一生分为卵、幼虫、成虫和蛹四个阶段，只有幼虫阶段才蛀食稻茎。二化螟幼虫身体淡褐色，背部有 5 条紫褐色纵线；三化螟幼虫为黄白色或淡黄色，背中央有一条绿色纵线。三化螟以幼虫蛀食水稻，在苗期和分蘖期蛀茎形成枯心苗或蛀入叶鞘、使被害处出现黄褐色条斑，形成"枯鞘"；如在孕穗期蛀茎，形成枯穗；抽穗后蛀茎，穗茎节受害时形成"白穗"，使产量受损；若形成"虫伤株"，则造成的损失较轻。水稻螟虫的防治方法：采取"二化螟挑治一代，重防二代；三化螟重防三代"的整体防治策略；在螟虫盛孵和化蛹前，田间只留遮泥水，使蚁螟危害或化蛹部位降低，盛孵或化蛹高峰后，猛灌深水 13~16cm，可消灭大量螟虫；播种或插秧前用药剂处理种子或秧苗；插秧后进行药剂喷雾防治；在螟虫卵孵化高峰期，施用杀螟杆菌进行防治，可以有效地保护田间的天敌。

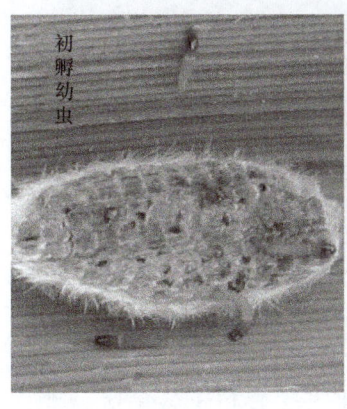

图 2-23　水稻螟虫

2）稻秆蝇（图 2-24）又称稻秆潜蝇，我国主要分布于华南、西南各省，广东的山区和丘陵区稻区普遍发生。稻秆蝇以幼虫钻入稻茎内为害心叶、生长点或幼穗，心叶抽出后出现小孔或白斑点，被害叶尖变黄褐色，展叶后叶上有若干条细长并列的裂缝，被害幼穗变为畸形或成白穗。稻秆蝇的防治手段：冬春季结合积肥，铲除田边、沟边、山坡边的杂草，以消灭越冬虫源；改善耕作制度，单季稻、双季稻混栽山区尽量不种单季稻，可抑制发生量；排水晒田可减轻危害；成虫盛期采用药剂进行喷雾防治；采用"狠治一代，挑治二代，巧治秧田"的整体防治策略。

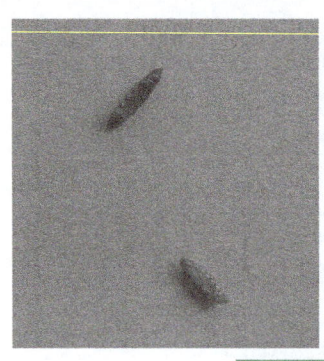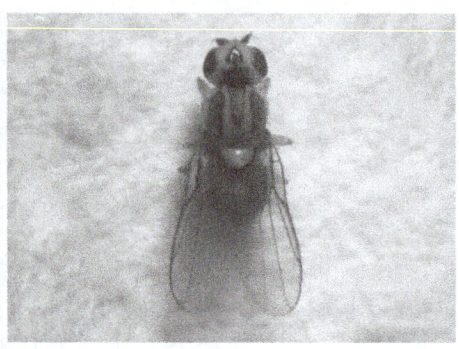

图2-24　稻秆蝇幼虫及成虫

（3）吸汁类害虫　水稻吸汁类害虫主要有稻飞虱、稻叶蝉、赤斑黑沫蝉、稻蓟马、稻椿象和蚜虫等多种类型。下面介绍几种常见的害虫。

1）稻飞虱（图2-25）为同翅目飞虱科，又称蠓子虫、火蠓虫、响虫。以刺吸植株汁液危害水稻等作物。我国为害水稻的飞虱主要有三种：褐飞虱、白背飞虱和灰飞虱，其中以褐飞虱发生和为害最重，白背飞虱次之。稻飞虱在我国各省、自治区均有发生。褐飞虱为偏南方种类，在长江流域及以南地区为害严重；白背飞虱广泛分布于我国南方地区；灰飞虱为偏北方种类。稻飞虱的防治手段包括农业防治（育种、栽培管理等）、生物防治（保护天敌、放鸭啄食）、油类防治和药剂防治等。

图2-25　稻飞虱

2）稻叶蝉（图2-26）又称稻浮尘子，以成虫和若虫刺吸稻株汁液为害，是危害水稻的叶蝉类昆虫的统称，是为害水稻的重要害虫。稻叶蝉广泛分布于各稻区，尤以南方稻区发生较重，同稻飞虱相似，除直接取食危害外，还传播水稻病毒病，后者的危害常超过直接吸食。稻叶蝉的防治手段主要包括农业防治（种植抗病品种、避免混栽，减少桥梁田、加强肥水管理等）、生物防治（保护天敌、放鸭啄食）、物理防治（盛发期采用灯光诱杀）和化学药剂防治等。

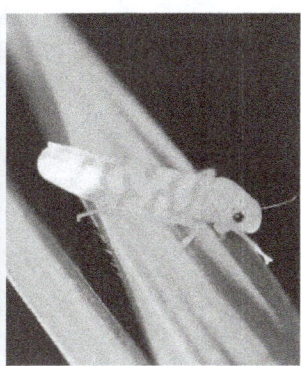

图 2-26 稻叶蝉

3）稻蓟马（图 2-27）为缨翅目蓟马科。稻蓟马的成、若虫以口器锉破叶面，成微细黄白色斑，叶尖两边向内卷折，渐及全叶卷缩枯黄，分蘖初期受害重的稻田，苗不长、根不发、无分蘖，甚至成团枯死。晚稻秧田受害更为严重，常成片枯死，状如火烧。穗期成、若虫趋向穗苞，扬花时转入颖壳内，为害子房，造成空瘪粒。稻蓟马的防治方法有农业防治（避免水稻早、中、晚混栽，合理施肥）和化学药剂防治等手段。使用药剂防治时，要依据稻蓟马的发生为害规律，遭受稻蓟马的为害时期，一是秧苗四、五叶期用药一次，二是本田稻苗返青期。当稻田发生常见卷叶苗，叶尖初卷率约15%~25%，则应列为防治对象田。

图 2-27 稻蓟马

3. 水稻的草害及防治

水稻田的杂草有很多，包括阔叶草、尖叶草和莎草等。水稻田常见的阔叶杂草有野慈姑、鸭舌草、节节菜、空心莲子草和眼子菜等；常见的尖叶杂草有稗草、千金子、双穗稗草、马唐、牛筋草、菵草和狗尾草；常见的莎草有三棱草和香附子等。在我国不同区域，不仅杂草发生的种类不同，而且杂草对药物的抗性也有轻重，这给杂草的防治工作带来了困难。

（1）水稻杂草的地区分布　华南双季稻作带地处南亚热带地区，属于三熟区，其主要杂草种类有稗草、牛毛草、丁香蓼、四叶萍和尖瓣花等。华东、华中单双季稻作带地处中北部亚热带，属于连作双季稻一年二熟，其主要杂草种类有鸭舌草、萤蔺、水莎草、泽泻和空心莲子草等。东北早熟稻作带地处寒温带地区，属于一季稻，其主要杂草种类有稗草、眼子菜、雨久花、狼把草、母草和水葱等。西北干燥区稻作带地处西北地带，属于典型的大陆性气候，为早熟单季稻，其主要杂草种类有扁秆藨草、碎米莎草、稗草、毛鞘稗、芦苇和水绵等。

（2）水稻杂草的治理　稻田杂草对水稻的危害是多重的，因此杂草防控是水稻种植的重点工作之一，要立足早期治理、综合防控，根据水稻种植模式、杂草种类与分布特点，及时进行分类防控。稻田杂草的发生规律，一般是播种（移栽）后杂草陆续出苗，播种（移栽）后 7~10 天出现第一批杂草萌发高峰，这批杂草主要是稗草、千金子等禾本科杂草和异型莎草等一年生莎草科杂草；播种（移栽）后 20 天左右出现第二次萌发高峰，这批杂草以莎草科杂草和阔叶杂草为主。由于第一高峰杂草数量大、发生早，故这些杂草为害性大，是杂草防治主攻目标。

稻田除草剂品种仍以土壤处理剂为主，主要是防治杂草幼芽。结合稻田杂草的发生规律和除草剂的应用性能，稻田杂草的防治应立足早期用药，即在芽前或芽后施药；除了苯达松、2甲4氯钠盐、麦草畏等防治阔叶杂草和敌稗、二氯喹啉酸等防治禾本科杂草的少数茎叶处理剂外，一般多要求在杂草 3 叶期以前施药；选择在杂草 3 叶期以前施药时，杂草的敏感期和除草剂的药效高峰期相吻合，易于收到较好的除草效果。

2.2.3　玉米的病虫害及防治

玉米是世界上粮食产量最高的作物，能被广泛种植，对生长环境要求不高，方便种植、干燥、储存和运输。在我国，玉米种植面积广泛，仅次于稻、麦，在粮食作物中居第三位，但其总产量以及单产产量却是粮食作物的第一位，2020 年我国玉米产量约为 2.6 亿吨。玉米病害有 30 多种，目前发生普遍而又严重的病害有青枯病、粗缩病、大斑病、小斑病、黑穗病、锈病等。害虫有 250 多种，主要有以蛴螬、蝼蛄、地老虎等地下害虫，蚜虫等刺吸害虫，玉米螟等钻蛀性害虫为主，玉米田杂草有 40 多种，常见的有马唐、狗尾草、牛筋草、苋菜类、香附子、田旋花等。

玉米的病虫害及防治

1. 玉米病害及防治方法

（1）青枯病　青枯病是玉米生长过程中的主要病害之一，是由几种镰刀菌或腐霉菌单独或复合侵染所引起的。该病在玉米灌浆期开始显症，乳熟后期至蜡熟期为显症高峰。症状表现为突然青枯萎蔫，整株叶片呈水烫状干枯褪色；果穗下垂，苞叶枯死；茎基部初为水浸状，后逐渐变为淡褐色，手捏有空心感，常导致倒伏。玉米感病后植株籽粒不饱满、瘪瘦，对玉米产量和品质影响很大。

种植玉米过程中，首先是科学选种，然后利用种子杀菌剂处理种子，并且相应的增加肥料施入，为玉米生长提供充足的养分，增强玉米抗病能力。若玉米生长过程中有青枯病特征出现，应当采取有效措施对病残体及时消除，并集中在一起全面销毁，以免病害进一步扩散。玉米收获之后，深翻土壤，对青枯病具有很好的防治作用。此外，还可利用 400 倍液的甲霜灵进行喷施，以达到较好的防治效果。

（2）粗缩病　玉米粗缩病是由玉米粗缩病毒引起的病害，主要为害叶片、叶鞘、苞叶、根和茎部等，玉米生长的整个阶段都可能发生玉米粗缩病，其中苗期感染的概率最高，染病后的玉米植株在 5~6 叶表现出明显的症状。玉米粗缩病是一种世界性的病毒性玉米病害，以带毒灰飞虱传播病毒，是中国玉米产区的主要病害之一，也是中国北方玉米生产区流行的重要病害，该病害具有毁灭性。

玉米粗缩病可以利用农业以及化学手段联合进行防治。实际操作过程中，应当选择具有抗病能力的良种，同时将播种期适当提前，利用 10% 的吡虫啉进行玉米拌种。玉米苗期是该病的高发期，可以利用吡蚜酮按照 20g/ 亩的剂量稀释后进行喷洒防治。

（3）大斑病　玉米大斑病是由大斑病凸脐蠕孢引起的病害，主要危害叶片，严重时也危害叶鞘和苞叶，一般先从底部叶片开始发生逐步向上扩展，严重时能遍及全株，但也有从中上部叶片发病的情况。玉米大斑病的发生和流行程度受自交系的抗病性、轮作制度、气候条件和栽培措施等诸多因素影响。

玉米大斑病的防治包括积极推广抗病品种、改善耕作栽培环境和化学防治等。根据病情，先摘除植株基部黄叶、病叶，减少再次侵染菌源，增强通风透光度然后喷施杀菌剂；在心叶末期到抽雄期或发病初期进行喷药防治。药剂可选用 50% 好速净可湿性粉剂 1000 倍液，或 80% 速克净可湿性粉剂 1000 倍液，或 50% 多菌灵可湿性粉剂 500 倍液，或 50% 甲基硫菌灵可湿性粉剂 600 倍液，或 5% 百菌清可湿性粉剂 300 倍液，或 25% 苯菌灵乳油 800 倍液，或 40% 克瘟散乳油 800~1000 倍液，或施特灵水剂 2500 倍液喷雾。

（4）小斑病　玉米小斑病又称玉米斑点病，是由长蠕孢菌侵染引起的、发生在玉米的病害，主要为害叶片，但叶鞘、苞叶和果穗也能受害。当玉米的下部叶片出现了水渍状的小斑，且颜色呈半透明的褐色时，则可以判定玉米发生了小斑病。该病的发病高峰期在玉米的抽穗阶段，发病趋势是从下部叶片开始逐渐向上蔓延，到后期叶片上的病斑会不断扩大并从褐色变为黄褐色，其形状也从水渍状变为锤形或椭圆形，到发病后期会导致玉米叶片大面积枯死。小斑病的发病盛期在平均气温为 25℃的 7~8 月份。

防治此种病害的方法：选择抗病杂交的玉米品种进行种植；采取早播早管的栽培方式有效提高玉米植株的抗病虫害能力；施加有机肥；当发生小斑病后，可以在 7~10 天内向玉米喷洒 50~75kg/ 亩的多菌灵进行防治，总计喷洒 2 次左右。

（5）黑穗病　黑穗病是玉米生长过程中的一类重要病害，受到该病感染之后，玉米穗表现为黑粉状特征，难以正常的结果，对玉米的产量有着非常重要的影响，更是阻碍其品质提升的关键。导致该病发生的主要原因是变性的雄性化对雄蕊造成影响所致，对玉米生长造成很大影响，引发过度膨胀情况，致使玉米果穗减小，籽粒变小。

对此类病害进行防治，应当在玉米种植过程中，科学合理地选种，并利用多菌灵等药剂对种子进行处理；合理选择播种时间，确保玉米良好生长的温湿度条件；玉米病害发生时应当将病株及时清除，避免病菌传播；播种过程中，可以通过早播和轮播的方式，对病虫害进行有效控制，降低病害发生率。

（6）锈病　玉米锈病是由玉米柄锈菌引起的病害，主要发生在玉米叶片上，也能够侵染叶鞘、茎秆和苞叶。玉米锈病发病后，叶片被橘黄色的夏孢子堆和夏孢子所覆盖，导致叶片干枯死亡，轻者减产10%~20%，重者达30%以上，严重地块甚至绝收。玉米柄锈菌喜温暖潮湿的环境，发病温度为15~35℃；最适发病环境温度为20~30℃，相对湿度95%以上；最适感病生育期为开花结穗到采收中后期。

防治玉米锈病可采用以下手段：加强玉米田间管理工作，对田块中的杂草与病残体及时清除并集中销毁；利用药剂进行防治，但要保证化学药剂使用的量与次数，如利用4000倍液的12.5%速保利粉剂对玉米进行4次喷施，同时也可通过酵素堆肥手段，提高玉米抗锈病能力。

2. 玉米虫害及防治方法

（1）地老虎　地老虎又叫地蚕、土蚕、切根虫，其种类很多，经常发生为害的有小地老虎和黄地老虎。地老虎的一生分为卵、幼虫、蛹和成虫（蛾子）4个阶段。地老虎主要以第一代幼虫为害严重，各龄幼虫的生活和为害习性不同。一、二龄幼虫昼夜活动，啃食心叶或嫩叶；三龄后白天躲在土壤中，夜出活动为害，咬断幼苗基部嫩茎，造成缺苗；四龄后幼虫抗药性大大增强，因此，药剂防治应把幼虫消灭在三龄以前；地老虎成虫日伏夜出，具有较强的趋光和趋化性，特别对短波光的黑光灯趋性最强，对发酵而有酸甜气味的物质和枯萎的杨树枝有很强的趋性。

地老虎的防治，必须采取诱蛾、除草、药剂和人工防治相结合的措施。诱杀成虫是防治地老虎的最佳策略，可大大减少第一代幼虫的数量，方法是利用黑光灯和糖醋液诱杀；杂草是成虫产卵的主要场所，也是幼虫转移到玉米幼苗上的重要途径，在玉米出苗前彻底铲除杂草，并及时移出田外作饲料或沤肥，有效地压低虫口基数；药剂防治是目前消灭地老虎的重要措施，播种时可用药剂拌种、施毒土和毒饵锈杀等相结合的方法。

（2）玉米螟　玉米螟又称玉米钻心虫，是世界性玉米大害虫。玉米螟是多食性害虫，寄主植物多达200种以上，但主要为害的作物是玉米、高粱、粟等。玉米螟幼虫是钻蛀性害虫，造成的典型症状是心叶被蛀穿后，展开的玉米叶出现了整齐的一排排小孔；雄穗抽出后，玉米螟幼虫就钻入雄花为害，往往造成雄花基部折断；雌穗出现后，幼虫即转移雌穗取食花丝和嫩苞叶，蛀入穗轴或食害幼嫩的籽粒，另有部分幼虫由茎秆和叶鞘间蛀入茎部，取食髓部，使茎秆易被大风吹折。螟虫为害将导致玉米植株籽粒不饱满，青枯早衰，有些穗甚至无籽粒，造成严重减产。

玉米螟的防治根据其生长阶段可分为越冬期防治、心叶期防治和穗期防治。越冬期防治以农田治理为主，可以把玉米秆、穗轴作当作燃料焚烧，同时清除杂草等防止玉米螟越冬寄主；心叶期防法和穗期防治以施药为主。此外，还有生物防治、微生物农药防治和选用抗虫品种防治。生物防治以释放天敌赤眼蜂为主；用微生物农药杀螟杆菌、7216、白僵菌等灌注心叶，或配制成菌土、颗粒剂等进行防治；此外，选用抗虫品种也可以降低虫害的发生。

（3）红蜘蛛　玉米红蜘蛛属于螨类，又称火龙、火蜘蛛、红砂等，一般在抽穗之后开始为害玉米。红蜘蛛在玉米6片叶时即开始为害，通过刺吸作物叶片组织养分，致使被害叶片先呈现密集细小的黄白色斑点，以后逐渐退绿变黄，最后干枯死亡。被害玉米籽粒秕瘦，造成减产。

玉米红蜘蛛的防治方法：消灭越冬成虫，早春和秋后灌水，可以消灭大量的越冬红蜘蛛；药剂用40%乐果乳剂和20%三氯杀螨醇混合液（1∶1）稀释1000~1500倍后进行喷雾；充分利用玉米红蜘蛛的天敌，如深点食螨瓢虫、食螨蓟马和草蛉等。

（4）玉米黏虫　黏虫是一种暴发性的毁灭性害虫，俗称螟螂、行军虫、夜盗虫、剃枝虫，是玉米作物虫害中常见的害虫之一，属鳞翅目，夜蛾科，体长17~20mm，淡灰褐色或黄褐色，雄蛾色较深。黏虫幼虫暴食玉米叶片，严重发生时，短期内吃光叶片，造成减产甚至绝收。一年可发生三代，以第二代以为害夏玉米为主，天敌主要有步行甲、蛙类、鸟类、寄生蜂和寄生蝇等。

（5）灰飞虱　在玉米生长过程中，灰飞虱是常见的一种害虫，其幼虫以吸食玉米叶上的汁液为主，啃噬叶中的营养。灰飞虱幼虫在啃噬过程中会产生很多的排泄物，这种排泄物恰巧能让玉米粗缩病的病菌生存下来，病菌的存活会导致玉米大面积出现粗缩病，粗缩病的产生就会影响玉米的生长，从而导致玉米的产能下降。

2.2.4　棉花的病虫害及防治

1. 棉花病害及防治方法

棉花的病虫害及防治

棉花病害多达20~30种，有的病害在整个生命期中都可能发生危害，有的则危害某一阶段或某一器官。棉花在苗期、展叶期和花铃期各阶段均有病害发生，常导致烂种、烂芽、烂根、叶枯，严重时造成缺苗断垄，不能一播就全苗，甚至要复播，影响棉花早期发苗，是限制棉花生产的主要因素之一。

棉花病害根据其是否感染病菌可分为生理性病害和侵染性病害两大类。生理性病害指没有病菌的侵染，如棉花蕾铃脱落、生理性早衰、贪青晚熟、鸡爪病、药害、冻害和缺素等；侵染性病害主要有棉花枯萎病、黄萎病、立枯病和棉铃病等类型。

棉花苗期发生较重的是立枯病、疫病、炭疽病和黑斑病，这些病害会造成黑根死苗、僵苗迟发和缺苗断垄；展叶期危害较重的是黄萎病和枯萎病，会造成植株死亡或产量和品质大幅度下降；花铃期危害较重的是疫病、红粉病、红腐病和炭疽病等，造成烂铃和僵瓣，对棉花品质影响极大。下面介绍几种常见的病害及防治方法。

（1）棉花立枯病　棉花立枯病是由立枯丝核菌引起的病害。棉种萌发前被侵染会造成烂种；萌发后出土前被侵染则引起烂芽；若棉苗出土后受害，初期在近土面基部产生黄褐色病斑，病斑逐渐扩展包围整个基部呈明显缢缩，病苗萎蔫倒伏枯死。拔起病苗，茎基部以下的皮层均遗留在土壤中，仅存鼠尾状的木质部。子叶受害后，多在子叶中部产生黄褐色不规则形病斑，常脱落穿孔。此病发生后会导致棉苗成片死亡，在病苗、死苗的茎基部及周围、土面常见到白色稀疏菌丝体。

对棉花苗期病害防治应采取以农业防治为主、棉种处理与及时喷药防治为辅的综合防治措施。具体包括：播种前必须精选高质量棉种，棉种需经硫酸脱绒，以消灭表面的各种病菌，增强棉苗抗病力；加强耕作栽培管理，如合理轮作、深耕改土、适期播种、育苗移栽、施足基肥、合理追肥和加强田间管理等；在寒流及阴雨前通过喷雾、灌根和涂刷等进行药剂防治。

（2）棉花枯萎病　棉花枯萎病是由尖孢镰刀菌引起的病害。该病在苗期和成株期可表现出多种明显不同的症状，主要有黄色网纹型、黄化型、紫红型和青枯型四个典型症状。棉花枯萎病是棉花生产中危害最严重的病害之一，曾被称为棉花的"癌症"之一。棉花枯萎病对棉株生育影响很大，在苗期即可发生，严重时大量死苗，造成缺株断垄。特别是在定苗以后，大量棉株发病，叶片变黄、干枯脱落，直至萎蔫枯死，导致结铃稀少，铃重减轻，造成棉花减产，纤维品质降低。

棉花枯萎病的防治方法主要有大力推广种植抗病的优良品种；适时播种、起垄种植；轮作换茬、增施有机肥；清除病株、控制病情；播种前通过对种子进行消毒和土壤处理来预防病害；病害发生初期可用化学药剂进行防治。

（3）棉花黄萎病　棉花黄萎病是由病原菌黑白轮枝菌和大丽轮枝菌引起的病害，国内的病原菌只存在大丽轮枝菌，主要为害棉花的茎、枝、叶。棉花黄萎病是棉花"第一大病害"，传播途径广泛，棉籽、病株残体、土壤、肥水、农具等多种媒介都可传播。危害严重，轻者叶片失绿变黄，蕾铃脱落，严重减产，重者整株成片死亡，绝产绝收。因该病不易控制，被称作棉花的"癌症"。

棉花黄萎病的防治需贯彻"预防第一，全面预防"的方针，坚持无污染原则的预防和控制，主要通过农业和物理控制，辅以化学控制。具体防治手段包括改茬轮作、秋后清地、冬前深耕、加强田间管理、培育健壮植株、实施种子包衣、苗床处理和发病初期用药等。

（4）棉花炭疽病　棉苗炭疽病是由棉炭疽病菌引起的一种病害。该病除侵染棉花幼苗外，还能侵害茎、子叶、叶片及后期棉铃，在苗期、成株期均可发病。出苗前发病可造成烂种，出苗后茎基部发生红褐色绷裂条斑，扩展缢缩后造成幼苗死亡。棉花炭疽病是我国棉区普遍发生的一种主要苗期病害，尤以长江流域棉区发病为重。受害棉苗严重影响齐苗、健苗、早发。发病多少主要受当年气候及栽培条件的影响，一般苗期发病率为20%~70%，严重时达90%以上。

棉苗炭疽病主要由种子传染，故选用质量好的无病种子或用隔年种子作种，并彻底消毒，是防治此病的关键。此外，适期播种、合理密植和发病初期喷洒化学药剂等也可抑制该病害。

（5）棉花红腐病　棉花红腐病是由串珠镰刀菌引起的一种病害。病菌会随病残体或在土壤中腐生越冬，翌年产生的分生孢子和菌丝体成为初侵染源。苗期初侵染源还可以是附着在种子短绒上的分生孢子和潜伏于种子内部的菌丝体，播种后即侵入为害幼芽或幼苗。棉花红腐病是我国棉花种植中一种危害较大的苗期病害，主要引起棉花烂种、烂芽、茎基腐烂和根部腐烂。棉花的苗期、棉铃期在根、茎基、子叶和真叶部位均有发病可能。

棉花红腐病的防治包括选种无病棉种或隔年棉种，清除田间的枯枝、落叶、烂铃等，适期播种并加强苗期管理，及时防治铃期病虫害，避免造成伤口。

2. 棉花虫害及防治方法

棉花害虫种类较多，并且世代重叠、交替发生，对棉花的产量和质量影响重大。常见的棉花虫害包括棉蚜虫、棉花盲蝽（绿盲蝽和中黑盲蝽）、棉铃虫、红铃虫、红蜘蛛、小地老虎、叶蝉和棉蓟马等。下面介绍几种常见的害虫及防治方法。

（1）棉蚜虫　棉蚜虫又称蜜虫、腻虫、油汗等，属同翅目，蚜科，广布全国各地，是棉花苗期重要害虫。黄河流域、辽河流域、西北内陆棉区发生早，为害重，近年来该虫害在新疆棉区的发生比重增加。棉蚜虫以刺吸口器刺入棉叶背面或嫩头，吸食汁液。苗期受害，导致棉叶卷缩，开花结铃期推迟；成株期受害，导致棉花上部叶片卷缩，中部叶片现出油光，下位叶片枯黄脱落，叶表有棉蚜虫排泄的蜜露，易诱发霉菌滋生；蕾铃受害，则易落蕾，影响棉株发育。

棉蚜虫的防治方法：早春在越冬寄主上喷施乐果，消灭越冬寄主上的蚜虫；实行棉花与其他作物套作、间作；棉田中播种或地边点种春玉米、高粱、油菜等，招引天敌控制棉蚜虫；药剂拌种；苗期在棉茎红绿交界处涂药；成株期在根据不同发病率施用不同药剂喷雾；在棉蚜虫点片零星发生时进行挑治和定点清除等。

（2）棉花红蜘蛛　棉花红蜘蛛又称棉叶螨，是我国各棉区普遍发生危害较重的一类害虫。棉花红蜘蛛主要在棉叶的背面吸食营养汁液，为害初时叶片正面出现较多白点，几天后叶柄处变红，重则落叶垮秆，状如火烧，造成大面积减产或绝收。棉花红蜘蛛害遍布于华东、华北、华南、东北、西北和西南各地棉区。

棉花红蜘蛛的防治包括农业防治（如合理轮作、铲除杂草、及时抗旱、合理施肥、人工抹虫和摘除虫叶等）、生物防治（如以虫治螨、以螨治螨和以菌治螨等）和农药防治（喷施化学农药和土农药）。

（3）棉铃虫　棉铃虫属鳞翅目，夜蛾科，是一种世界性害虫，广泛分布在世界各地。中国棉区和蔬菜种植均有发生，北方棉区比南方棉区为害重，黄河流域棉区为害最重，是常发区；长江流域棉区则为间歇性为害；近年来，新疆棉区也时有发生。棉铃虫是棉花蕾铃期的重要钻蛀性害虫，为害棉花时以幼虫蛀食棉花的蕾、花、铃为主。蕾被蛀食后苞叶张开发黄，2~3天后脱落；花的柱头和花药被害后，不能授粉结铃；青铃被蛀成空洞后，常诱发病菌侵染，造成烂铃。幼虫也食害棉花嫩尖和嫩叶，形成孔洞和缺刻，造成无头棉，影响棉花的正常发育。

棉铃虫的防治主要包括强化农业防治，推广抗虫品种，改进栽培技术，压低棉铃虫发生基数。采用生物防治、诱杀成虫等无公害防治措施，控制各代虫口密度。针对主要为害世代，选用高效、低毒农药，以卵期和初龄幼虫阶段为防治重点，科学合理使用农药。

（4）棉红铃虫　棉红铃虫又称红铃虫，属鳞翅目，麦蛾科，是世界性重要害虫，也是国内外重要检疫对象之一。棉红铃虫以为害棉花的蕾、花、铃和种子，引起蕾铃脱落，导致僵瓣、黄花等。为害蕾时，从顶端蛀入造成蕾脱落；为害花时，吐丝牵住花瓣，使花瓣不能张开，形成"扭曲花"或"冠状花"；在铃长到10~15mm时钻入，侵入孔很快愈合成一小褐点，有时在铃壳内壁潜行成虫道，呈水青色；为害种子时，吐丝将两个棉籽连在一起。

棉红铃虫的防治主要采用农业防治和化学防治相结合的方法。农业防治手段包括种植抗棉红铃虫的品种；麦收后种短季棉减轻一、二代为害；改进栽培措施促进早熟，减轻后期为害；及时集中处理僵瓣、枯铃，晒花时放鸡啄食或人工扫除帘架下的幼虫等；调节播种期，控制棉花生长发育进度，可以有效地控制棉红铃虫为害。化学防治手段有棉仓灭虫、喷洒杀虫剂等。

2.2.5 油菜的病虫害及防治

油菜是我国农业生产主要油料作物之一，种植面积广泛。我国的油菜产量、销量和需求量都处于世界前列。油菜培育过程中，不可避免地会出现病虫害问题，降低收入，所以病虫害的防治问题亟待解决。病虫害的发生在油菜播种后的第二年开春，正值营养摄取、快速生长之时，在这个时期提前做好病虫害的预防和决策尤为关键。据调查统计，发生在油菜身上的病害有20余种，虫害有30余种。

油菜的病虫害及防治

1. 油菜病害及防治方法

（1）**油菜病毒病**　油菜病毒病又称油菜毒素病、花叶病或萎缩病，主要是由花叶病毒引起的一种病害。该病主要为害油菜的叶、茎秆、花和角果。油菜病毒病主要是由蚜虫的活动引起的，蚜虫在病株上吸汁，可使油菜感病。

油菜病毒病的防治应以消灭传毒蚜虫为重点，提高农业栽培管理技术，选用抗病优良品种等综合防治措施。对病毒病的防治应以预防为主，综合防治，主要措施有选用抗病品种、适期播种、选地种植、早发现早销毁和药剂防治等方法，药剂防治以消灭蚜虫为主。

（2）**油菜菌核病**　油菜菌核病又称油菜杆腐病、霉杆病或烂杆病，是由核盘菌引起的发生在油菜等作物上的一种病害。该病主要为害油菜的茎、叶、花、角果、种子。油菜菌核病危害时间长，从苗期到成熟期都可发生，开花后发生最多。油菜苗期感病后，茎基部和叶柄出现红褐斑点，然后扩大转为白色，组织腐烂，上面长有白色絮状菌丝，最后病苗枯死，病组织外形成许多黑色菌核；现蕾到成熟期的主要症状是叶片上产生圆形或不规则形病斑，病斑中心为灰褐色，中层呈暗青色，外围有黄色晕圈；发病后期茎秆变空，皮层破裂，维管束外露如麻，病株茎秆容易开裂、折断，内有鼠类状黑色菌核；花瓣感病后颜色苍白，没有光泽，容易脱落；角果受害后，产生不规则白斑，内部有菌核，种子干瘪。

油菜菌核病的防治策略是以种植抗（耐）病品种为基础，结合轮作换茬、清除菌源、清沟排渍、中耕松土、摘除老黄叶和病叶等栽培管理措施，并适时进行化学防治。药剂防治主要在初花后进行，喷药次数应根据病情酌情掌握，尽量喷于植株中、下部，可选用40%菌核净可湿性粉剂1000~1500倍液或50%多菌灵可湿性粉剂300~500倍液喷施，每次每亩可喷洒药液80~100kg。

（3）**油菜霜霉病**　油菜霜霉病是由寄生霉菌侵染所引起的一种病害。霜霉病在油菜的整个生育期均可受害，病害可侵染叶、茎、花、花梗和角果。发病时，叶片正面初生淡黄色不明显的病斑，扩大后呈多角形，叶背病部上长出白色的霜状霉；在茎枝上，病斑初为水渍状，后为不定形的黑色病斑，也长出白色的霜状霉，常导致茎、枝弯曲肿胀；花梗发病后有时肥肿，畸形，花器变绿、肿大，呈"龙头"状，表面光滑，上有霜状霉层，感病严重时叶枯落直至全株死亡。

油菜霜霉病的防治方法有：选用抗病的丰产品种；实行水旱轮作，避免连作；搞好田间管理，清沟排渍，合理施肥，减少氮肥施用量，适当增施磷、钾肥，并适时摘除老叶、黄叶和病叶等；药剂防治方面，一是选用0.4%种子重的50%福美双或75%百菌清对种子进行处理，二是初花期的病叶率达到10%以上就开始喷药，隔7~10天再喷一次，重病田应比轻病田多喷 1~2 次，具体可选用退菌特 1000 倍液、托布津 1000~1500 倍液、代森锌 500 倍液、二硝散 200 倍液、氯硝铵 200~300 倍液、乙磷铝 300 倍液或代森铵 700~1000 倍液等进行喷洒。

（4）油菜白锈病　油菜白锈病是由白锈病菌侵染所引起的一种病害。病害从苗期至成株期均可发生，为害叶、茎、花和角果。叶片染病初在叶片正面产生浅绿色小点，后渐变黄呈圆形病斑，叶片背面病斑处长出白漆色疱斑，疱斑破裂后散出白粉，严重时病叶枯黄脱落；幼茎和花梗受害后肿大，弯曲成"龙头"状；花器受害，花瓣畸形、膨大，变绿呈叶状，久不凋萎，也不结实。受害的茎、枝、花梗、花器和角果均可长出长圆形或短条状的疱斑。

油菜白锈病的防治方法有：选用芥菜型和甘蓝型抗病品种油菜；实行轮作、合理施肥灌水、摘除病叶、无病株留种或播前用 10% 盐水清洗；药剂防治方面，选择油菜苔高 17~33cm 或初花期开始喷第一次药，以后间隔 5~7 天再喷一次，阴雨天可多喷 3 次，亩用药液量为 75~125kg，要求药液喷均匀，具体可选用瑞毒霉·锰锌 1000 倍液、灭菌丹 300~500 倍液、代森锌 500~600 倍液、福美双 300~500 倍液等药剂。

（5）油菜猝倒病　油菜猝倒病又称瓜果腐霉病，病原体为鞭毛菌亚门真菌。为害幼苗时，在接近地面的幼茎上产生水渍状斑，然后变黄、腐烂、变褐萎缩。病重时很快折倒，病轻者仍能继续生长，发病轻的幼苗，可长出新的支根和须根，但植株生长发育不良。

油菜猝倒病的防治方法有：苗床处理，用 50% 福美双 200g 拌土 100kg，或者用 50% 多菌灵，或 50% 敌克松 8g/m² 对土 20 倍混匀撒施；加强田间管理，适时间苗开沟排渍，合理密植；药剂防治，可用 25% 瑞毒霉可湿性粉剂，每亩 55~66g 加水 20~35kg，或 75% 百菌清 1000 倍液喷施。

2. 油菜虫害及防治方法

（1）蚜虫　蚜虫是油菜的主要虫害之一，在干旱年份更为严重，是传播油菜病毒病的主要媒介，因此一定要把蚜虫消灭在造成危害之前。油菜蚜虫分为萝卜蚜、桃蚜、甘蓝蚜等几种类型，多密集在叶背、菜心、茎枝和花轴上刺吸汁液，使叶片卷曲萎缩、幼苗生长迟缓；嫩茎、花轴生长停滞，花、角果数减少，常致植株枯死。

油菜蚜虫的防治方法有：注意抗旱和清除杂草，保持土壤湿润，抑制蚜虫繁殖，及时清除杂草，防止蚜虫滋生；生物防治以保护及人工饲养天敌为主，如蚜茧蜂、草蛉、瓢虫等，使天敌的数量保持在总蚜量的 1% 以上；药剂防治可选用 40% 乐果乳油，或 20% 氧化乐果乳油 1000~2000 倍液，或 70% 灭蚜松 1000~1400 倍液，或 2.5% 敌杀死乳剂 3000 倍液等喷雾或喷粉。

（2）菜青虫　菜青虫是油菜菜粉蝶的幼虫名称，菜粉蝶是鳞翅目粉蝶科的一个物种，又称菜白蝶、白粉蝶。在油菜苗期为害最严重，2 龄前只啃食叶肉，留下一层透明的表皮，3 龄后可蚕食整个叶片，轻则虫口累累，重则仅剩叶脉，影响植株生长发育和包心，造成减产。此外，虫粪污染花菜球茎，降低商品价值。

菜青虫在防治上要掌握治早、治小的原则，将幼虫消灭在 1 龄之前，具体方法是：清除田间杂草，减少虫源基数；生物防治，应用较广的有病之杆菌 BT 剂乳剂或青虫菌粉 800~1000 倍液，喷施叶面；药剂防治，采用 90% 晶体敌百虫 1000~1500 倍液，或

50%马拉硫磷乳油500~600倍液,或2.5%溴氰菊酯10mg/4kg药液等进行喷施。

(3) **油菜潜叶蝇** 油菜潜叶蝇除在西藏无报道外,在全国各油菜区均有发生,以幼虫钻入叶内取食叶肉,并蛀成弯弯曲曲的潜道,叶面呈现白色线状条痕,仅留上下表皮的细长隧道,严重时布满叶片呈网状,影响光合作用,甚至全叶枯萎。春季油菜受害较重时,常导致叶片早落,影响结荚,降低产量。此外,油菜潜叶蝇也可为害嫩枝和角果。油菜潜叶蝇不仅为害油菜,还可为害豌豆、蚕豆、白菜、甘蓝、莴笋、萝卜等植物,对叶用蔬菜的食用价值影响很大。

由于潜叶蝇的幼虫钻到叶片里危害,一般药剂不容易接触它,所以潜叶蝇的化学用药防治要在幼虫潜入叶片前进行,以产卵期喷药效果最好。具体防治时间一般在3月下旬到4月中旬的产卵期,用1500~2000倍90%的敌百虫,或用2000倍的马拉硫磷乳剂,或用2000倍的40%乐果乳剂,喷雾2~3次。此外,还可以在田间诱杀成虫,用红糖100g、醋100g、白矾50g、水1000g混合煮开,调匀后再拌入40kg的干草或树叶,撒放在田间,诱杀成虫。

(4) **小菜蛾** 小菜蛾又称小青虫、两头尖,是鳞翅目菜蛾科菜蛾属昆虫,属于世界性迁飞害虫,以初龄幼虫啃食叶片以及茎枝、花器、角果的表层为害。初龄幼虫可钻入叶片组织,稍大后啃食一面叶表皮和叶肉,留下另一面叶表皮,形成透明斑,如同小"天窗";3~4龄幼虫可将菜叶食成孔洞,当虫量大时全叶被吃成网状;在苗期常集中心叶为害,影响包心;在留种株上,为害嫩茎、幼荚和籽粒。

小菜蛾的防治要避免大范围内十字花科蔬菜周年连作,以免虫源周而复始,收获后要及时处理残株败叶,也可消灭大量虫源;物理防治要利用小菜蛾的趋光性特点,在虫发生期放置黑光灯进行诱杀;生物防治可采用生物杀虫剂,如BT乳剂600倍液可使小菜蛾幼虫感病致死;药剂防治可选用灭幼脲700倍液,或25%快杀灵2000倍液,或24%万灵1000倍液(该药注意不要过量,以免产生药害),或5%卡死克2000倍液进行防治,或用福将(10.5%的甲维氟铃脲)1000~1500倍液喷雾,注意交替使用或混合配用,以减缓抗药性的产生。

思 考 与 练 习

一、填空题

1. 小麦的主要病害,根据其危害部位,可分为_____、_____、_____和_____四大类型。

2. 小麦锈病又叫黄疸,属于真菌类型的病害,主要有_____、_____和_____三种,分别是由_____、_____和_____引起。

3. 小麦黑穗病是小麦的世界性重要病害之一,该病不仅使小麦减产,还会使麦粒及面粉的品质降低,小麦黑穗病可分为_____、_____和_____等。

4. 小麦虫害根据其生长环境和对小麦的为害特点,可分为两大类,第一类是_____,如蝼蛄、蛴螬、金针虫等;第二类是_____,如蚜虫、红蜘蛛、吸浆虫等。根据小麦的生长周期,主要虫害发生在四个不同的阶段,即_____、_____、_____和_____。

5. 小麦田常见的杂草主要有两大类，一是_____，如看麦娘、雀麦、节节麦、毒麦、狗尾草、稗草和菵草等，二是_____，如播娘蒿、猪殃殃、野油菜、牛繁缕和麦瓶草等。

6. 水稻的主要病害可分为_____和_____两大类型。前者包括_____、_____、_____和_____四大类型；后者主要指生理学病害和农业药（肥）害。我国水稻三大主要病害是_____、_____和_____。

7. 水稻虫害根据其为害部位可分为_____、_____、_____和_____四大主要类型。

8. 我国为害水稻的飞虱主要有_____、_____和_____三种，其中以_____发生和为害最重，_____次之。

9. 棉花病害根据其是否感染病菌可分为_____病害和_____病害两大类。前者指没有病菌的侵染，如棉花蕾铃脱落、生理性早衰等；后者主要有棉花_____、_____、_____和棉铃病等类型。

10. 油菜蚜虫是油菜的主要虫害之一，在干旱年份更为严重，是传播油菜病毒病的主要媒介，油菜蚜虫可分为_____、_____和_____等几种类型。

二、简答题

1. 简要说明小麦红蜘蛛的防治办法。
2. 水稻在其存储或生长过程中受多种病虫为害，请分别指出其在不同生长周期内都有哪些病虫害。
3. 请分析稻田杂草的发生规律。
4. 请列举说明玉米常见的病虫害类型。
5. 请指出油菜菌核病的为害特点。

学习拓展

1. 任务背景

据全国农作物病虫测报网监测和专家会商分析，预计2024年小麦、水稻、玉米、马铃薯等粮食作物重大病虫害呈重发态势，预计全国粮食作物病虫害发生面积1.36亿hm^2，比2023年和2018—2022年均值分别增加15%、11%，可对70%以上的粮食作物产区构成威胁。需要重点关注的病虫害包括：小麦"四病一虫"（赤霉病、条锈病、纹枯病、茎基腐病、蚜虫），水稻"三虫两病"（二化螟、稻飞虱、稻纵卷叶螟、纹枯病、稻瘟病），玉米"四虫两病"（草地贪夜蛾、黏虫、棉铃虫、玉米螟、南方锈病、大斑病）和马铃薯晚疫病、草地螟、蔬菜蓟马、大豆根腐病等。

用药方面，"十四五"以来种植业使用农药总量稳中有降。2021—2022年，农药使用总量（折百量）由24.8万吨下降到24.5万吨。各大类稳中有变，杀虫剂、杀菌剂、除草剂"三足鼎立"的局面相对稳定，用量均有所下降；植物生长调节剂类的农药品种使用量上升明显，但用量占比仍不足2%；高效、低毒农药为主要使用产品，2021—2022年微毒、低毒农药使用量约占86%，高毒农药不足1%。

2. 任务要求

请根据以上背景资料，结合实地考察和了解，分析当地某一种农作物今年的病虫害发生情况，要求包括以下几方面的内容：

1）该农作物的实地种植情况调查。
2）该农作物的病虫害发生情况调查。
3）应对病虫害的绿色防治措施。

单元三　无人飞机植保用药基础

2.3.1　植保用药概述

无人飞机植保用药基础

农业上用于植物保护的化学、生物制药在国际上统称为"杀害药剂"，在我国泛指"农药"，指用于防治危害农林牧业生产的有害生物（害虫、害螨、线虫、病原菌、杂草及鼠类等）和调节植物生长的化学、生物药品，通常把用于卫生及改善有效成分物化性质的各种助剂也包括在内。

农药的使用可追溯到公元前1000多年，在古希腊已有用硫黄熏蒸害虫及防病的记录，我国也在公元前7~5世纪用莽草、蜃炭灰、牧鞠等灭杀害虫。农药在其发展史上，大概可分为两个阶段：一是20世纪40年代以前以天然药物及无机化合物农药为主的天然和无机药物时代，二是从20世纪40年代初期开始进入有机合成农药时代，并从此使植物保护工作发生了巨大的变化。

1. 农药的分类

农药的分类方法众多，但一般按来源、防治对象和作用方式三种方式分类。

（1）**按来源分类**　农药根据其原药的来源，可分为以下三类：

1）矿物源农药。起源于天然矿物原料的无机化合物和石油的农药，统称为矿物源农药。如波尔多液、石硫合剂、柴油乳剂和机油乳剂等。

2）生物源农药。利用生物资源开发的农药，生物包括动物、植物和微生物。植物源农药有烟碱、印楝素、藜芦碱、鱼藤酮等；微生物源农药有农用抗生素，包括井岗霉素、春雷霉素、多抗霉素、土霉素和链霉素等；活体微生物农药则包括真菌（白僵菌、绿僵菌）、细菌（苏云金芽孢杆菌）和病毒（棉铃虫核多角体病毒、颗粒体病毒、苜蓿银纹夜蛾核多角体病毒）。活体微生物农药是利用有害生物的病原微生物活体作为农药，是以工业方法大量繁殖其活体并加工成制剂，其作用实质是生物防治。

3）有机合成农药。人工合成的有机化合物的农药，主要分为有机氯类、有机磷类、拟除虫菊酯类、氨基甲酸酯类等。目前广泛使用的绝大部分农药，如有机磷类、氨基甲酸酯类等杀虫剂等均属于有机合成农药。

（2）**按防治对象分类**　农药根据防治对象，可分为以下几种：

1）杀虫剂。包括有机磷类（DDV、敌百虫、甲对、乐果、喹、甲胺磷等）、氨基甲酸酯类（灭多威、异丙威、仲丁威、涕灭威、克百威等）、拟除虫菊酯类杀虫剂（丙烯菊酯、胺菊酯、醚菊酯)、特异性昆虫生长调节剂(氟铃脲)、沙蚕毒素类(杀虫单、杀虫双、巴丹)和杂环类(吡虫啉、锐劲特)。

2) 杀菌剂。包括杂环类(多菌灵、农利灵、速克灵、异菌脲、安克和三唑类)、取代苯类(甲托、甲霜灵、敌克松、五氯硝基苯、土壤处理剂等)、有机磷类(稻瘟净、乙磷铝)、有机硫类(代森锰锌、代森锌、福美双、福美锌)、铜类杀菌剂(波尔多液、氧化亚铜、氢氧化铜)、有机锡类(薯瘟锡)、有机砷类(薯瘟锡福美砷)和抗菌素类(农抗120、多抗霉素、井岗霉素)等多种类型。

3) 植物生长调节剂。包括生长素(含生长抑制剂多效唑、矮壮素等)、赤霉素、细胞分裂素、脱落酸(脱叶剂)和乙烯类(催熟剂)五大类。

4) 除草剂。可使杂草彻底地或选择性地发生枯死的药剂,又称为杀草剂、除锈剂,主要用以消灭或抑制植物的生长。例如,氯酸钠、硼砂、砒酸盐和三氯醋酸等对于任何种类的植物都有枯死的作用,其作用受除草剂、植物和环境条件三因素的影响。除草剂按作用可分为灭生性和选择性除草剂。选择性除草剂可以杀死杂草,而对苗木无害,如盖草能、氟乐灵、扑草净、西玛津、果尔等;灭生性除草剂对所有植物都有毒性,只要接触绿色部分,均会受害或被杀死,主要在播种前、播种后出苗前使用,如草甘膦等。

(3) 按作用方式分类　农药根据其作用方式,可分为胃毒剂、触杀剂、熏蒸剂和内吸剂四种类型。

1) 胃毒剂。作用于害虫的胃等消化系统,产生毒杀致死效果的药剂,主要用于防治咀嚼式口器的昆虫。包括几乎所有的杀鼠剂和敌百虫(但对蜻象有触杀作用)等。正常情况下,胃毒剂不杀蚜虫和螨,但在碱性条件下部分分解成DDV后有杀蚜、杀螨的作用。

2) 触杀剂。指以接触虫的体表进入虫体内引起中毒的杀虫剂,适用于刺吸式或咀嚼式口器的昆虫。触杀剂进入昆虫体内后,使昆虫中毒死亡。大部分杀虫剂以触杀作用为主,兼具胃毒作用。大部分的有机磷、菊酯类等农药属于此类,如辛硫磷、马拉硫磷、毒死蜱、抗蚜威、溴氰菊酯和氰戊菊酯等。

3) 熏蒸剂。通过昆虫气门或呼吸系统进入昆虫体内发挥作用使虫体中毒死亡,其杀虫作用一般认为在于对酶的化学作用。如溴甲烷能同硫氢基结合,使害虫体内的多种酶类产生渐逆和不可逆的抑制作用;磷化氢可以抑制动物的中枢神经,刺激肺部引起水肿,导致心脏肿胀综合征;三氯乙烷、二溴乙烷、四氯化碳等熏蒸剂主要是麻醉剂,二氧化碳则主要起窒息作用。

4) 内吸剂。药剂施药后通过叶片或根、茎被植物吸收进入植物体后输导到其他部位,如克百威、吡虫啉、氧乐果等农药属于此类。

2. 农药的剂型

用于农药原料合成的液体产物为原油,固体产物为原粉,统称为原药。多数农药的原药由于其理化性质和有效成分含量高而不能直接使用,需要加工成不同的剂型。目前,常用的农药剂型有以下几种。

(1) 乳油(EC)　主要由农药原药、溶剂和乳化剂组成,部分乳油中还加入了少量的助溶剂和稳定剂等。溶剂的主要作用是溶解和稀释农药原药,帮助乳化分散、增加乳油流动性等。常用的有二甲苯、苯、甲苯等。目前，乳油属于一种常见的用药剂型，但由于含有大量的有机溶剂，施药后增加了环境负荷，有减少使用的趋势。

（2）粉剂（D） 由农药原药和填料混合加工而成，有些粉剂还加入了稳定剂。填料有黏土、高岭土、滑石和硅藻土等。粉剂的质量参数指标包括粉粒细度、水分含量、pH值等。水分含量一般要求小于1%，pH值为6~8。粉剂主要用于喷粉、撒粉、拌毒土等，不能加水喷雾。

（3）可湿性粉剂（WP） 由农药原药、填料和湿润剂混合加工而成，湿性粉剂对填料的要求及选择与粉剂相似，但对粉粒细度的要求更高。湿润剂采用纸浆废浆液、皂角、茶枯等，用量为制剂总量的8%~10%；如果采用有机合成湿润剂或混合湿润剂，其用量一般为制剂的2%~3%。可湿性粉剂经贮藏，悬浮率往往下降，尤其高温条件下悬浮率下降很快；若在低温下贮藏，悬浮率下降较缓慢。可湿性粉剂加水稀释，用于喷雾。

（4）颗粒剂（G） 由农药原药、载体和助剂混合加工而成，载体对原药起附着和稀释作用，是形成颗粒的基础（粒基）。载体需要具备不分解农药，适宜的硬度、密度、吸附性和遇水解体率等性质。常用做载体的物质有白炭黑、硅藻土、陶土、紫砂岩粉、石煤渣、黏土、红砖和锯末等。常见的助剂有黏结剂（包衣剂）、吸附剂、湿润剂和染色剂等。颗粒剂按其在水中的行为特点，可分为解体型和非解体型。颗粒剂用于撒施，具有使用方便、操作安全、应用范围广及延长药效等优点。高毒农药颗粒剂一般作土壤处理或拌种沟施。

（5）水剂（AS） 主要由农药原药和水组成，有的还加入少量的防腐剂、湿润剂和染色剂等。该制剂是以水作为溶剂，农药原药在水中有较高的溶解度，有的农药原药以盐的形式存在于水中。水剂加工方便，成本低廉，但有的农药在水中不稳定，长期贮存易分解失效。

（6）悬浮剂（SC） 又称胶悬剂，是一种可流动液体状的制剂，它是由农药原药和分散剂等助剂混合加工而成的，药粒直径平均低于微米级。悬浮剂使用时对水喷雾，例如常用的40%多菌灵悬浮剂、20%除虫脲悬浮剂等。

（7）超低容量喷雾剂（ULV） 一种油状剂（又称为油剂），它是由农药和溶剂混合加工而成的，有的还加入少量助溶剂、稳定剂等。这种制剂专供超低量喷雾机使用，或飞机超低容量喷雾，不需稀释而直接喷洒。由于该剂喷出雾粒细，浓度高，单位受药面积上附着量多等特点，因此加工该种制剂的农药必须高效、低毒，要求溶剂挥发性低、密度较大、闪点高、对作物安全等。例如25%敌百虫油剂、25%杀螟松油剂、50%敌敌畏油剂等。油剂不含乳化剂、不能兑水使用。

（8）可溶性粉剂（SP） 由水溶性农药原药和少量水溶性填料混合粉碎而成的水溶性粉剂，有的还加入少量的表面活性剂。使用时加水溶解即成水溶液，供喷雾使用。如80%敌百虫可溶性粉、50%杀虫环可溶性粉、75%敌克松可溶性粉、64%野燕枯可溶性粉、井冈霉素可溶性粉等。

（9）微胶囊剂（MC） 用某些高分子化合物将农药液滴包裹起来的微型囊，微囊粒径一般在25μm左右。它是由农药原药（囊蕊）、助剂、囊皮等制成。囊皮常用人工合成或天然的高分子化合物，如聚酰胺、聚酯、动植物胶（如海藻胶、明胶、阿拉伯叫胶）等，它是一种半透性膜，可控制农药释放速度。该制剂为可流动的悬浮体，使用时加水稀释，微胶囊悬浮于水中，供叶面喷雾或土壤施用。农药从囊壁中逐渐释放出来，达到防治效果。微胶囊剂属于缓释剂类型，具有延长药效、高毒农药低毒化、使用安全等优点。

（10）烟剂（S） 由农药原药、燃料（如木屑粉）、助燃剂（即氧化剂，如硝酸钾）、消燃剂（如陶土）等制成的粉状物。药剂通过袋装或罐装存储，其上配有引火线。烟剂点燃后可以燃烧，但没有火焰，农药有效成分因受热而汽化，在空气中受冷又凝聚成固体微粒，沉积在植物上，达到防治病害或虫害的目的。在空气中的烟粒也可通过昆虫呼吸系统进入虫体产生毒效。烟剂主要用于防治仓库、温室、大棚等密闭环境中的病虫害。

（11）水乳剂（EW） 水包油型不透明浓乳状液体农药剂型，由水不溶性液体农药原油、乳化剂、分散剂、稳定剂、防冻剂和水组成，经均匀化工艺制成。水乳剂具有以下特点：一般不使用或仅使用少量的有机溶剂；以水为连续相，农药原油为分散相，可抑制农药蒸气的挥发；成本低于乳油；无燃烧、爆炸危险，贮藏较为安全；避免或减少了乳油制剂所用有机溶剂对人畜的毒性和刺激性，减少了对农作物的药害危险；制剂的急性毒性较低，使用较为安全；水乳剂原液可直接喷施，可用于飞机或地面微量喷雾。

（12）水分散性粒剂（WDG） 入水后能迅速崩解、分散形成悬浮液的粒状农药剂型，这种剂型兼具可湿性粉剂和浓悬浮剂的悬浮性、分散性、稳定性好的优点。与可湿性粉剂相比，它的流动性好，易于从容器中倒出而无粉尘飞扬等优点；与浓悬浮剂相比，它可克服贮藏期间沉积结块、低温时结冻和运费高的缺点。

3. 施药方法

（1）喷雾 指将农药制剂加水稀释或直接利用农药液体制剂，以喷雾机具进行喷雾的方法。喷雾的原理是将药液加压，高压药液流经喷头雾化成雾滴的过程。适用于这种施药方法的剂型有可湿性粉剂、乳油、可溶性粉剂、胶悬剂、水剂或油剂等。常规喷雾法指在单位面积上喷施的药液量较大（一般每亩50kg以上）的喷雾方法。高量喷雾药液的浓度较低（0.05%~0.5%），雾滴较粗（直径250μm），用液压或气压式喷雾器进行针对性喷雾，是目前最常用的喷雾方法。

（2）包衣 它是集杀虫、杀菌为一体，在种子外包覆一层药膜，使药剂缓慢释放出来，达到治虫、抗病作用的一种施药技术。

（3）拌种 指用拌种器将药剂与种子混拌均匀，使种子外面包上一层药粉或药膜，再播种，以防治种子带菌和土壤带菌浸染种子及防治地下害虫的施药方法。拌种法分干拌法和湿拌法两种，干拌法可直接利用药粉，湿拌法则需要确定药量后加少量水。拌种药剂量一般为种子重量的0.2%~0.5%。

（4）喷粉 用喷粉器械所产生的风力将药粉吹出分散并沉降于植物体表的使用方法。喷粉法施药比常量喷雾法施药工效高，适合于干旱缺水的地区，但粉尘飘移污染严重。

（5）撒颗粒 指用手或撒粒机施用颗粒剂的施药方法，水田以这种施药形式最多。

撒颗粒剂用法简单，工效高，减少了飘移污染。

（6）**熏蒸** 使用熏蒸剂，使其发挥成为气体状态，以毒气防治病虫害的施药方法。分空间熏蒸和土壤熏蒸两种，空间熏蒸主要用于仓库；土壤熏蒸主要用于防治地下害虫和土壤杀菌等。

（7）**烟熏** 用烟剂点燃或用器械产生含有效成分的烟雾，该烟雾通过在空气中飘浮和扩散，从而达到防治害虫和病毒的方法。

（8）**灌注** 在土壤表层或耕层，配制一定浓度的药液进行灌注或注入，药剂在土壤中渗透和扩散，以防治土壤病菌、线虫和地下害虫的施药方法。

（9）**毒土** 将农药制剂与细土混合后，进行撒施的方法。该方法工艺简单，适用性强。

（10）**浸种浸苗** 为预防种子带菌、地下害虫为害和作物苗期病虫害等，用药剂对种、苗进行浸润处理的施药方法。

（11）**涂抹** 将农药制剂加入固着剂和水调制成糊状物，用毛刷点涂在作物茎、叶等部位的施药方法。该法施用的药剂必须是内吸剂，因此只涂少量即可经吸收输导传遍整个植株体而发挥药效。如用乐果防治棉蚜，即可用点涂法施药。

（12）**沾花** 指在作物开花受粉前后，用药剂或植物生长调节剂配成适当浓度的液剂，用毛刷或棉球涂在作物的花蕾上，以达到早熟、促长、抗病的目的。

2.3.2 航空植保药剂

1. 飞防药剂品种

目前，通过植保无人飞机喷洒作业达到病虫草害防治目的的农药品种繁多，涵盖了杀虫杀螨剂、杀菌剂、除草剂以及植物生长调节剂等各类产品（见表 2-1）。

表 2-1 植保无人飞机应用的农药品种

类型	产品种类
杀虫杀螨剂	氯虫甲酰胺、溴氰虫酰胺、氟虫双酰胺、虫螨腈、氟啶虫胺腈、螺虫乙酯、吡虫啉、吡蚜酮、啶虫脒、虫酰肼、阿维菌素、多杀菌素、螺螨酯、苦参碱、印楝素、白僵菌、绿僵菌、蝗虫微孢子虫、浏阳霉素
杀菌剂	井冈霉素、吡唑醚菌酯
除草剂	氰氟草酯、五氟磺草胺
植物生长调节剂	芸苔素内酯

2. 飞防剂型种类

由于植保无人飞机具有单次作业面积大、作业高度高（3~5m）、速度快、受气象因素影响大等特点，因此在喷洒时大多采用超低量喷雾，要求药液浓度高、喷洒雾滴细。同时，药液不仅需要具备抗挥发和抗飘失性能，还需要具备较好的沉积和扩展性能，以保证药液在靶标上的润湿、展布和吸收，从而提高药液的利用率。

植保无人飞机施药时用水量较少，一般作物药液用量仅为 7.5~15L/hm^2，药液浓度高，如果制剂分散性差，粒子粒径大，不仅容易堵塞喷头，而且容易对作物产生药害。最初，使用最多的超低容量液剂（ULV）为油剂，在我国已取得"三证"的超低容量液剂的产品达 17 个（见表 2-2），登记证持有人以广西田园为主，且产品以白僵菌、绿僵菌等生物药剂为多，主要用于水稻螟虫、飞虱、纹枯病和小麦蚜虫等，但也并未明确表示专门用于飞防。

表 2-2 在国内已获得登记的超低容量液剂产品

登记证号	有效成分	有效成分质量分数（%）	农药类型	主要防治对象	登记单位
PD20183948	氯虫苯甲酰胺	5	杀虫剂	水稻（稻纵卷叶螟、二化螟）、甘蔗（蔗螟）、玉米（玉米螟）	广西田园生化股份有限公司
PD20171507	阿维菌素	1.5	杀虫剂	水稻（稻纵卷叶螟）小麦（红蜘蛛）	广西田园生化股份有限公司
PD20151781	甲氨基阿维菌素苯甲酸盐	1	杀虫剂	水稻（稻纵卷叶螟）	广西田园生化股份有限公司
PD20171557	茚虫威	3	杀虫剂	水稻（稻纵卷叶螟）	广西田园生化股份有限公司
PD20182482	甲维·茚虫威	6	杀虫剂	水稻（稻纵卷叶螟）	南宁市德丰富化工有限责任公司
PD20182176	二嗪磷	20	杀虫剂	水稻（二化螟）	广西田园生化股份有限公司
PD20171283	烯啶虫胺	5	杀虫剂	水稻（稻飞虱）	广西田园生化股份有限公司
PD20182484	呋虫胺	3	杀虫剂	水稻（稻飞虱）	广西田园生化股份有限公司
PD20181057	噻虫嗪	3	杀虫剂	小麦（蚜虫）	河南金田地农化有限责任公司
PD20184101	阿维·噻虫嗪	4	杀虫剂	小麦（蚜虫）	河南金田地农化有限责任公司
PD20183950	噻呋·氟环唑	6	杀菌剂	水稻（纹枯病）	南宁市德丰富化工有限责任公司
PD20161195	苯醚甲环唑	5	杀菌剂	水稻（纹枯病）	广西田园生化股份有限公司
PD20152045	嘧菌酯	5	杀菌剂	水稻（纹枯病）	广西田园生化股份有限公司
PD20160999	戊唑醇	3	杀菌剂	水稻（稻曲病）	广西田园生化股份有限公司
PD20182485	噻呋·氟环唑	6	杀菌剂	水稻（稻曲病）	广西康赛德农化有限公司
PD20181029	唑醚·戊唑醇	10	杀菌剂	小麦（白粉病）	河南金田地农化有限责任公司
PD20184190	乙烯利	4	植物生长调节剂	甘蔗	广西田园生化股份有限公司

目前，飞防作业主要选择水乳剂和微乳剂等粒径相对较小的制剂。另外，油悬浮剂、可分散油悬浮剂等剂型由于高效、安全和抗蒸发的优点也引起广泛关注，但此类产品的稳定性问题仍亟待解决；悬浮剂、微囊悬浮剂、可溶液剂、水分散粒剂等也可以用于飞防，但不同产品的稀释稳定性以及与相关喷雾助剂的配伍性和有效性则需要通过大量试验来进行验证，从而防止因其物理稳定性或分散稳定性而影响喷洒效果。与此同时，随着现代农业的快速发展，纳米制剂已经成为飞防专用药剂研究的重点。有专家指出水性化纳米农药是解决航空植保适用性、提高药效和降低污染的最佳路径。

3. 飞防助剂

植保无人飞机进行药液喷洒时容易受飞行高度、风速和温度等因素干扰而出现雾滴飘移和水分快速蒸发的现象，严重影响飞防效果，甚至对作物产生药害。因此，添加一定量的合适喷雾助剂对雾滴特性进行调控，既可以提高药效，又可以减轻药害。

（1）**助剂种类**　目前，市面上的飞防助剂仍来源于传统的桶混喷雾助剂，主要包括表面活性剂类、高分子聚合物类和植物油类等。

1）表面活性剂类。以有机硅类化合物为主，能够显著降低药液表面张力，有利于雾滴在靶标表面的润湿铺展，在减少雾滴反弹的同时，达到提高雾滴沉积量的要求。此外，添加该类助剂后药液的渗透性较好，有利于药液穿过叶片气孔直接进入植物体内，从而使靶标体在较短时间里吸收更多药液。然而，有机硅类飞防助剂的抗飘移、抗挥发作用较差，不适宜直接作为飞防专用助剂，经常与其他助剂混合使用。

2）高分子聚合物类。以瓜尔胶、聚丙烯酰胺等天然或人工合成的物质为原料制成，共同特点是均能够显著提高药液体系的黏度，从而增大药液雾化时雾滴的粒径，最终减少雾滴飘移，增加其在靶标表面的附着力，减少反弹和滑落，从而提高药液在单位面积内的沉积量。该类飞防助剂也具有降低表面张力的作用，但与表面活性剂类助剂相比表面张力降低并不明显。

3）植物油类。通常以从油菜、大豆等油料作物中提取的植物油或酯化后的植物油制备而成。植物油中含有大量的油酸，对疏水性靶标植物叶片表面具有更高的亲和力，可以使雾滴在靶标表面牢固附着并快速铺展。此外，植物油中含有大量的脂肪酸，在雾滴表面形成具有一定强度的分子膜，从而阻止雾滴中水分的挥发。植物油在一定程度上可以溶解或疏松植物叶表面蜡质层，有利于药液渗透吸收。

（2）**主要产品**　针对植保无人飞机喷雾作业的技术要求，国内外农药助剂公司研究开发了一系列飞防专用助剂产品（见表 2-3），并在推广使用过程中获得了比较满意的效果。

表 2-3　飞防助剂主要生产企业及产品

生产企业	助剂产品
迈图高新材料集团	"易滴滴"A、"易滴滴"D
北京广源益农化学有限责任公司	迈飞、迈思、迈道
广西田园生化股份有限公司	飞尔泰
河北明顺农业科技有限公司	倍达通

(续)

生产企业	助剂产品
深圳诺普信农化股份有限公司	红雨燕
先正达集团中国	U伴
新安化工集团股份有限公司	瑞沃雷特
上海中锐化学有限公司	青皮橘油
济南绿赛化工股份有限公司	航化宝

2.3.3 无人飞机植保用药案例

植保无人飞机进行飞防作业时采用的是低容量或超低容量喷雾，药液浓度高，喷雾形成超细雾滴，一般的农药制剂无法达到飞防需求。常规农药制剂仅适用于高稀释倍数的人工喷洒或地面机械操作喷雾，为达到最佳分散性、润湿性、悬浮率等要求，每亩地用常规农药制剂时需用 30~50kg 水稀释，稀释倍数为 3000~5000 倍。而飞防专用药剂属于低容量或超低容量喷雾，药剂需满足沉降性、抗漂移性、高附着性等要求，每亩地使用飞防药剂时仅需水 1L 左右，稀释倍数仅为 30~50 倍。

虽然植保无人飞机进行飞防作业时受到药剂发展的制约，但随着航空施药技术的不断发展和完善，在我国越来越广泛的地区，农作物全年度均采用无人飞机进行飞防作业。近年来，全国各地的无人飞机植保服务专业人员，他们根据农作物在不同生长周期病虫害的发生情况，结合传统的植保用药知识，摸索出了许多适用于无人飞机植保飞防的用药案例，并取得了良好的防治效果。

1. 柑橘红蜘蛛防治

1）作业地点：广西桂林。
2）作业对象：柑橘（图 2-28），树龄 4 年，树冠宽度 2.5~3m。

图 2-28　柑橘红蜘蛛防治

3）作业面积：日均 300~500 亩。
4）作业环境：炎热潮湿，气温 >30℃。
5）作业地形：丘陵、平地。
6）使用药剂：1.8% 阿维菌素（乳油，每亩 30~40ml）、15% 哒螨灵（乳油，每亩

20~25ml）。

7）飞行参数：速度1.5~3m/s、飞行高度7~8m（RTK定高）、喷施量15~25L/亩。

8）防治时间：9月初至10月初。

9）防治效果：经过7天的红蜘蛛防治周期后，大部分田地防治效果可以达到70%~90%

2. 玉米黏虫防治

1）作业地点：陕西渭南。

2）作业对象：玉米（图2-29）。

3）作业面积：147.8亩。

4）作业环境：晴，气温为24~28℃。

5）作业地形：平地。

6）使用药剂：40%毒死蜱（乐斯本），剂型为乳油，每亩60~80ml。

7）飞行参数：速度6m/s、飞行高度4m（RTK定高）、喷施量350ml/亩。

8）防治时间：8月初，晚上7点后。

9）作业效果：良好。

图2-29　玉米黏虫防治

3. 番茄稻蓟马防治

1）作业地点：新疆石河子。

2）作业对象：番茄（图2-30）。

3）作业面积：30亩。

4）作业环境：晴，气温为28℃，无风。

5）作业地形：平地。

6）使用药剂：12%松脂酸铜（悬浮剂）、比果吲哚（净含量50g）、兰心五彩（净含量1000ml）、12%马拉·杀螟松（乳油剂），以上四种药剂用量均为100ml/亩。

7）飞行参数：速度5m/s、飞行高度3~4m（RTK定高），喷施量800ml/亩。

8）防治时间：6月下旬，上午8：00~10：00及下午18：00~21：00。

9）作业效果：良好。

图 2-30　番茄稻蓟马防治

思考与练习

一、填空题

1. 农药的分类方法众多，按其材料的来源不同，可分为_____、_____和_____三种类型；根据防治对象的不同，可分为_____、_____、_____和_____四种类型；根据作用方式的不同，又可分为_____、_____、_____和_____四种类型。

2. 乳油（EC）是农药常见的一种剂型，主要由_____、_____和_____组成，部分乳油中还加入少量的_____和_____等。

3. 粉剂（D）型农药是由农药原药和填料混合加工而成的，其中填料有_____、_____、_____和_____等类型。

4. 喷雾指将农药制剂加水稀释或直接利用农药液体制剂，以喷雾机具进行喷雾的方法。适用于这种施药方法的农药剂型有_____、_____、_____、_____和_____等。

5. 目前，飞防作业主要选择_____和_____等粒径相对较小的农药制剂。另外，_____、_____等剂型由于高效、安全和抗蒸发的优点也引起广泛关注。

6. 市面上的飞防助剂仍来源于传统的桶混喷雾助剂，主要类型包括_____、_____和_____等。

二、简答题

1. 多数农药的原药由于其理化性质和有效成分含量高而不能直接使用，需要加工成不同的剂型，请说出常见的农药剂型。

2. 请结合传统的植保用药知识，列举一个无人飞机植保飞防用药的典型案例，要求包括防治对象、用药配方和无人飞机作业参数等信息。

学习拓展

1. 任务背景

2023年3月上旬，"RNA纳米农药关键技术创新与应用"项目启动会在南京召开。

这是"十四五"国家重点研发计划"重大病虫害防控综合技术研发与示范"科技型中小企业项目，由南京某生态科技有限公司牵头，致力于在RNA纳米农药产业化关键技术方面取得突破，通过研发dsRNA高效生产工艺等，为国家粮食安全及绿色可持续发展战略做出贡献。

RNA纳米农药是农药领域的双热点、双重点、双难点，此次项目意义重大。对此，中国科学院院士邓子新提出三点希望：一是聚焦有特色的主攻方向，关注产品有效性，注重产品安全性，不断降低制造成本，最终产业化；二是做到科学研究实施好，项目过程管理好，技术推广应用好，规范高效开展项目各项工作，实现双赢、多赢、共赢；三是积极探索将植保方面取得的成果予以映射，力争对医学等其他领域产生良好辐射和带动效应。

据悉，该公司是国内外第一家拥有纳米农药独立知识产权技术并实现科技成果产业化生产的高科技企业，目前已掌握近500种农药品种的纳米农药产业化创新技术，包括水稻、小麦、玉米、马铃薯、茶叶、柑橘等作物，已在全国超过200个县（市）开展超过1000万亩次的纳米化农药制剂及其预混剂试验示范和推广销售。

2. 任务要求

请根据以上背景资料，查询资料，分析一种适用于无人飞机农业植保的农药剂型，撰写一份产品调查报告，包括以下几个方面的内容：
1）该剂型的基本常识。
2）该剂型的典型产品。
3）该剂型产品的飞防应用情况。

单元四　无人飞机植保用药安全

2.4.1　配药安全

1. 混配原则

使用无人飞机对农作物进行植保作业时，为了减少用药次数，提高作业效率，同时兼顾防治效果，常将两种或两种以上的农药或叶面肥等混配使用。对药剂进行混合使用时，切忌随意搭配，不合理地混用不仅对防治无益，甚至会产生相反的效果。药剂混用时须注意以下几点。

（1）混配次序　按照下面的步骤对两种或两种以上的农药进行混配。

1）对农药或叶面肥进行混配时，药剂投放顺序通常为：微肥、水溶肥、可湿性粉剂、水分散粒剂、悬浮剂、微乳剂、水乳剂、水剂、乳油，依次加入，每加入一种即充分搅拌混匀，然后再加入下一种。原则上药剂混配种类不要超过三种，且尽量减少可湿性粉剂的使用，以免堵塞植保无人飞机的喷头。

2）先加水后加药。进行二次稀释混配时，可先在配药桶中加入适量

无人飞机植保
用药安全

植保药剂
混配原则

水，加入第一种农药后混匀；然后将下一种需要加入的药剂用其他容器进行稀释，稀释完成后倒入配药桶中混匀均匀，以此类推完成所有药剂的混配。

3）混配药剂时要注意"现配现用、不宜久放"的基本原则，以免降低药效。

（2）混用原则　对多种农药进行混配使用时，要遵循以下原则。

1）将不同毒杀机制的药剂进行混用，可以提高防治效果，延缓病虫产生抗药性。

2）杀虫剂有触杀、胃毒、熏蒸、内吸等作用方式，而杀菌剂有保护、治疗、内吸等作用方式，若将这些不同毒杀作用的药剂进行混用，可以互相补充，产生良好的防治效果。

3）将作用于不同虫态的杀虫剂混用，可以有效灭杀各类害虫，杀虫彻底，从而提高防治效果。

4）有些药剂速效性防治效果好，但持效期短，有些药剂速效性防效虽差，但作用时间长，若将这些具有不同时效的农药混用，不仅速效性好，还可起到长期防治的作用。

5）当多种病、虫害同时发生时，将作用于不同病虫害的农药进行混用，可以减少喷药次数，在达到防治目的的同时，还能提高作业效率。

6）农药与增效剂、飞防助剂等混用。增效剂对病虫虽无直接毒杀作用，但与农药混用时，能大幅度提高农药的毒力和药效；植保无人飞机进行药液喷洒时容易发生雾滴飘移和水分快速蒸发的现象，严重影响飞防效果，甚至产生药害，添加适量的飞防喷雾助剂能改善雾滴的沉积特性，不仅能提高药效，还能减轻药害。

2. 注意事项

对植保药剂进行混配使用时，还需要注意以下几点：

（1）不改变物理性状　混合后不能出现浮油、絮结、沉淀或变色，也不能出现发热、产生气泡等现象。

（2）不同剂型不宜混用　对于可湿性粉剂、乳油、浓乳剂、胶悬剂、水溶剂等以水为介质的液剂，不宜任意混用。

（3）不引起化学变化　多种农药混配使用时，要避免相互之间发生化学反应。

1）在波尔多液、石硫合剂等碱性条件下，氨基甲酸酯、拟除虫菊酯类杀虫剂，福美双、代森环等二硫代氨基甲酸类杀菌剂易发生水解或复杂的化学变化，从而破坏原有结构。

2）在酸性条件下，"2,4-D"钠盐、二甲四氯钠盐、双甲脒等容易产生分解，从而降低药效。

3）除了酸碱性外，很多农药品种不能与含金属离子的药物混用。

4）二硫代氨基甲酸盐类杀菌剂、"2,4-D"类除草剂与铜制剂混用可生成铜盐，降低药效。

5）甲基硫菌灵、硫菌灵可与铜离子会发生络合反应形成络合物，从而失去活性。

6）除了铜制剂，其他含重金属离子的制剂，如铁、锌、锰、镍等制剂，混用时要特别慎重。

7）石硫合剂与波尔多液混用可产生有害的硫化铜，从而增加可溶性铜离子含量。

8）敌稗、丁草胺等不能与有机磷、氨基甲酸酯类杀虫剂混用，其中一些化学反应可能会产生药害。

(4) 具有交互抗性的农药不宜混用　例如，杀菌剂多菌灵、甲基托布津具有交互抗性，将其混合使用时不仅不能起到延缓病菌产生抗药性的作用，反而会加速抗药性的产生。

(5) 生物农药不能与杀菌剂混用　许多杀菌剂对生物农药具有杀伤力，因此要注意微生物农药与杀菌剂不可混用。

2.4.2　施药安全

1. 施药要求

(1) 施药注意事项

1) 不能在风雨天气或者烈日高温下施用农药。有风时施用农药，会导致药液飘散，特别是喷施除草剂时药液容易飘到作物上，导致药害；下雨前3个小时及雨天不能喷施农药，雨水冲刷会导致药效基本消失；烈日高温下施用农药时，一方面药液容易随空气快速挥发和蒸腾，导致药效保持时间短，另一方面在高温条件下药剂中的粉末或酸碱成分容易施入作物的叶茎气孔，破坏作物的生理机能和组织机构，使作物的幼嫩部分产生"萎蔫"或叶片产生"烧斑"。为了有效地防治病虫害，并降低作物药害及保证施药人员的安全，一般最佳的施药时间为无风无雨天气，上午9点~11点，下午3点~6点。

2) 不能使用过期农药。由于过期农药药效大大降低，防治效果不好，病虫害发生严重时造成经济损失。

3) 应交替使用不同作用机理的农药进行防治，不能长期使用同一种农药，避免作物产生抗药性。

4) 尽量不要在农作物开花期喷施农药。作物在开花、坐果时，喷施农药容易产生药害，降低果实商品性。因此，喷药需避开作物的开花和幼果期，尽量做到花前防治；如果花期爆发病虫害，则应使用特效药进行控制。

5) 不能在作物采收前喷施农药。剧毒农药残留期为60天左右，目前市场上基本已经限制了该类农药的使用；低毒农药的残留期为15天左右，任何作物在采收前都应禁止喷施农药。

(2) 田间施药要求　施药前的准备如下。

1) 田块测量。施药前首先要进行田块测量，获取农田的全局地理信息，从而能更好地进行航线规划，确定大概施药量，选取最优航线，避免重喷漏喷等。

2) 视察作物。仔细查看农作物的病虫草害发生情况，为植保配药做好准备。

3) 查看气象。提前查看天气预报，选择适宜无人飞机飞行的良好天气作业，避免雷雨天作业，露水未干、风力大时均不宜作业，而夏季炎热时应选择在早晚或阴凉天气作业。

4) 作业参数确定。确定无人飞机作业时的飞行速度、飞行高度和飞行路线等参数，规范作业，从而达到效率高、效果好的精准作业要求。

5) 药剂配置。科学复配农药可获得事半功倍的效果，同时切忌盲目混配。

6) 安全问题。操作人员要注意自身的安全，农药均有毒性，要避免安全事故的发生。

施药后的处理方法如下。

1）安全标记。施药后应在田间插入"已施药""禁止人员进入"等警示标记，避免误食中毒和重喷、漏喷等现象发生。

2）农药包装物及残液的处理。施药后药箱中未喷完的残液要用专用药瓶进行存放，安全带回，不可直接排放在农田内或水渠中，以免造成农田生态系统破坏及水土污染。

3）机具清理与保养。每次施药后，机具应在田间全面清洗。切勿在鱼塘、河水内清洗，避免污染水源以及造成鱼虾死亡。

4）操作人员安全防护。作业人员在全部工作完毕后，应及时更换工作服，用肥皂清洗面部、手部等裸漏部位，并用清水漱口（有条件时，作业人员最好及时淋浴）。

5）飞机喷雾成功的关键因素与地面喷雾相似，如正确的喷雾时间、对目标的良好覆盖、选择正确的农药和合适的剂量等。

2.4.3 作业安全

操控无人飞机进行植保作业时，无人飞机喷头一般离农作物冠层 1~3m 高，无人飞机采用高精度直线、低匀速飞行状态，保证不漏喷、重喷，划清飞行区域，防止人员或动物闯入，做好警戒。操作时，要时刻注意无人飞机的姿态，做到认真仔细。具体还包括以下注意事项。

1）把飞行距离控制在 100m 之内的可视范围内，尽量不要依靠地勤人员观察视线，以主操控员的视线为主。

2）电动机温度过高时应该注意散热，严禁电动机在过高的温度条件下飞行。

3）飞行过程中，主操控员与无人飞机保持 10m 以上的安全距离，严禁无人飞机机头正对自己或他人，任何方向都要尽量采用对尾飞行。

4）作业途中，若无人飞机距离终点或地勤人员仅有 20~30m 时，要开始拉杆减速。

5）时刻观察喷头的喷雾形态，出现堵塞或者其他情况应立马降落处理更换喷头，并将换下的喷头放入清水中，以免凝结。

6）无人飞机降停后，先关闭无人飞机电源，再拔掉电源线接口，取出电池，最后关闭遥控器。

7）无人飞机完成作业并关停后，应检查电子电路模块，如电源插头插座和焊点是否过热松动；检查动力系统，如电动机和电调是否过热，电动机运转是否顺滑；检查机械部分，如电动机与机臂固定是否松动，螺旋桨螺钉是否松动，机架是否有螺钉丢失等情形。

思 考 与 练 习

一、填空题

1. 对农药或叶面肥进行混配时，药剂投放顺序通常为：微肥、_____、_____、_____、_____、微乳剂、_____、水剂、_____，依次加入，每加入一种即充分搅拌混匀，然后再加入下一种。

2. 不能在作物采收前喷施农药。剧毒农药残留期为_____天左右，目前市场上基本已经限制了该类农药的使用；低毒农药的残留期为_____天左右，任何作物在采收前都应禁止使用农药。

3. 不能在风雨天气或烈日高温下施用农药。有风时施用农药，会导致药液_____，特别是喷施除草剂时药液容易飘到作物上，导致_____；下雨前_____个小时及雨天不能喷施农药，雨水冲刷会导致药效_____。

4. 操控无人飞机进行植保作业时，无人飞机喷头一般离农作物冠层_____米高，无人飞机采用_____、_____飞行状态，保证_____、_____，划清飞行区域，防止人员或动物闯入，做好警戒。

5. 无人飞机完成作业并关停后，应检查_____模块，如电源插头插座和焊点是否过热松动；检查_____，如电动机和电调是否过热，电动机运转是否顺滑；检查_____部分，如电动机与机臂固定是否松动，螺旋桨螺钉是否松动，机架是否有螺钉丢失等情形。

二、简答题

1. 对两种或两种以上的农药进行混配时，请说出其混配次序及操作步骤。
2. 对植保药剂进行混配使用时，请简要回答需要注意的事项。

学习拓展

1. 任务背景

2020年10月，《安徽商报》曾报道，安徽省定远县出现过一起无人飞机虾塘"投毒"事件。具体事是该地一位虾塘主请人用无人飞机为农田麦苗喷洒农药，但第二天却发现塘内龙虾全部死亡，事后经调查发现，龙虾死亡与农药喷洒有直接关系，令虾塘主损失惨重。

2021年6月，位于江苏省宝应县望直港镇的张先生向某新闻网记者反映，其种植的300亩藕田到了本该收藕的时节，却因为旁边的农田主用无人飞机喷药，导致农药随风进入藕田之中，造成百亩藕田全部枯萎，损失巨大。

2022年7月初，四川省绵阳市仙海区调委会接到辖区锦屏村村民委员会反映，锦屏村二社亲水湾附近的桑蚕养殖户因某企业使用无人飞机喷洒农药导致桑蚕养殖户桑叶与桑蚕大面积受损，涉及8户，受损桑叶面积23.4亩，造成直接经济损失5万余元。

2. 任务要求

请结合所学知识，查阅《农作物病虫害防治条例》《中华人民共和国民用航空法》《通用航空飞行管制条例》《无人驾驶航空器飞行管理暂行条例》等法律法规，对上述无人飞机植保作业时造成的安全事故进行分析和点评，具体包括：

1）上述案例中的植保无人飞机作业有可能涉及哪些违规的方面。
2）使用无人飞机进行植保作业时，需要向哪些部门进行申报或备案。

模块三 植保无人飞机作业

🎯 知识目标

1. 熟悉无人飞机飞防作业的基本流程。
2. 熟悉无人飞机作业环境的调查内容和方法，包括气象条件、地形勘测，农作物生长和病虫害等基本情况。
3. 熟悉植保无人飞机的作业方式及其特点。

🎯 能力目标

1. 合理、安全地完成无人飞机的植保作业任务。
2. 根据实际作业情况，合理选择植保无人飞机的作业方式。
3. 熟练掌握极飞 P40、大疆 T20 两种典型设备的安装调试、基本操作和维护保养等内容。

🎯 素质目标

1. 塑造积极向上、勇于奋斗和吃苦耐劳的工作精神。
2. 养成良好的自我学习和管理能力，树立安全规范意识。
3. 提升创新和创业能力，培养团队协作能力和契约精神。
4. 传承红色基因，弘扬爱国主义精神。

单元一 植保无人飞机的作业流程

3.1.1 无人飞机飞防作业流程

一般来说，飞防作业是指飞机通过低空飞行，将农业化学品（农药、肥料等）均匀地喷洒在农作物上，以达到防治病虫害、提高产量和质量的目的。近年来，由于植保无人飞机相比传统的人工喷洒或机械喷洒，具有作业效率高、作业质量好、作业安全性高等优势，无人飞机飞防得到迅猛发展。图 3-1～图 3-3 所示分别为固定翼、多旋翼和单旋翼平台的

植保无人飞机的作业流程

无人飞机飞防作业。

图 3-1　固定翼无人飞机飞防作业

图 3-2　多旋翼无人飞机飞防作业

图 3-3　单旋翼无人飞机飞防作业

下面具体介绍无人飞机飞防作业的基本流程。

1. 前期准备

（1）**明确防治任务信息**　首先，需要知道所需作业的农作物类型以及作业面积、地形、病虫害情况；其次，需要了解作业周期、使用药剂或肥料类型、种类等信息；此外，还需了解农户是否有其他特殊要求。勘察地形是否适合无人飞机飞防作业、测量作业面积、排查农田中需谨慎作业的区域（障碍物过多会有炸机隐患）、与农户沟通、掌握农田施肥、病虫害情况报告，以及确定作业任务是采用植保队自己携带的肥料或药剂，还是客户提供肥料或药剂。要向农户确认好离作业点3km以内的养殖情况（如养蚕、养蜂、鱼塘、菜地等情况），评估喷洒作业是否会对它们造成影响、有哪些风险等，并以书面形式与客户达成共识。另外，如果是除草剂喷洒作业，还要特别留心作业范围，如遇风力不稳定，很容易导致药害。由于地形不同植保无人飞机作业效率一天在200~600亩，所以需要提前配比充足药量，或者由飞防服务团队自行准备飞防专用药剂，进而节省配药时间，提高作业效率。

无人飞机飞防作业的基本流程

（2）**确定飞防队伍和无人飞机**　根据前面确定的防治任务，包括农田或果园的面积、地形、作物类型和病虫害情况等因素，选择适合的植保无人飞机型号，确定合格的飞防人员及植保无人飞机的数量和配套运输车辆。考虑到农田病虫害的时效性及植保无人飞机在农田相对恶劣的环境下，一般推荐飞防作业采取"2飞1备"的原则，保障防治任务顺利进行。

（3）作业地环境天气勘测及相关物资准备　在准备前往目标地飞防作业时，首先应提前查询作业地近几日的天气情况（温度及是否伴随大风或者雨水），这些都会对作业造成困扰，提前掌握这些数据，以便确定飞防作业时间的安排；同时不要遗漏实施飞防作业所需的物资，电动多旋翼需要的动力蓄电池（一般在5~10组之间）和相关的充电器，若当地作业地点不方便充电，要考虑随车携带发电设备；接下来是准备相关的配套设施，如农药配比运输需要的药壶或者水桶、相关作业防护用品（眼镜、口罩、工作服、遮阳帽等），如果防治任务是包工包药的方式，需要核对清点确定的药剂类型与需要防治的作物病虫害是否符合要求，数量是否正确。

2. 飞防作业流程

（1）起飞前的准备　检查无人飞机的飞行状态、电池电量、喷洒系统（播撒系统）和传感器等设备是否正常，确保无人飞机可以安全起飞。

（2）飞行路径的设定　根据前期规划好的飞防路线，在植保无人飞机上设置相应的飞行路径和喷洒点，以保证作业覆盖的均匀性。

（3）农业遥感无人飞机起飞　按照操作手册或无人飞机厂家的说明书，将农业遥感无人飞机起飞，保持合适的起飞高度和飞行速度。

（4）作业区域的巡航　农业遥感无人飞机在预定的飞行路径上巡航，利用载荷传感器对农田或果园进行实时监测，获取作物的病虫害信息。

（5）病虫害的识别与定位　通过遥感无人飞机上搭载的高分辨率摄像头或红外传感器，对作物的病虫害进行识别和定位，以便后续的喷洒作业。

（6）喷洒药剂　根据前期获得的遥感数据，植保无人飞机起动喷洒系统，对病虫害区域进行精确的喷洒。喷洒系统可以根据预设的参数，控制药剂的喷洒量和喷洒范围，以避免过度喷洒或漏喷现象的发生。

（7）作业数据的收集　植保无人飞机在飞行过程中，可以实时记录数据，并将作业数据上传至遥测中心或农田管理系统，以便进一步分析和评估作业效果。

（8）作业结束与返航　完成作业后，植保无人飞机返回起飞点，进行自动降落或手动控制降落，确保安全着陆。

3. 后期处理

（1）作业数据分析与评估　根据植保无人飞机收集的作业数据，进行病虫害程度评估和作业效果分析，同时统计农药使用量与电池损耗情况或燃油使用情况，为后续的防治工作提供参考依据。

（2）设备维护与保养　对植保无人飞机和喷洒系统进行清洗和保养，检查设备的各项功能是否正常，及时修复或更换损坏的部件。

（3）安全管理与规范操作　加强植保无人飞机的安全管理，制订相关的操作规程和飞行准则，确保飞防作业的安全性和合法性。

3.1.2 无人飞机飞防作业注意事项

1. 作业注意事项

1）无人飞机飞防作业具有一定的危险性，植保无人飞机作业失误不仅可能影响人身安全，还会对周围环境安全产生影响，要求无人飞机操控员持证上岗。根据国务院、中央军委2023年公布实施的《无人驾驶航空器飞行管理暂行条例》要求，"从事常规农用无人驾驶航空器作业飞行活动的人员无需取得操控员执照，但应当由农用无人驾驶航空器系统生产者按照国务院民用航空、农业农村主管部门规定的内容进行培训和考核，合格后取得操作证书。"

2）限制植保无人飞机禁止超高空飞行（最大飞行真高不超过30m）。

3）限制植保无人飞机最大平飞速度不超过50km/h。

4）作业飞行时，操控人员、辅助人员等现场人员与无人飞机始终保持15m以上的安全距离或参照厂家使用说明书中规定的安全距离，最大飞行半径不超过2000m。

5）操控员应选择环境较好的地点起飞和降落，起降地点周围5m范围内应无障碍物。

6）横风飞行平坦地带的喷洒飞行应遵从横风喷洒原则。人员应站在上风处，并且注意下风口是否有人员、作物、养殖物等易受作业影响的情况。

7）作业地块规划作业路径应均匀覆盖作业区域，且注意不对周边环境产生药害。

8）由于植保无人飞机螺旋桨高速旋转，具有一定的破坏力，操控员应随时与植保无人飞机保持足够的安全距离。作业完成后，需等待螺旋桨完全停转后方可靠近。

9）操作人员在取药、药液配置、药液处理、盛装容器清洗等环节时，应穿戴好个人防护用品。

10）操作人员应避免直接接触农药，施药后要及时清洗并更换衣服，工作现场不应进食、饮水、吸烟。

11）清洗药械的废液，应选择安全地点集中处理，不得污染环境。

2. 作业安全与技巧

（1）遭遇障碍物　无人飞机植保作业时，若作业地块中有电线杆、斜拉线、电线、电话线等障碍物时，首先要观察线杆、拉线是否有规律或者斜拉线、电线、电话线是否都是顺行方向，如果是顺行方向，应将含有障碍物的地块外扩2.5~3.5m作为手动作业的地块，无人飞机飞行方向应为障碍物的顺行方向，由于无人飞机作业喷幅一般都在桨距两侧1~2m，这样操作首先能保障无人飞机与障碍物的安全距离，采用顺向飞行，不仅能避免无人飞机与障碍物之间发生位置交叉误判事故，还能保证不漏喷。遇到地块中间有树木等障碍物时，也可先采用手动方式完成障碍物周边区域的作业。

（2）丘陵、山地作业　丘陵、山地作业是最能体现无人飞机操控手专业能力和经验的一项考验，其飞行控制点的选择技巧直接决定了作业效率的高低，选择好的控制点，作业效率甚至能提高数倍。由于丘陵、山地作业一般都要搭建观察台才能保证作业安全，而安装搭建一个观察台的时间一般需要数个小时，若观察台搭建过多，作业效率则大受影响。丘陵、山地作业时，无人飞机若采用从高往低飞行，极易导致炸机现象，这是因为从高向低观察时，植保无人飞机与作物是融为一体的，无法保证两者之间的高度差；而采用从低往高处飞行，则能以天空为背景，清晰分辨无人飞机与作物之间的高度距离，从而确保飞行安全。此外，还需要配合地勤人员在不同角度进行视线观察，从而保障飞行的安全。

（3）蔬菜、瓜果及其他经济作物　对蔬菜、瓜果等经济作物进行飞防作业时，由于蔬菜品种有不同的点，有的品种茎秆较柔韧，有的茎秆较脆，飞行高度控制不好就会伤害作物导致减产或绝产。针对伏地类瓜果作业时，若下压风场较大，将导致翻秧现象严重，从而影响产量，需要合理控制作业时的飞行高度。因此，在对扁豆、无筋豆、苗期瓜果、苗期二荆条辣椒、烤烟等易脆易翻等瓜果蔬菜类作物进行作业时，要通过试飞确定合理的飞行高度，要杜绝无人飞机在农作物上空悬停等现象发生，以免吹翻秧苗。

（4）飞行速度与十字交叉作业法　通过植保人员对各型号植保无人飞机的多次测试与作业经验，确认无人飞机最佳的作业飞行速度应在 4~5m/s，该飞行速度能使无人飞机的下压风场与药液的亩用喷施量配合良好，超出或低于这个速度都会造成作业效果欠佳。若药液流量无法满足作业需求，可采用十字交叉法进行二次作业，以满足药液的亩用量需求。由于果树冠层比较复杂，且枝叶茂盛，采用十字交叉二次作业法非常适合，且药液雾滴在作物叶面的沉积更加均匀，效果更好。

思 考 与 练 习

一、填空题

1. 农用无人飞机飞行高度限制为真高_____。
2. 农用无人飞机飞行速度限制为_____。
3. 农用无人飞机飞行半径限制为_____。
4. 未取得操控执照从事常规农用无人驾驶航空器作业飞行活动的，由_____级以上地方人民政府农业农村主管部门责令停止作业，并处_____元以上_____万元以下的罚款。

二、简答题

1. 什么是飞防作业？
2. 简述无人飞机飞防作业的基本流程。
3. 请简要说明无人飞机飞防作业的注意事项。

学习拓展

1. 任务背景

2018 年 7 月 23 日，在桂阳县方元镇林溪村，数名 80 后小伙身穿橙色马甲，顶着炎炎烈日站在田边操控无人飞机。伴随"嗡嗡"的声响，无人飞机正式起飞。强大的风力在稻田里掀起一层层"浪花"。不到两个小时，200 亩稻田的农药就全部喷洒完毕。

"我们是新型职业农民团队，主要工作就是用无人飞机进行植保。"操控员欧阳介绍，目前他们团队里共有七人，大多是市摄影家协会成员，团队于今年年初成立，他们总是被大家亲切地称呼为"植保小分队"。植保小分队成立后，每天打电话过来咨询的人络绎不绝，每天都有近 200 亩的农田等着他们作业。在 38℃ 的高温下，这群 80 后小伙在农田上，日出而作、日落而息，一干就是八九个小时，成了名副其实的"高温下的劳动者"。三个多月的时间，他们的无人植保机已经飞过 5000 亩农田，还经常免费帮助附近的贫困户播种、施肥。

2. 任务要求

请结合上述"植保小分队"为当地农民进行植保服务的信息报道，撰写一份"学好无人飞机植保技术，为三农服务贡献力量"的倡议书，要求包括以下内容：
1）倡议背景。
2）倡议目的。
3）实施计划。
4）预期成果。
5）责任分工。
6）检测评估。

单元二　植保无人飞机作业环境调查

3.2.1　无人飞机作业的气象条件

1. 气象与无人飞机飞行

植保无人飞机作业环境调查

（1）气象的概念　气象是指发生在天空中的风、云、雨、雪、霜、露、虹、闪电、打雷等一切大气的物理现象。无人飞机在大气层中飞行，气象因素举足轻重，天气状况是限制无人飞机飞行的主要因素。植保无人飞机出门作业，需要及时关注天气预报。

（2）温度的影响　温度对无人飞机的影响主要包括对电池放电性能的影响、空气密度的变化以及较大的温差会凝结成水汽从而影响无人飞机的状态。气温首先有高低不同，然后还有温差，一般无人飞机使用的锂聚合物电池最佳工作温度是 20~30℃。电池对温度很敏感，温度越低电池容量损失越大，甚至低温会导致电池停止工作或损坏。但大部分无人飞机设备（如极飞 P40、大疆 T20 等）的智能电池都加入了智能管理系统，在低温的情况下能够自动加热。

温度高低对无人飞机的影响（图 3-4），主要是可以改变聚合物锂电池的充放电性能。锂聚合物电池属于化学电池，其充放电过程就是其内部进行化学反应的过程，低温将使电池的反应速率下降，从而造成续航时间、放电功率改变、电压骤降和飞行动力不足。因此，如需在较低温度下飞行，务必先将电池充满电，保证电池处于高电压状态；建议使用电池预热器，对电池进行预热，将电池充分预热至 25℃ 以上，降低电池内阻；起飞后保持飞机悬停 1min 左右，让电池利用内部发热，让自身充分预热，降低电池内阻。在一定范围内，环境温度越高，无人飞机电池的性能越好。

需要注意的是冬天在有暖气的北方，室内外温差较大，在室外温度较低时，直接将多旋翼无人飞机由室内带至室外将导致内部水汽凝结，可能会使飞控系统以及电子调速器受到水汽凝结的影响，从而导致故障。每一个零部件都有其工作环境温度，若工作环境温度太高或太低，将影响其工作状态，对飞行安全造成重大影响。针对不同机型的植保无人飞机，在使用前需注意其工作环境的温度要求。

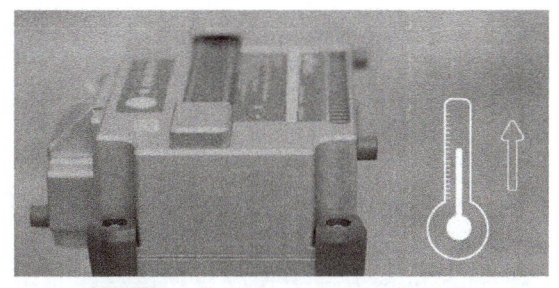

图3-4 温度对无人飞机电池的影响

（3）湿度影响　湿度是表示大气干燥程度的物理量。一般用相对湿度（RH）、露点、气温露点差来表示。在一定温度下，一定体积的空气里含有的水汽越少，则空气越干燥；水汽越多，则空气越潮湿。潮湿空气，会使多旋翼无人飞机的金属部件腐蚀。金属腐蚀后，不但会降低材料的强度，缩短使用时间，而且有可能会造成电路短路等情况，从而影响无人飞机的正常工作。另外，空气的相对湿度越大，则空气中的水分子含量越大，空气的黏度随之增大，造成无人飞机的螺旋桨转动时受到的空气阻力更大，从而消耗更多的电能，缩短了其续航时间。无人飞机本身很多部件是不防水的，湿度变化会影响无人飞机的定高，雾气也会影响作业人员对无人飞机飞行的观察。所以，在湿度骤变、雨天或雾天的时候，建议禁飞。

（4）雷电的影响　在雷电天气，无论是无人飞机还是相关设备都有可能会引雷，为了自身安全考虑，禁止在雷电天气外出作业。

（5）气压的影响　植保无人飞机飞行高度一般在10m以内，处于对流层的下层，乱流较多。因此，应时刻关注无人飞机的作业状态，特别是使用气压定高的设备更需谨慎。气流在中高空相对比较稳定，但是在地面上由于建筑、树木、地形的存在，气流在流经这些区域时会产生方向迅速变化且不稳定的气流，就是乱流现象。乱流因为方向不定，会对无人飞机的飞行稳定造成影响，应特别注意。乱流的影响程度，主要取决于风的流速和地面物体的形状及大小，速度过快且混乱的气流有可能对无人飞机的飞行造成不可估计的后果。

（6）风的影响　无人飞机的抗风能力与本身的最大平飞速度有关。理论上，无人飞机可以在不超过最大平飞速度的风级下飞行。但是，三级以上的风会造成植保过程中的药物漂移，因此在有风的情况下，需要根据风级来确定能否作业及作业高度。

风力是指风吹到物体上所表现出的力量的大小，一般根据风吹到地面或水面物体上所产生的各种现象，把风力的大小分为18个等级，最小是0级，最大是17级。风影响着无人飞机的稳定性、续航时间、相对地面的运动轨迹、速度和航向等，顺风飞行时续航时间将增长，逆风飞行时续航时间将相应的减小，所以任何一款多旋翼无人飞机的使用说明书中都会明确其抗风等级。抗风能力与其机身重量、动力冗余、飞控特性等息息相关，植保无人飞机在作业前要明确其抗风等级，以明确其所能适应的飞行环境。

另外，天气预报的风速都是低空风速，无人飞机在空中飞行，如果飞到高空后风速及风向极有可能突变，远远大于地面风速。如果风速大于无人飞机的抗风能力，无人飞机自身动力无法抵抗强劲风速,操作将变得十分困难。大部分多旋翼无人飞机除特殊应用外都应在5级风以下飞行,以保证飞行安全。

2. 气象与病虫害防治

农作物病虫害的发生、发展,与光照、湿度、降水和风有着密切的关系。为了进行有效植保,植保人员需密切留意气象情况。

(1) **光照对病虫害防治的影响** 光照的长短会影响害虫的发育(图3-5),光照的强度影响害虫的活动。例如:蚜虫的成虫根据翅膀的有无,分为有翅蚜和无翅蚜;蚜虫在光照时间短的地方,会长成有翅蚜;在光照充足、时间长的地方,会长成无翅蚜。

(2) **温度对病虫害防治的影响** 害虫的生长繁殖和范围分布都受温度制约(图3-6),最适宜生长繁殖的温度范围称为有效温区。例如:温带地区的害虫有效温区一般为8~40℃。在这个温度范围内,害虫生命旺盛、寿命长;超出这个范围,害虫繁殖停滞,发育迟缓,甚至死亡。

图3-5 光照影响蚜虫发育

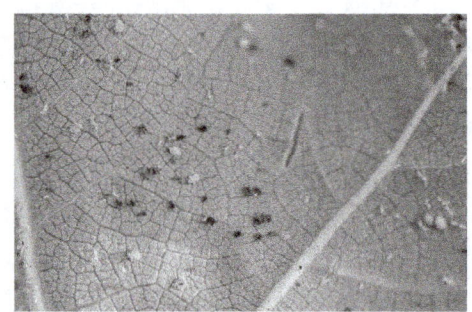

图3-6 温度影响害虫生长繁殖和范围分布

(3) **湿度和降水对病虫害防治的影响** 水分会影响生物体的生理机能,湿度和降水直接影响害虫的生命活动,还会影响作物病害的发生。例如:小麦赤霉病(图3-7)是典型的气象型病害,主要分布于潮湿和半潮湿区域,气候湿润多雨的温带地区受害尤为严重。

(4) **风对病虫害防治的影响** 害虫常在无风或微风晴朗的天气飞行。大风天并不利于农业生长,因为风可以加剧虫害及病害的传播速度,大风还能在作物上造成伤口,为病菌的侵染创造条件。例如:甜菜夜蛾(图3-8)是一种远距离迁飞害虫,常在风力4级以下的环境中飞行。

图3-7 湿度影响病害

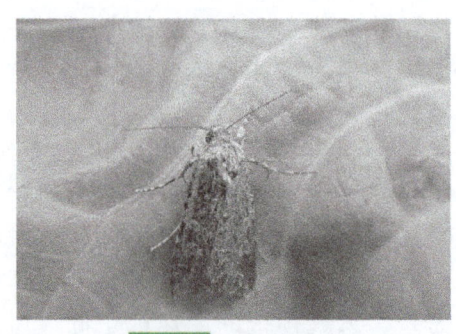

图3-8 甜菜夜蛾

3. 气象与药剂效果

农药施用效果与气温、湿度、降水、风和光照有着密切的关系。把握有利的气象条件，才能达到理想的防治效果。

（1）**气温对药剂效果的影响**　一般而言，20~30℃是植保的最佳温度。当气温超过35℃，高温会促进药物分解降低药效，还会增加药物蒸发量导致局部药液浓度过大，甚至引发药害或导致人员农药中毒。因此，在晴天施药，最好选择在上午 11 点以前和下午 4 点以后进行，避免在中午高温条件下施药。当然，不同药剂对温度的要求也不同，需针对具体情况而定。图 3-9 所示为适宜无人飞机飞防作业的最佳温度和时段。

（2）**湿度对药剂效果的影响**　对于大多数乳剂农药而言，湿度高会相对降低其浓度，加大药液流失，从而降低药效。而对有的粉剂农药而言，湿度增加有利于药粉与作物茎叶的黏附，能提高药效。我国大部分地区 4~6 月为雨季，降水会增加空气湿度，植保人员应留意气象变化，调整植保药剂的种类及浓度。

（3）**降水对药剂效果的影响**　下雨天喷施农药，药剂会被雨水冲刷流失，导致药效降低甚至失效。虽然无人飞机喷药浓度高、雾滴细、易吸收，但雨天植保弊大于利。在降水时间较长，又需要防治病虫害时，植保人员应选择在没有降水的时段采取以下措施：在药液中加入适量的黏附剂和辅助剂，如洗衣粉、木薯粉浆水等，以增加农药的黏附力；选用内吸性强的农药，如乐果、杀虫双、稻瘟净等，只要 4 小时内不下雨，药效就可以达到 80%；选择速效性农药，如速灭威，药效可在短期内显现。图 3-10 所示为此种情形下防治病虫害时应采取的措施。

图 3-9　无人飞机飞防作业的最佳温度和时段

图 3-10　解决措施

（4）**风对药剂效果的影响**　大风会促使药剂挥发和散失，造成药剂浪费。同时，大风还会导致药液漂移，造成空气污染及人员农药中毒。一天之中，早晨或傍晚风力较小，是喷洒农药的较佳时机。图 3-11 所示为无人飞机预防风影响药效的较佳作业时机。

（5）**光照对药剂效果的影响**　强光会加快药剂的挥发与分解，缩短药剂有效期。强光还会加速作物新陈代谢，作物气孔张开，过度吸收农药，产生药害。很多夜出性害虫，如地老虎幼虫、稻苞虫、卷叶螟幼虫等，白天处于隐蔽栖息状态，黄昏才开始出来采食。如果在白天进行植保作业，将无法杀死这些害虫。因此，在施药次数较多的夏秋季节，应选择阴天、晴天傍晚或夜间施农药，提高药效。

图 3-11　预防风影响药效的较佳作业时机

3.2.2 无人飞机作业地形的勘测

对于植保作业而言,需要全面掌握作业地块的面积、地形等信息。需要勘察作业地块的地形是否适合无人飞机作业,要确保飞行区域内没有影响无人飞机仿地飞行的陡坡;要测量作业地块的面积,排查农田中需谨慎作业的区域,如障碍物的情况;要向农户确认好作业点周边3km内的养殖情况(如养蚕、养蜂、鱼塘、菜地等情况),要谨慎评估喷洒作业是否会对周边养殖造成影响和风险等。此外,对于除草作业,还要特别留心作业范围,如遇风力不稳定,易导致药害。

无人飞机作业
地形的勘测

(1) 勘测内容　植保无人飞机作业地形的勘测内容主要包括以下几个方面:

1)地形地貌。调查作业地块的地形地貌,包括高程、坡度、起伏等情况,以及周围的山丘、河流、湖泊等自然环境。这些信息有助于评估无人飞机的起降条件、飞行高度和速度等参数。

2)障碍物。调查作业区域内及周边的障碍物,如树木、建筑物、电线等。这些障碍物可能影响无人飞机的飞行路线和安全,需要在作业前进行详细了解和规划。

3)土地质量。了解作业地块的土地质量,包括土地的质地、肥沃度、湿度等,有助于选择合适的飞行速度和喷洒方式,避免对土地造成不必要的损害。

4)地块边界。确定作业地块的边界,包括周边的道路、河流、田埂等。边界信息对于规划无人飞机的飞行路线和作业范围十分重要。

5)天气条件。了解作业当天的天气条件,包括风速、风向、气压、气温等。这些天气条件可能影响无人飞机的飞行稳定性和作业效果,需要在作业前进行评估和调整。

(2) 注意事项　在对无人飞机作业的地形进行勘测时,需要注意以下内容:

1)在进行地形调查时,应尽可能选择有代表性的地点进行测量和观察。可以通过设置控制点来实现,以确保地形调查的准确性和可靠性。

2)在调查过程中,应注意记录所有重要的地形特征和障碍物,并绘制地形图和障碍物分布图。这些图是确定无人飞机作业模式和规划航线的重要参考依据。

3)选择无人飞机起降点时,应考虑地形的平整度和安全性。起降点应远离障碍物和危险区域,以确保无人飞机的安全起降。

4)确定飞行高度和速度时,应根据地形地貌和土地质量进行评估和调整。同时,应考虑到风速、风向等因素的影响,以确保无人飞机能够稳定地完成作业任务。

5)在进行植保无人飞机作业时,应注意遵守相关法律法规和安全操作规程。操控员应具备相应的资质和经验,并密切关注无人飞机的状态和周围环境的变化,以确保作业的安全顺利进行。

(3) 选定起降点　勘测地形时,要合理选择无人飞机的起降点,确保起降时的飞行安全,注意要点如下。

1)起降点需确保开阔平整,如不平整易导致无人飞机降落不平稳,倾斜倒地造成设备损伤。

2)确保起降点周围无杂物,否则起降过程中风场会将杂物卷入螺旋桨上,导致炸机。

3）确保起降点上方无任何障碍物，否则在起降过程中，容易与障碍物相撞，导致撞击事故。

4）起飞前需确保人员距离起降点10m以外，保障人员作业安全，如图3-12所示。

图 3-12　植保无人飞机的起降点选择

3.2.3　无人飞机作业对象的视察

1. 农作物生长发育信息

（1）株高　量取土壤表面到植株顶端的高度，单位为cm，取一位小数。

（2）植株密度　一般通过测量单位面积的株（茎）数和有效株（茎）数来获得，在田间随机选取三个样点（1m^2），分别测量三个样点的每米行数和每米株（茎）数、每米有效株（茎）数，计算三个样点单位面积的株（茎）数和有效株（茎）数，再求平均。

每米行数：1m长度内作物的行数。

每米株（茎）数：1m长度内作物的株（茎）数。其中，单茎作物测定每米株数，分蘖作物分蘖前测定每米株数，分蘖后测定每米茎数。

每米有效茎数：水稻、小麦每茎正常籽粒≥5粒为有效茎，玉米每茎正常籽粒≥10粒为有效茎，有效茎数的测定以已抽穗和孕穗的为准。

（3）苗情

1）一类苗，植株生长状况优良。植株健壮，密度均匀，高度整齐，叶色正常，花序发育良好，穗大粒多，结实饱满。没有或仅有轻微的病虫害和气象灾害，对生长影响极小，预计可达到丰产年景的水平。

2）二类苗，作物生长状况较好或中等。植株密度不太均匀，有少量缺苗断垄现象，生长高度欠整齐，穗子、果实稍小。植株遭受病虫害或气象灾害较轻，预计可达到平均产量年景的水平。

3）三类苗，作物生长状况不好或较差。植株密度不均匀，植株矮小，高度不整齐，缺苗断垄严重，穗小粒少。杂草很多。病虫害或气象灾害对作物有明显的抑制或产生严重危害，预计产量很低，是减产年景。

（4）相关生长信息　下面分别介绍主要植保作物小麦、玉米、水稻和马铃薯的相关生长信息。

1）小麦生长信息：①小麦分蘖数，春季出现3个叶片后，茎下部分蘖节上形成侧茎，并露出地面1~2cm，数其分蘖的数量（不含主茎）；②小麦叶龄，小麦主茎上展开叶的数量；③小麦穗长，自穗颈节至穗顶（不包括芒）的长度，单位为cm，取一位小数；④小麦小穗数，穗轴节片着生的小穗（含不孕小穗，不包括退化小穗）数。

2）玉米生长信息：①玉米叶龄，玉米主茎上展开叶的数量；②玉米果穗长，自苞叶外量取自果穗下部（不含穗柄）切线至穗轴顶端的直线长度，单位为cm，取一位小数；③玉米果穗粗，自苞叶外测定果穗下部1/3处的直径，单位为cm，取一位小数；④秃尖长，测量果穗尖不结果实部分的长度，当秃尖不整齐时取中间长度测量，单位为cm，取一位小数；⑤玉米穗行数，果穗中部的籽粒行数；⑥玉米行粒数，果穗一中等长度行的粒数。

3）水稻生长信息：①叶龄，水稻主茎上展开叶的数量；②水稻穗长，自穗颈节至穗顶（不包括芒）的长度，单位为cm，取一位小数；③水稻一次枝梗数，数出由穗轴的穗节长出的一次枝梗的数量，求出单穗平均；④水稻穗粒数，先数出样本脱落粒数，然后脱粒，数其总粒数（含脱落粒数），求出平均穗粒数；⑤水稻穗结实粒数，每穗上正常灌浆籽粒数，求出单穗平均。

4）马铃薯生长信息：①马铃薯单株结薯数，数出一株马铃薯所有薯块的数量；②马铃薯单株薯重，测量一株马铃薯所有薯块的重量，单位为g，取一位小数。

2. 农作物发育信息观测标准

（1）水稻发育期标准 ①播种期，实际播种日期；②出苗期，从芽鞘中生出第一片不完全叶；③三叶期，从第二片完全叶的叶鞘中，出现了全部展开的第三片完全叶；④移栽期，移栽的日期；⑤返青期，移栽后叶色转青，心叶重新展开或出现新叶（上午叶尖有水珠出现），用手将植株轻轻上提，有阻力，说明根已扎入泥中；⑥分蘖期，叶鞘中露出新生分蘖的叶尖，叶尖露出长约0.5~1.0cm，分蘖期达到普遍期后，进行分蘖动态观测，每5天加测一次，确定分蘖盛期（观测增长数最多的一次）和有效分蘖终止期（单位面积总茎数达到预计成穗数），达到有效分蘖终止期即停止分蘖动态观测，测定结果记入密度测定页，分蘖观测以本田为主，如果在秧田中已有分蘖，应记载分蘖开始期和普遍期，记入备注栏内；⑦拔节期，茎基部茎节开始伸长，形成有显著茎秆的茎节为拔节，拔节高度距最高生根节长度，早稻为1.0cm，中稻为1.5cm，晚稻为2.0cm，早稻在拔节前穗分化开始，第一节间伸长，中稻在拔节时穗分化开始，第一节间定长，第二节间伸长，晚稻在拔节后穗分化开始，第一、二节间均为定长，第三节间伸长；⑧孕穗期，剑叶全部露出叶鞘；⑨抽穗期，穗子顶端从剑叶叶鞘中露出，有的稻穗从叶鞘旁呈弯曲状露出，如大量出现此种弯曲抽穗情况，可能由于气象条件影响所致，应加以注明，抽穗期除记载始期、普遍期外，还应记载末期（即齐穗期），稻穗抽出后当天或1~2天即开花，故不观测开花期，晚稻遇有低温影响开花时，应在备注栏注明；⑩乳熟期，穗子顶部的籽粒达到正常谷粒的大小，颖壳充满乳浆状内含物，籽粒呈绿色；⑪成熟期，籼稻稻穗有80%以上、粳稻有90%以上的谷粒呈现该品种固有的颜色。

（2）麦类发育期标准 麦类包括冬小麦、春小麦、大麦、元麦、青稞、莜麦和燕麦。①播种期，实际播种日期；②出苗期，从芽鞘中露出第一片绿色的小叶，长约2.0cm，条播竖看显行；③三叶期，从第二叶叶鞘中露出第三叶，叶长为第二片叶的一半；④分蘖期，叶鞘中露出第一分蘖的叶尖，约0.5~1.0cm；⑤越冬开始期，植株基本停止生长，分蘖不再增加或增长缓慢（以第一次5日平均气温降到0℃的最后一天为准），有些地区冬季气温经常在0℃左右波动，遇此情况应根据植株高度变化情况而定；⑥返青期，冬小麦恢复生长，心叶长出1.0~2.0cm；⑦起身期，冬小麦麦苗由匍匐转向直立，此时穗分化进入二棱期；冬小麦冬季不停止生长的地区不观测越冬开始期、返青期和起身期；⑧拔节期，茎基部节间伸长，露出地面1.5~2.0cm时为拔节，此时穗分化进入小花分化期，对于冬前一般不拔节的地区，如出现拔节现象，应详细在备注栏内记明拔节开始日期和拔节百分率；⑨孕穗期，旗叶全部抽出叶鞘；⑩抽穗期，从旗叶叶鞘中露出穗的顶端，有的穗于叶鞘侧弯曲露出；⑪开花期，在穗子中部（莜麦、燕麦顶部）小穗花朵颖壳张开，露出花药，散出花粉，遇阴雨天气外颖不张开，需小心地剥开颖壳进行观测；⑫乳熟期，穗子中部（莜麦、燕麦顶部）籽粒达到正常大小，呈黄绿色，内含物充满乳状浆液；⑬成熟期，80%以上籽粒变黄，颖壳和茎秆变黄，仅上部第一节、第二节仍呈微绿色。

(3) 玉米发育期标准　①播种期，实际播种日期；②出苗期，从芽鞘中露出第一片叶，长约3.0cm；③三叶期，从第二叶叶鞘中露出第三叶，长约2.0cm；④七叶期，从第六叶叶鞘中露出第七叶，长约2.0cm，为了避免培土时将基部叶子埋入土中，可在三叶期作一标记；⑤拔节期，玉米基部节间由扁平变圆，近地面用手可摸到圆而硬的茎节，节间长度约为3.0cm，此时雄穗开始分化；⑥抽雄期，雄穗的顶部小穗，从叶鞘中露出；⑦开花期，雄穗中上部花药露出，散出花粉；⑧吐丝期，植株雌穗苞叶中露出花丝；⑨乳熟期，雌穗的花丝变成暗棕色或褐色，外层苞叶颜色变浅仍呈绿色，籽粒形状已达到正常大小，果穗中下部的籽粒充满较浓的白色乳汁；⑩成熟期，80%以上植株外层苞叶变黄，花丝干枯，籽粒硬化，呈现该品种固有的颜色，不易被指甲切开，在观测乳熟、成熟两发育期时，若识别有困难，可在观测点外取样剥开几穗，在穗中下部苞叶外用刀片切"V"字口，每次打开进行观测，然后盖好以确定外部特征，与观测植株作比较。

(4) 马铃薯发育期标准　①播种期，实际播种日期；②出苗期，幼苗露出土壤表面；③分枝期，基部叶腋间生出侧芽，长约1.0cm；④花序形成期，在主茎顶部叶腋间开始出现第一轮花序，花蕾长约2.0mm；⑤开花期，主茎顶部的花开放；⑥块茎膨大期，从开花或盛花开始，进入到收花、茎叶开始衰老为止；⑦可收期，茎叶开始凋萎，植株基部叶子干枯，变为褐色。表3-1统计了主要作物观测的发育期。

表3-1　主要作物观测的发育期

主要作物	发育期
水稻	播种、出苗、三叶、移栽、返青、分蘖、拔节、孕穗、抽穗、乳熟、成熟
小麦	播种、出苗、三叶、分蘖、越冬开始、返青、起身、拔节、孕穗、抽穗、开花、乳熟、成熟
玉米	播种、出苗、三叶、七叶、拔节、抽雄、开花、吐丝、乳熟、成熟
马铃薯	播种、出苗、分枝、花序形成、开花、块茎膨大、可收

3. 农情调查照片拍摄要求

1）照片拍摄清晰，相机像素不小于 1000 万。

2）调查点作物照片避免出现人物、车辆、仪器设备等。

3）信息板置于照片右下角，信息板上应注明测点编号、地点、作物名称、生育期、调查时间五项基本信息及其他信息。注：其他信息包括干土层厚度、种植方式、病虫害等，根据调查需求可选择性标注。具体的信息板格式要求如图 3-13 所示。

4）每个调查点应至少拍摄 2 张照片（近景 1 张，远景 1 张），其中，远景照片需要展现作物整体长势，天空与地平线的大小占照片 1/2，正确的远景照片如图 3-14 所示。近景照片需要突出作物个体长势，正确的近景照片如图 3-15 所示。

测点编号	××市××县/市××乡/镇
作物名称	生育期
其他信息	
	××××年××月××日

图 3-13 信息板格式要求

图 3-14 正确的远景照片

图 3-15 正确的近景照片

4. 病虫草害的调查

（1）调查内容　在植保无人飞机作业前，需要实地调查农作物的病虫草害相关信息，以便针对不同的病虫草害制订相应的防治方案。以下是调查的主要内容。

1）虫害。①害虫种类，了解作业地块中存在的害虫种类，如蚜虫、红蜘蛛、螟虫、蝗虫等，从而更有针对性地选择防治害虫的农药品种和防治方法；②害虫密度，调查害虫的密度，包括每平方米或每株作物上的害虫数量，将有助于评估害虫的危害程度和防治难度；③害虫发生阶段，了解害虫的发生阶段，如孵化期、幼虫期、成虫期等，将有助于植保人员选定最佳的防治时机，提高防治效果；④历史防治情况，了解作业地块历史上对害虫的防治情况，包括使用的农药、防治效果等，参考这些信息有助于制订更为全面的防治方案，提高防治效果。

2）病害。①病害种类，了解作业地块中存在的病害种类，包括真菌性病害、细菌性病害、病毒性病害等，从而合理地选择对病害具有针对性的农药和防治方法；②发病情况，调查病害的发病情况，包括发病面积、发病程度、发病时间等，有助于评估病害的危害程度和防治难度；③历史防治情况，了解作业地块历史上对病害的防治情况，包括使用的农药、防治效果等，有助于制订和调整防治方案，提高防治效果。

3）草害。①杂草种类，了解作业地块中存在的杂草种类，包括阔叶杂草、禾本科杂草等，以便选择合适的除草剂和防治方法；②杂草密度，调查杂草的密度，包括每平方米或每株作物周围的杂草数量，以便科学评估杂草的危害程度和防治难度；③生长情况，了解杂草的生长情况，包括株高、叶面积等，以便科学评估杂草的生长状况和防治难度；④历史防治情况，了解作业地块历史上对杂草的防治情况，包括使用的除草剂、防治效果等，这些信息有助于调整防治方案，提高防治效果。

(2) **注意事项**　对农作物的病虫草害进行调查时，需要注意以下事项。

1）在调查病虫害信息时，应注意选择具有代表性的样本进行调查，以确保调查结果的准确性和可靠性。

2）在制订防治方案时，应根据病虫害的种类和发生情况选择合适的农药和防治方法。同时，应注意遵守相关法律法规和安全操作规程，避免对农作物和人畜造成不必要的损害。

3）在进行植保无人飞机作业时，应注意控制农药的用量和使用方式，避免造成浪费和环境污染。同时，应注意观察作业效果，及时调整防治方案，以提高防治效果。

思 考 与 练 习

一、填空题

1. 温度对无人飞机的影响主要包括对电池＿＿＿＿＿＿＿的影响、＿＿＿＿＿＿＿的变化以及较大的温差会凝结成水汽从而影响无人飞机的状态。

2. 潮湿空气，会使多旋翼无人飞机的有关金属部件腐蚀。金属腐蚀后，不但会降低材料的＿＿＿＿＿＿＿，缩短＿＿＿＿＿＿＿，而且有可能会造成电路＿＿＿＿＿＿＿等情况从而影响无人飞机的正常工作。

3. 风影响着无人飞机的＿＿＿＿＿＿＿、＿＿＿＿＿＿＿、相对地面的＿＿＿＿＿＿＿、＿＿＿＿＿＿＿和＿＿＿＿＿＿＿等，任何一款多旋翼无人飞机使用说明书中都会明确其抗风等级，抗风能力与其＿＿＿＿＿＿＿、＿＿＿＿＿＿＿和＿＿＿＿＿＿＿息息相关。

4. 农作物病虫害的发生、发展与气象因素中的＿＿＿＿＿＿＿、＿＿＿＿＿＿＿、＿＿＿＿＿＿＿和＿＿＿＿＿＿＿都有着密切的关系，为了进行有效植保，植保人员需要密切留意气象情况。

5. 无人飞机起飞前，需确保人员在距离起降点＿＿＿＿＿＿＿米以外，保障人员作业安全。

6. 对作物的农情进行调查和照片拍摄时，要求相机像素不小于＿＿＿＿＿＿＿万，信息板置于照片右下角，信息板上应注明测点＿＿＿＿＿＿＿、＿＿＿＿＿＿＿、＿＿＿＿＿＿＿、

_____、_____五项基本信息及其他信息。

二、简答题

1. 植保作业前，操控员需要对作业区域地形进行勘察，其主要勘察内容有哪些？
2. 气温对药剂效果的影响有哪些？
3. 气象通过哪些方面影响植保无人飞机飞行？
4. 农作物生长信息观测包括哪些内容？
5. 对农作物的病虫草害发生情况进行调查时，应重点关注哪些内容？

学习拓展

1. 任务背景

植保无人飞机特别适合水田、高秆作物和丘陵山地等人工和地面机械难以下地的场景。在以大米为主食的亚洲东南部地区，由于植保无人飞机适合水稻田播撒，病虫害防治作业，可贯穿整个作物生长周期，因此得到了越来越多农户的认可，作业量快速增长。随着技术的不断提升，植保无人飞机不仅在小麦、水稻等平整农田中的应用很快普及，在丘陵山地果园这种复杂场景也得以拓展应用。图3-16所示为近年来大疆植保无人飞机的全球市场保有量。

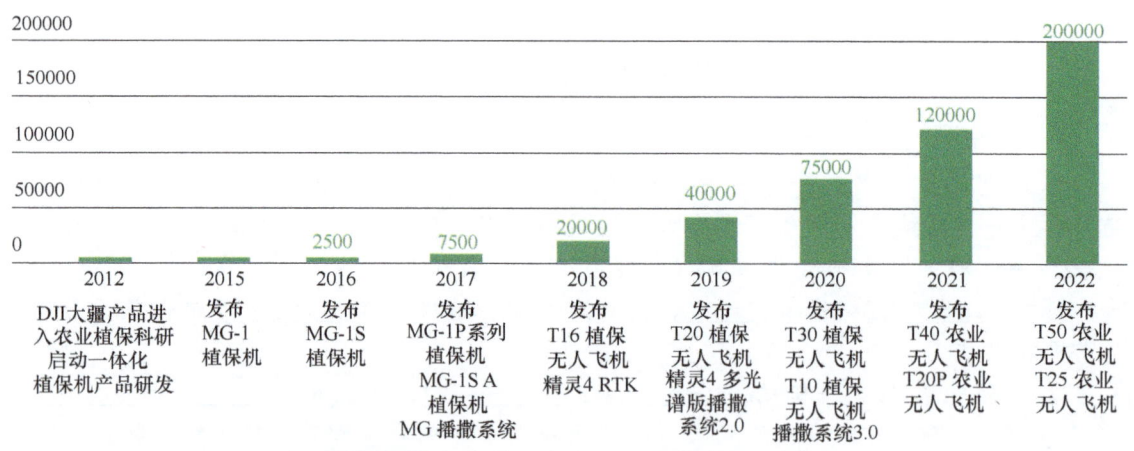

图3-16 大疆植保无人飞机全球市场保有量

2. 任务要求

结合上述无人飞机发展和应用的背景资料，查阅当地的天气预报情况，选择合适时间进行实地考察，填写一份本地区农作物（任意选取1~2种）的农情调研表，格式参考表3-2~表3-5。

表 3-2　农情调查计划表

填表日期	____年____月____日
调查时间	____年____月____日至____月____日
调查成员	队长： 队员：
调查地点	
调查作物	小麦□　玉米□　水稻□　马铃薯□
仪器、设备	定位工具□　测量工具□　取样工具□　影像设备□　记录工具□ 其他：

表 3-3　春季农情调查记录表

测点编号					调查时间							
调查地点					_____县（市）_____乡（镇）_____村							
调查人员					记录人员							
经纬度					海拔							
作物名称					生育期							
作物品种					种植方式							
苗情					一类苗□　二类苗□　三类苗□							
干土层厚度 /cm					缺苗断垄情况							
作物颜色					深绿□　浅绿□　黄□　其他_____							
序号		1			2			3			平均	
每米行数												
每米株（茎）数												
作物	序号	1	2	3	4	5	6	7	8	9	10	平均
小麦	株高 /cm											
	叶龄											
	分蘖数											
备注（包括农事活动、气象灾害等）												

注：每个调查点植株密度选 3 个代表性测点进行测量，其他要素可根据实际进行调整。

表 3-4　夏季农情调查记录表

测点编号		调查时间	
调查地点	_____县（市）_____乡（镇）_____村		
调查人员		记录人员	
经纬度		海拔	
作物名称		生育期	
作物品种		种植方式	
苗情		一类苗□　二类苗□　三类苗□	
干土层厚度/cm		缺苗断垄情况	
作物颜色		深绿□　浅绿□　黄□　其他_____	

序号	1	2	3	平均
每米行数				
每米株（茎）数				

作物	序号	1	2	3	4	5	6	7	8	9	10	平均
水稻	株高/cm											
水稻	叶龄											
马铃薯	株高/cm											
玉米	株高/cm											
玉米	叶龄											
小麦	株高/cm											
小麦	穗长/cm											
小麦	小穗数											

备注（包括农事活动、农业气象灾害等）	

注：每个调查点植株密度选 3 个代表性测点进行测量，其他要素可根据实际进行调整。

表 3-5　秋季农情调查记录表

测点编号					调查时间						
调查地点					_____县（市）_____乡（镇）_____村						
调查人员					记录人员						
经纬度					海拔						
作物名称					生育期						
作物品种					种植方式						
苗情					一类苗□　二类苗□　三类苗□						
干土层厚度/cm					缺苗断垄情况						
作物颜色					深绿□　浅绿□　黄□　其他_____						

序号		1			2			3			平均
每米行数											
每米株（茎）数											

作物	序号	1	2	3	4	5	6	7	8	9	10	平均
水稻	株高/cm											
	穗长/cm											
	一次枝梗数											
	穗粒数											
	穗结实粒数											
马铃薯	株高/cm											
	单株结薯数											
	单株薯重/g											
玉米	株高/cm											
	果穗长/cm											
	果穗粗/cm											
	秃尖长/cm											
	穗行数											
	行粒数											
小麦	株高/cm											
	穗长/cm											
	小穗数											
备注（包括农事活动、农业气象灾害等）												

注：每个调查点植株密度选 3 个代表性测点进行测量，其他要素可根据实际进行调整。

单元三　植保无人飞机作业方式

植保无人飞机作业方式

3.3.1　手动作业与自动作业

1. 手动作业

无人飞机手动作业（图3-17）是指操控员手动控制无人飞机的飞行和动作，使其完成特定任务的过程，一般通过遥控器或地面站等设备来完成。在手动作业模式下，操控员可以控制无人飞机的高度、速度、方向、姿态等，让无人飞机实现各种飞行动作，例如悬停、水平飞行、垂直上升和下降等。手动作业模式是早期最为常见的方式，所有的操作都由植保无人飞机操控员来完成，智能化程度较低，同时具有灵活方便、无需测绘的特点。

图3-17　植保无人飞机手动作业

手动作业模式具有以下优点：①迅速作业，在作业之前无需其他额外操作，准备时间短；②地形适应能力强，在植保无人飞机操控员拥有良好操作技能前提下，能够应对各种复杂地形。存在的问题：①植保效果不佳，易出现重喷与漏喷；②对于药物较为敏感的作业，重喷有可能会产生药害；③操控员工作强度大，每天飞行6h以上，容易疲劳；④手动作业模式必须要有助手进行相应的观察以及报点，一人难以单独完成作业。

随着植保无人飞机智能化程度的提高，使用手动作业的频率已逐步降低，同时植保无人飞机操控员的工作舒适度逐步得到提升。但是，在广阔的丘陵地区以及小面积耕地范围内，手动作业模式依然会发挥它独特的作用。使用手动模式进行无人飞机作业，需注意以下事项。

1）不适合对重喷要求严格的除草剂作业。

2）对讲机必须保持电量充足，保证通话质量良好。

3）需要观察飞行轨迹是否符合作业要求，保证作业质量。

4）不适合两端距离100m以上的长航线作业，难以保障作业精度。

2. AB点作业

无人飞机的AB点作业是指在A、B两点之间形成一条直线，以这条直线为参考快速得到全部航线的半自动作业模式。AB点作业模式简单方便，具有工作强度低、喷洒均匀等特点，生成的航线路径如图 3-18 所示。AB 点作业模式的产生，解决了植保作业人员手动作业时劳动强度高的问题。

AB 点作业对于规整地块具有很好的适应性，但不适用于不规则地块的作业。AB 点作业模式的典型应用案例包括新疆棉花及玉米作业、黑龙江的水稻作业等。无人机采用 AB 点作业模式应注意以下事项。

1）A、B 点形成的直线必须与作业区域边缘平行，否则会导致无人飞机的飞行航线偏离作业区域，甚至造成无人飞机与作业边界的障碍物等发生碰撞，从而损害无人飞机。

2）操控员需要注意每次航线到达 B 点一侧时的航点位置变化，需要安排观察员随时报点（图 3-19），以免无人机偏离作业区域。

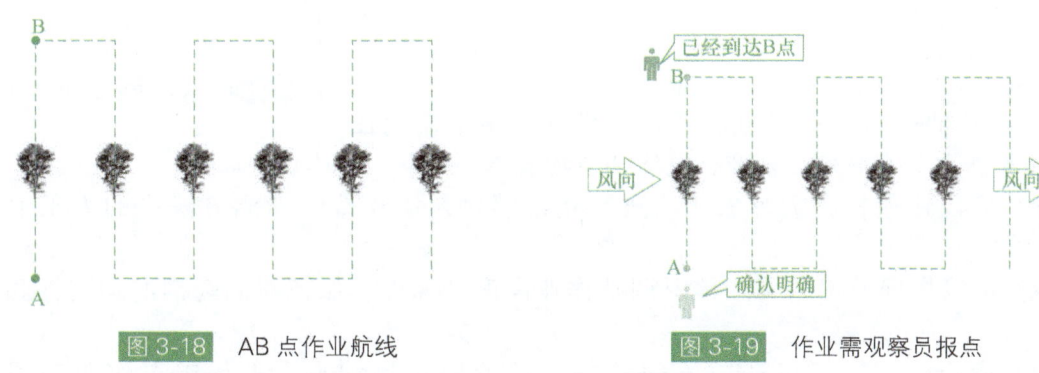

图 3-18　AB 点作业航线　　　　图 3-19　作业需观察员报点

3）B 点与对面的防风林、障碍物等须留有安全间隙，作业到最后一条航线时，必须确认是否有障碍物。

3. 航线规划作业

航线规划作业是指植保无人飞机根据预先设定的航线路径和作业参数进行全自主飞行并实施作业的一种方式，分为自由航线规划和区域航线规划两种模式。航线规划作业模式能够适应绝大多数地形，且全程自动作业，极大降低了植保无人飞机操控员的工作强度，如图 3-20 所示。航线规划作业方式，需要操控员能够更多的掌握航线规划软件的使用技巧和方法，而对于操控无人飞机的熟练程度和能力要求等有所降低。

植保无人飞机采用航线规划作业时，需要注意以下事项。

1）提前观察障碍物并进行航线规划，规避作业区域内的障碍物，以避免植保无人飞机直接撞上障碍物而造成机器损坏，如图 3-21 所示。

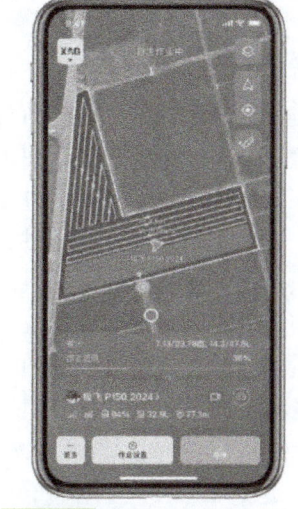

图 3-20　航线规划作业模式

无人飞机航线规划作业

2）作业前需明确标定点，无人飞机必须从标定点起飞，并执行纠正偏移操作，从而保证航线的安全。

3）要确定好作业地块边界线的内缩距离，并确保内缩距离范围内无障碍物。

航线规划作业被中断需要恢复作业时，存在回到中断点和回到投影点的区别。

1）回到中断点。回到作业中断时的断点，适合没有障碍物的情况。

2）回到投影点。回到实际位置与航线垂直投影产生的点，适合中间存在障碍物的情况（避开障碍物）。

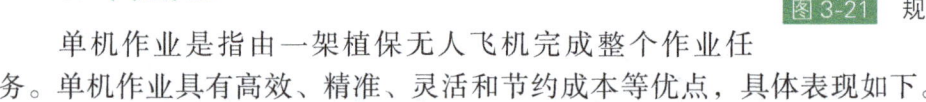

图 3-21　规避障碍物示意图

3.3.2　单机作业与多机作业

1. 单机作业

单机作业是指由一架植保无人飞机完成整个作业任务。单机作业具有高效、精准、灵活和节约成本等优点，具体表现如下。

1）可以快速覆盖大片农田，进行精准喷洒，避免传统喷洒方法中的人工浪费问题。

2）可以根据农田的实际情况调整作业高度和速度，保证喷洒药剂的均匀性和准确性。

3）适应性强，可以适应不同的农田地形和作物种类，进行定点作业和智能作业。

4）节约人工成本和避免农药浪费，同时节约燃料和能源。

单机作业适用于各种规模的农作物保护作业，尤其适用于病虫害的预防和控制。农业遥感无人机通过搭载高清相机、红外相机和多光谱相机等载荷，可对农田内的作物进行精准监测，及时检测出病虫害的发生；根据检测结果，科学制订喷施参数和航线规划路径，再起动植保无人机进行自动作业，实现精准喷洒、无人值守的管控模式。

2. 多机作业

多机作业是指使用两架或多架植保无人飞机同时完成一个作业任务，以提高作业精度、效率和质量。多机作业存在不同的表现形式或技术手段，如一控多机、多机协同和集群作业等。在农业植保领域，通过多架无人飞机协同作业，可以更快地完成大面积的农田喷洒任务，提高作业效率；同时，多机协同还可以通过分区域、分任务的方式，实现更高精度的喷洒效果；此外，多机编队飞行还可以通过预设的队形，更好地适应复杂地形和作物分布，进一步提高作业效果。

多机作业适用于大规模、高效率的农田作物保护作业场景。例如，在防治大规模的病虫害疫情时，使用多架植保无人飞机协同作业，可以在短时间内控制疫情的扩散；在山区或丘陵地区进行植保作业时，多机编队飞行可以更好地适应地形变化，提高作业效果。

需要注意的是，在实际应用中，单机作业和多机作业的选择应根据具体情况而定。例如，小规模的农田或特定类型的作物病虫害防治可以采用单机作业；而在大规模的农田或需要快速高效防治病虫害时，应选择多机作业。

（1）一控多机　一控多机是指通过一台遥控器同时控制多架无人飞机进行作业。这种作业模式可以提高作业效率，降低人工成本，并减少作业时间。一控多机技术的实现需要先进的无人飞机控制技术，包括无线通信技术、信号处理技术和飞控算法等。通过这些技术，可以将多架无人机的位置、姿态和飞行轨迹等实时信息传输到遥控器上，并实现对它们的控制。

在实际应用中，一控多机技术可以大大提高植保无人飞机的作业效率，从而在短时间内完成大面积的喷洒任务。此外，一控多机技术还可以减少操作人员数量，降低人工成本。

需要注意的是，一控多机技术对无人飞机的性能和操控员的技能要求较高。为了保证作业安全和质量，操控员需要经过专业培训并掌握相关技能。同时，在作业前应进行充分的测试和验证，确保无人飞机和控制系统的可靠性。

（2）多机协同　多机协同是指多架无人飞机通过相互之间的协同工作来完成更复杂的任务。这种协同可以是数据共享、任务协调、航迹跟踪等，以提高任务的效率和精度，降低单架无人飞机的载荷和风险。

1）具体内容。①路径规划，是无人飞机多机协同技术中的一个关键技术，多机协同可以帮助无人飞机实现更高效的路径规划，以及路径跟踪和定位，路径规划可以使用多种不同的算法，包括动态规划等；②通信，无人飞机之间需要进行实时的信息交换和命令传递，以确保协同的顺利进行，因此通信技术也是无人飞机多机协同技术的关键技术之一；③领导者/跟随者模式，在这种模式下，一架无人飞机被指定为领导者，负责制订任务计划和航行路线，而其他无人飞机则作为跟随者，根据领导者的指令进行操作。

2）应用特点。①多样化任务执行能力，无人飞机群在农业领域可以搭载不同类型的任务载荷设备，可以执行多样化的任务，如农田监测、作物病虫害识别、精准施肥和喷洒等；②高效的信息共享和协同行动，无人机群通过无线通信网络实现实时的农田数据共享和协同规划，可以精确指导农业作业；③提高作业效率和安全性：无人飞机群可以通过分散作业和相互协作，降低单架无人飞机因环境因素导致的作业风险，提高整体作业的安全性和效率；④增强农业生产效果：无人飞机群可以通过多个角度和高度对农田全方位监测和管理，通过精确的数据分析和作业规划，实现作物病虫害的有效防控。

3）无人飞机多机协同技术可以应用于多种任务场景，如完成灾后救援、军事侦察、农业植保、环保监测和快递配送等作业任务。在农业植保领域，多机协同作业可以极大的提高作业效率和作业质量，例如，极飞 P150 2024 款植保无人飞机，具有一控多机（自主作业支持控制两架无人机同时作业，作业更高效）、多地块合并作业（支持一次选择最多 10 个地块生成航线进行连续作业，一个地块作业完成自动飞向下一个地块，省时省心）、团队协作（多人协作共享地块、作业记录等，协作更顺畅，与极飞农服管理平台数据自动同步，统防管理更及时）和多地块测地模式（连片地块轻松测得）等多种最新功能，如图 3-22 所示。

图 3-22　多机协同作业

（3）集群技术　　集群，是指采用具备多架无人飞机操控能力的同一系统或者平台，为了处理同一任务，以各无人飞机操控数据互联协同处理为特征，在同一时间内并行操控多架无人飞机以相对物理集中的方式进行飞行及作业的管理运行模式。无人飞机集群技术常用于民用领域，可以充分发挥无人飞机集群的数量优势，可以运用于物流快递、农业喷洒或播撒、应急救援中的通信组网、遥感对地观测以及灯光秀（图 3-23）等。

图 3-23　无人飞机灯光秀表演

相对单机系统，无人飞机集群天然地拥有规模优势，能够完成更加复杂的任务，具有更好的鲁棒性（在异常和危险情况下系统不易出错的能力）、更强的生存能力以及巨大的成本优势。目前无人飞机集群技术尚处于概念研究和初步验证阶段，更多地表现在编队表演方面。而未来发展的方向，是将自组织机制引入无人飞机平台，真正实现复杂、动态、不确定环境下的无人飞机集群。需要解决的关键技术包括：集群感知与信息共享、集群智能协同决策、通信及组网技术、协同编队控制技术等。

思考与练习

一、填空题

1. 在手动作业模式下，操控员可以控制无人飞机的_____、_____、_____、_____等，让无人飞机实现各种飞行动作，例如悬停、水平飞行、垂直上升和下降等。
2. 航线规划作业是指对作业区域进行_____，并生成_____，使植保无人飞机在规划区域内根据航线进行_____作业的方式。
3. 多机作业是指使用_____或_____植保无人飞机同时完成一个作业任务，以提高作业精度、效率和质量。

二、简答题

1. 采用AB点模式作业时，操控员需要注意哪些内容？
2. 请简要说明多机协同的应用特点。

学习拓展

1. 任务背景

星星之火，燎原百年。2021年6月21日晚，羊城夜空，珠江河畔，由广州市委宣传部主办、以"建党百周年暨中共广州三大开馆"为主题的无人飞机编队飞行表演系列活动（图3-24）在广州如期开展。1520架无人飞机如燎原星火，燃亮都市夜空画布，随着无人飞机编队的变化，一颗颗由无人飞机灯光幻化而成的星芒在夜幕中徐徐闪耀，一个个饱含着家国情怀的鲜活立体光影跃然浮现，铺展出一幕幕震撼的"红色"画面，向广州及全国人民再现中国共产党的百年征程与先辈们为国英勇献身的历史故事。

图3-24　广州无人飞机编队飞行表演

此外，无人飞机编队和集群也可以服务于农业。早在2017年，大疆农业推出的MG-1P系列植保无人飞机就能实现一控多机，单个遥控器最多可协调5架无人飞机同时作业，以提高效率。据国家农业智能装备工程技术研究中心有关专家介绍，单架无人飞机的效率远远无法应对林草等大面积的防治，无人飞机编队和集群作业具备很多优势，但由于农林业的作业场景地形复杂，需要编队飞机在作业时能自主调整。随着植保无人飞机的智能化程度不断提高，一些多机协调的技术也在探索中，预计再有3~5年就可以在农业的典型场景中得到应用。

2. 任务要求

请结合上述背景资料，撰写一份有关于无人飞机编队飞行表演的调查报告，要求包括：

1) 市场需求情况。
2) 演出收益情况。
3) 团队运营情况。
4) 支撑关键技术。
5) 未来发展方向。

单元四　极飞P40植保无人飞机作业

3.4.1　设备安装与调试

1. 开箱检查

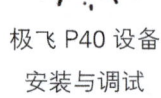

极飞P40设备安装与调试

（1）开箱清单　极飞P40 2021款植保无人飞机（图3-25）安装使用前，其开箱清单如下：飞行器主体×1、1号机臂套件×1、2号机臂套件×1、3号机臂套件×1、4号机臂套件×1、睿喷智能药箱（20L）×1、ACS2智能遥控器×1、RTK模块×1、USB-Type-C数据线×1、极飞睿图×1、B13960S智能超充电池（额定容量20Ah）×1、M2CM1-3300A超充充电器（输出功率3000W）×1、工具包×1。

图3-25　极飞P40 2021款植保无人飞机

（2）主要结构部件　极飞P40 2021款植保无人飞机的主要结构部件如图3-26~图3-29所示。

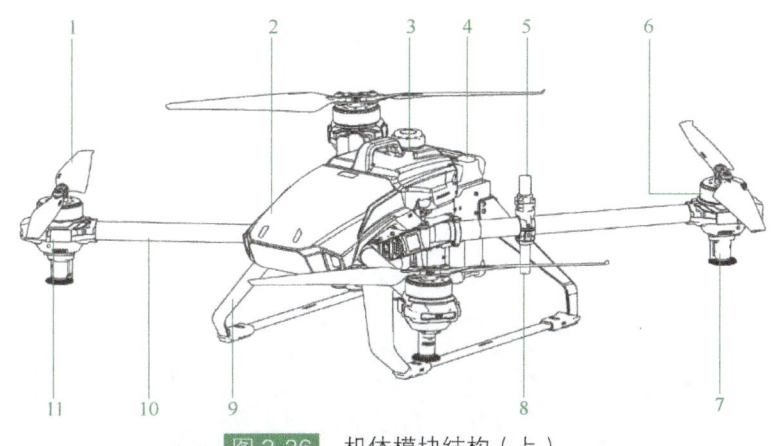

图 3-26 机体模块结构(上)

1—螺旋桨 2—头罩 3—药箱 4—智能电池 5—RTK 电线(左、右各一个) 6—电动机 7—喷头
8—2.4/5.8GHz 双频天线(左、右各一个) 9—脚架 10—机臂 11—喷洒状态指示灯

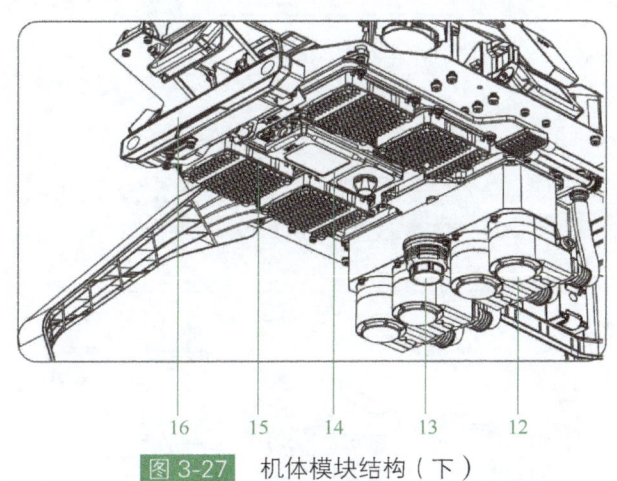

图 3-27 机体模块结构(下)

12—水泵 13—探照灯 14—地形模块 15—电调 16—天目

2. 组装飞行器

(1)组装前的准备 飞行器在正式组装前的准备工作包括以下几个内容。

1)拆除头罩。从前部自下向上掀开头罩,并将其往后推出。

2)拆除天线架。拆除天线架固定螺钉,暂时移开天线架。

3)拆除中心舱盖。拆除 RTK、HDSL 模块,拧下紧固中心舱盖的四颗螺钉,翻转舱盖板及其附件。

极飞 P40 无人飞机组装流程

4)拆除药箱固定件。拆除药箱固定件固定螺钉,暂时移除药箱固定件。

(2)安装机臂 机臂安装按照以下步骤进行。

1)拆除 1 号、2 号机臂固定滑块。拆除 2 号机臂固定滑块限位件螺钉,拉出滑块,1 号机臂固定滑块拆卸方式与 2 号机臂相同。

2)安装 1 号、2 号机臂。从机身板指定位置插入 2 号机臂,原位装回固定滑块,

1号机臂装配方式同2号机臂。

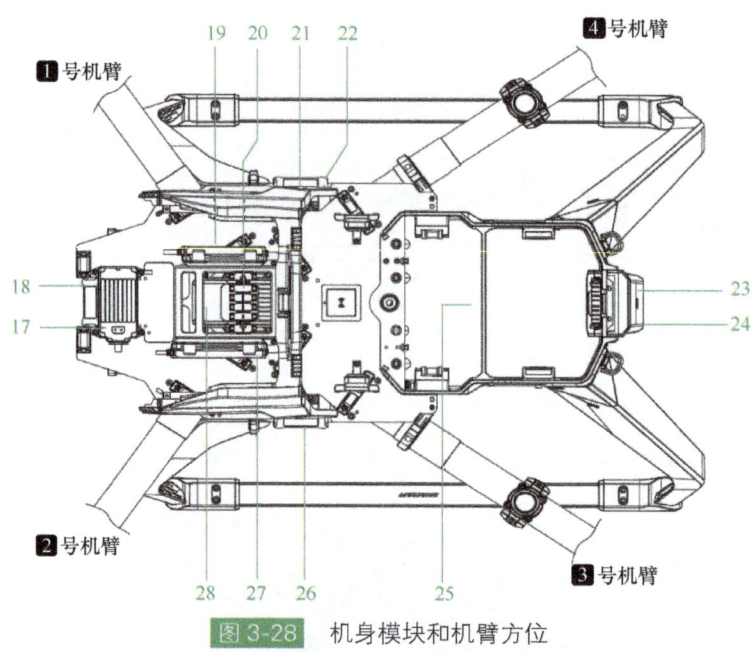

图 3-28 机身模块和机臂方位

17—飞控后备电源 18—前置雷达 19—RTK模块 20—天线插头固定架 21—4G天线架 22—右侧雷达
23—后置雷达 24—飞行状态指示灯（尾灯） 25—机身铭牌（序列号/二维码）
26—左侧雷达 27—HDSL模块 28—飞控

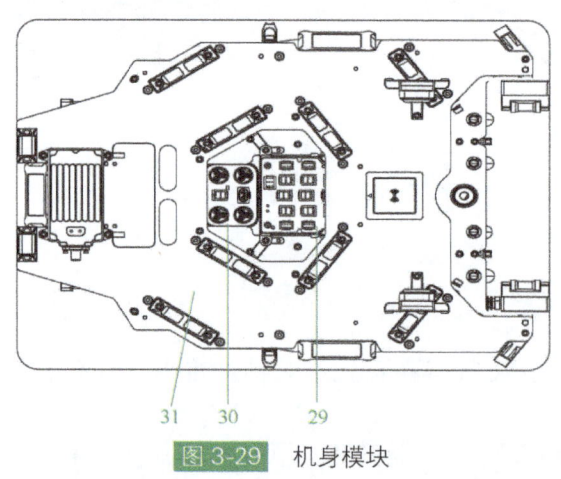

图 3-29 机身模块

29—中心集结板 30—动力集结板 31—机身方位号

3）拆除3号、4号机臂固定滑块。拆除3号机臂固定滑块限位件螺钉，取出滑块，拆除侧面机臂碳框锁紧件，4号机臂固定滑块拆卸方式与3号机臂相同。

4）安装3号、4号机臂。将3号机臂内的RTK馈线、2.4/5.8GHz馈线塞入机臂内，然后从机身板指定位置插入机臂，最后原位装回固定滑块和机臂紧固件，4号机臂装配方式同3号机臂。

（3）连接管线 正确连接各电路与喷洒管路，具体接线方式如图3-30~图3-34所示。

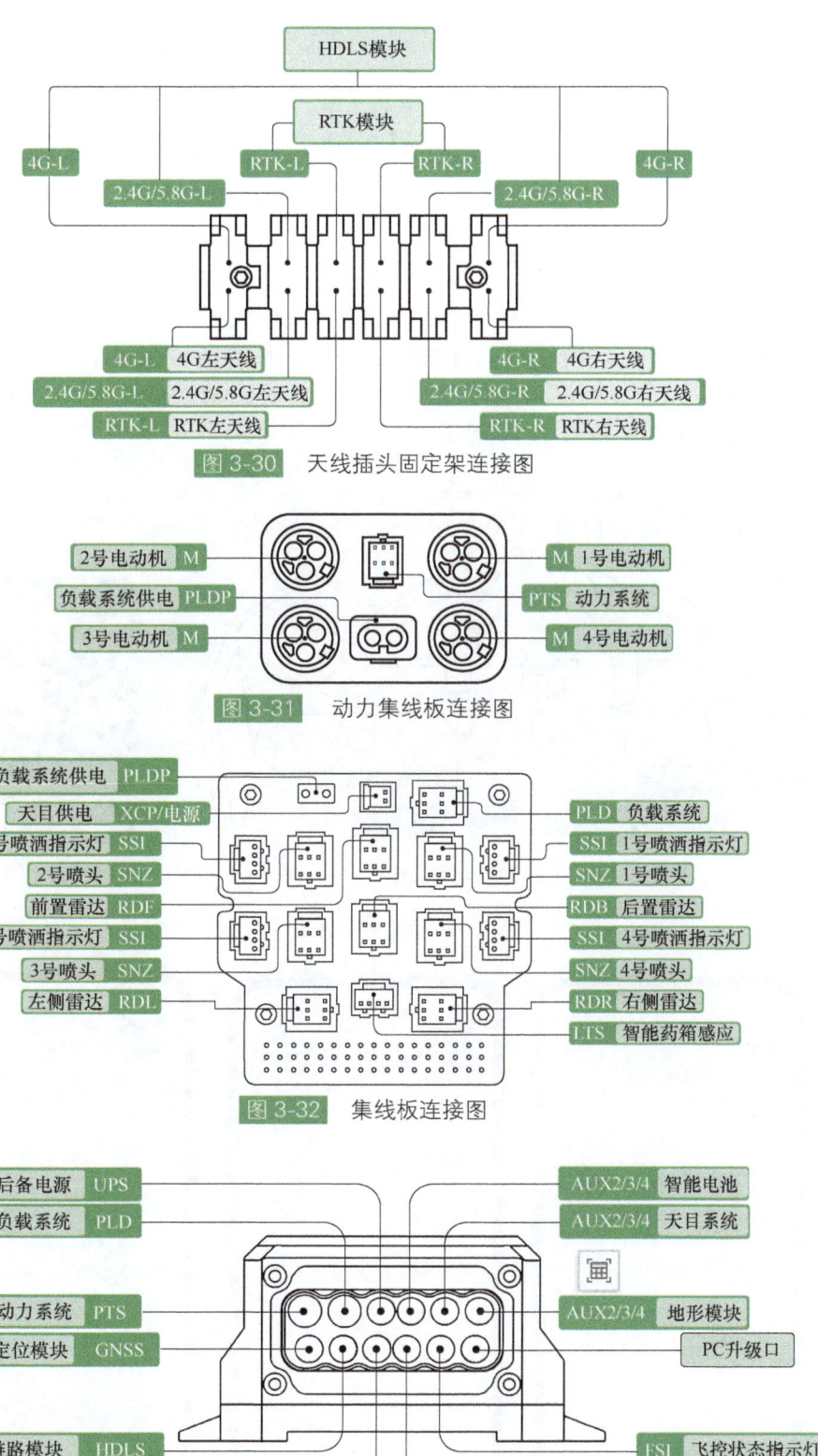

图 3-30　天线插头固定架连接图

图 3-31　动力集线板连接图

图 3-32　集线板连接图

图 3-33　飞行控制系统连接图

（4）装回已拆卸部件　原位装回药箱固定件，把中心舱盖装回原位并将RTK、HDSL模块装入卡槽，把天线架装回原位，把6根馈线按标识准确连接并装入馈线固定架上，原位装回头罩。

（5）完成安装　把电池、药箱以此装入飞行器，至此完成机体的装配，并检查各卡扣是否卡紧到位，避免飞行过程中脱落，造成飞行事故。

3. 设备激活与调试

（1）激活设备　首次激活极飞P40 2021款植保无人飞机，需在手机上下载"极飞农服"APP应用程序，注册账号，并添加设备，具体激活步骤如下。

1）微信扫码（图3-35）下载并安装"极飞农服"APP应用程序，注册账号并进行实名认证，完成登录，如图3-36所示。

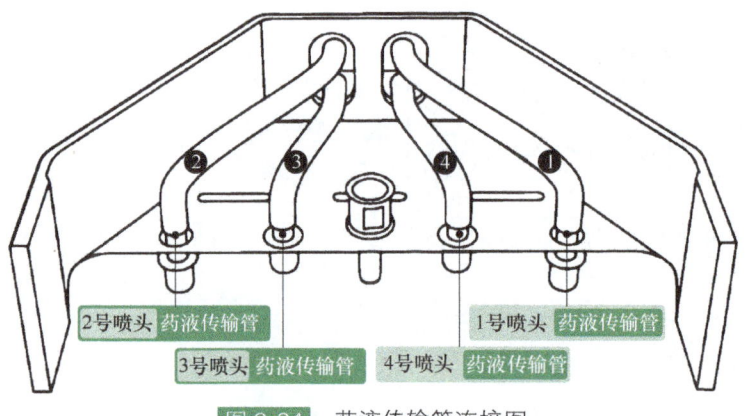

图3-34　药液传输管连接图

图3-35　"极飞农服"APP下载二维码

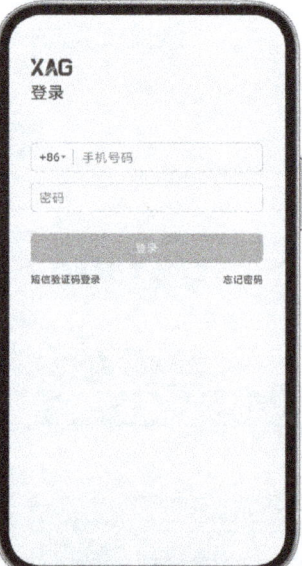

图3-36　手机号注册并登录

2）点击"添加设备"。
3）扫描无人飞机上面的二维码或输入无人飞机序列号。
4）命名无人飞机。
5）添加完成。

上述步骤中，第 2~5 步的操作步骤如图 3-37 所示。

图 3-37　添加无人飞机设备并命名

（2）添加 ACS2 单手控　具体操作步骤如下。

1）在单手控侧方插槽内插入 SIM 卡。
2）打开"极飞农服"APP，在"我的设备"界面点击"添加设备"。
3）扫描 ACS2 顶部的二维码，或输入 ACS2 序列号进行添加设备。
4）按照 APP 界面提示步骤将单手控设置为添加模式，点击"单手控已变为绿色闪烁"；
5）设置设备名称，点击"确定"。
6）添加成功。

上述第 1~6 步的操作步骤如图 3-38 和图 3-39 所示。

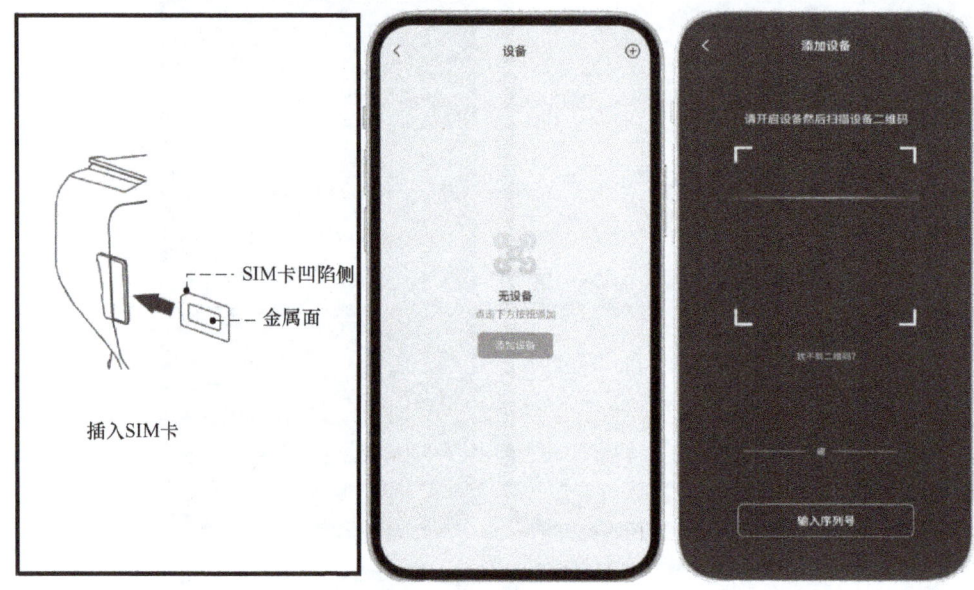

图 3-38　添加单手控第 1~3 步

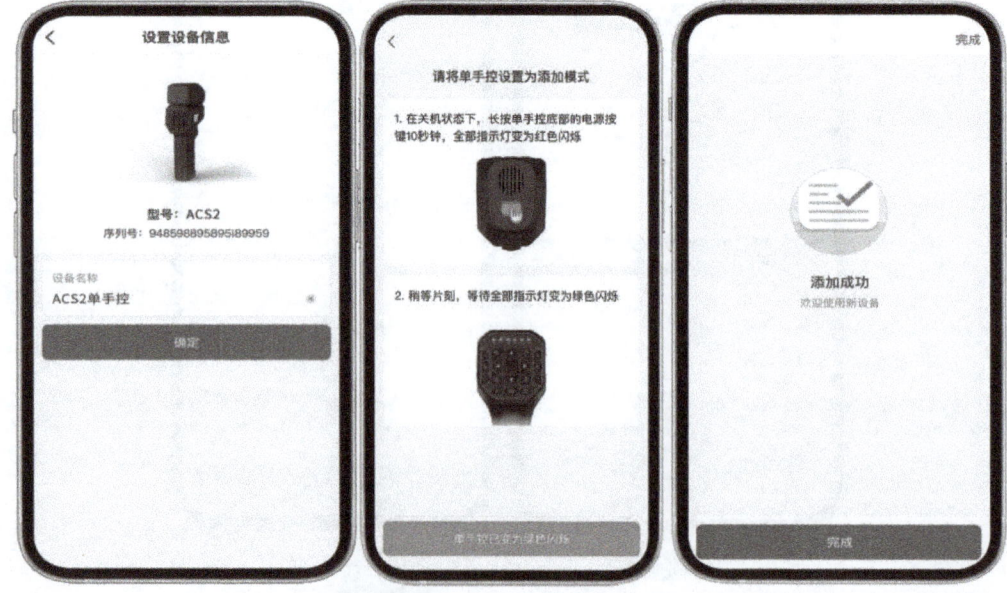

图 3-39　添加单手控第 4~6 步

（3）绑定单手控　要想使用单手控操控无人飞机，需要先将无人飞机设备与遥控器绑定，具体操作流程如下：登录"极飞农服"APP→点击【我的】→点击【设备】→选择【用于作业的无人飞机设备】→点击【绑定单手控】→选择要绑定的单手控→点击【绑定】→显示绑定成功。部分操作界面如图 3-40 所示。

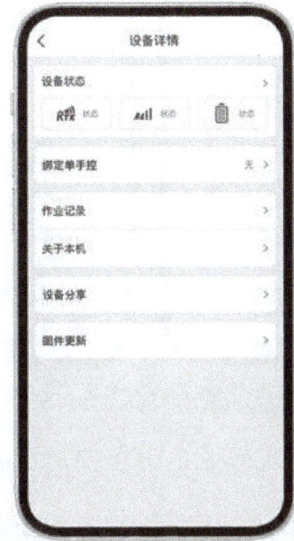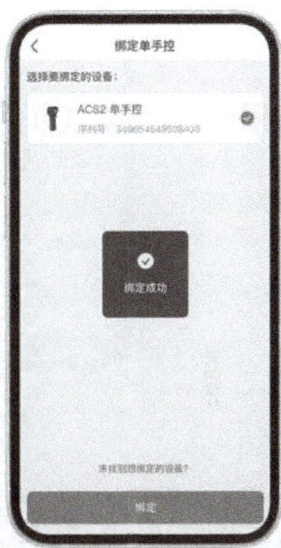

图 3-40　将无人飞机设备与单手控绑定

（4）固件升级　使用设备时，若设备主界面提示"有新固件"，需要先将固件版本升级为最新，设备在更新过程中不能进行其他操作。具体操作步骤如下：打开"极飞农服"APP→点击【我的】→点击【设备】→选择要升级的无人飞机或单手控设备，此时【固件更新】显示可为升级状态，选择【固件更新】→选择要更新的固件模块→点击【开始更新】→待固件更新完毕后，点击【完成】回到固件更新界面。部分操作界面如图 3-41 所示。

图 3-41　更新固件

图 3-41 更新固件（续）

（5）设备调试 无人飞机正式作业前，需要对设备进行调试，调试项目包括以下几个方面。

1）怠速测试。测试前取掉桨套，展开螺旋桨；依次分别点击 M1、M2、M3 和 M4 进行测试，测试时要注意对应的序号转动电动机是否与机臂安装位置相对应，其中 M1 和 M3 为顺时针旋转方向，M2 和 M4 为逆时针旋转方向；点击【全开】查看下方对应转速电流是否有显示值。部分操作界面如图 3-42 所示。

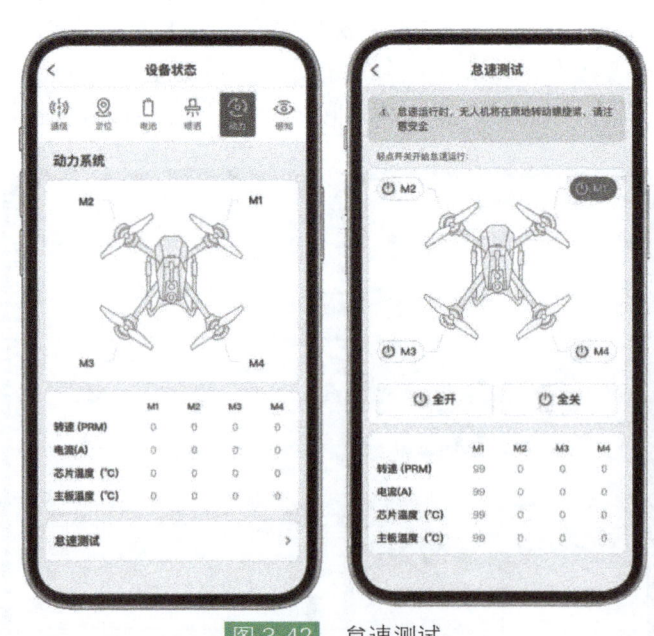

图 3-42 怠速测试

2）喷洒测试。在无人飞机设备状态界面下，点击【喷洒】，对喷洒系统各部分功能进行测试。首先测试"排空药管"功能是否正常；分别开启和关闭智能药箱的内照灯，检查内照灯是否正常工作；点击【手动喷洒测试】，查看 S1、S2 两个喷头是否正常工作，查看水泵转速、水泵电流、喷头转速、喷头电流等数值是否显示。具体操作界面如图 3-43 所示。

 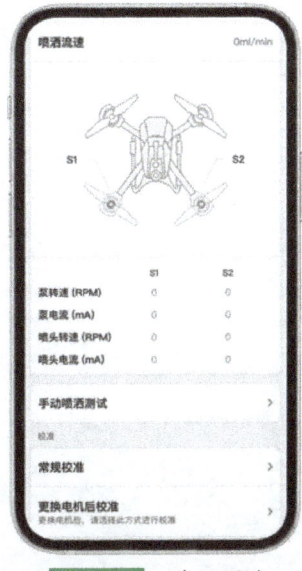 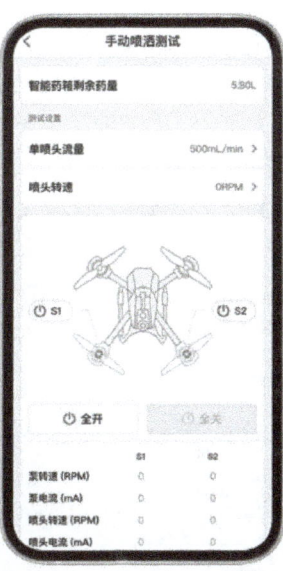

图 3-43　喷洒测试

3）蠕动泵校准。蠕动泵校准步骤如下：在药箱中加入 2.5~3L 的清水→打开"极飞农服"APP→进入无人飞机设备主界面→点击【详情】→点击【设备状态】→点击【喷洒】，进入睿喷系统界面。向下滑动页面，点击【常规校准】→分别选择 S1 和 S2 喷洒单元进行水泵喷洒量的校准，校准前需要在喷头下方放置带刻度的容器杯，喷洒结束后查看容器杯内的清水容积是否为测试指定值。具体操作界面如图 3-44 所示。

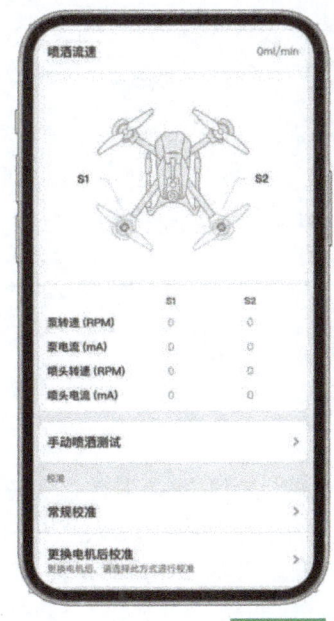 

图 3-44　蠕动泵校准

3.4.2 设备使用与作业

1. 遥控器介绍

使用单手遥控器操作无人飞机前,需熟练掌握各按键的功能和基本操作要领。单手控遥控器的结构及各按键的功能如图 3-45 所示。

极飞 P40 设备使用与作业

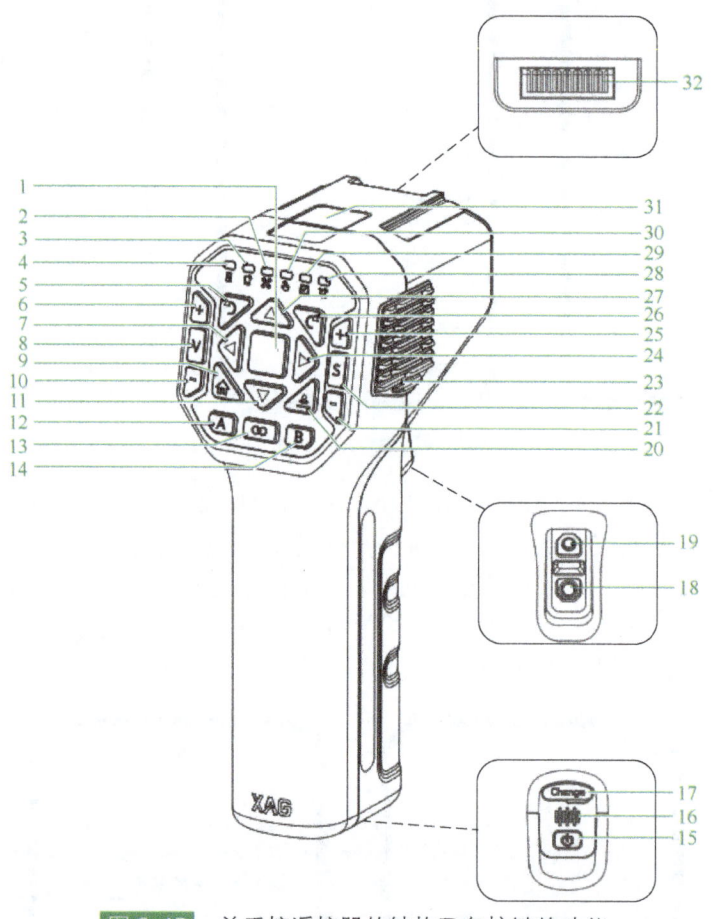

图 3-45 单手控遥控器的结构及各按键的功能

1—悬停键 2—无人飞机连接灯 3—设备连接灯 4—电源灯 5—左旋转 6—速度 + 7—向左 8—速度播报 9—返航 10—速度 11—后退 12—A 键 13—智能键 14—B 键 15—电源键 16—蜂鸣器 17—充电接口 18—高度下降 19—高度上升 20—仿地开关 21—喷洒量 - / 播撒量 - 22—喷洒 / 播撒开关 23—散热鳍 24—向右 25—喷洒量 + / 播撒量 + 26—右旋转 27—向前 28—RTK 状态灯 29—自定义灯 30—控制状态灯 31—SIM 卡槽 32—RTK 模块接口

2. 操控方法

(1)起飞 / 降落 同时长按【高度上升】和【高度下降】控制键 3s(蜂鸣器"嘀嘀嘀、嘀~"响),无人飞机会自动起飞到 2.5m 的高度悬停;无人飞机在飞行过程中,同时长按【高度上升】和【高度下降】控制键(开始降落"嘀~",降落过程"嘀…"响)可控制无人飞机降落。操控无人飞机起飞 / 降落 / 上升 / 下降时,请确保无人飞机 10m 范围内无人。具体操作如图 3-46 所示。

图 3-46　无人飞机起飞 / 降落

（2）上升 / 下降　按住【高度上升】键（蜂鸣器"嘀"响），无人飞机上升，松开按键无人飞机悬停；按住【高度下降】键（蜂鸣器"嘀"响），无人飞机下降，松开按键无人飞机悬停。按住高度下降键时，无人飞机降到离地面 1m 左右高度后，将无法继续降落。具体操作如图 3-47 所示。

图 3-47　无人飞机上升 / 下降

（3）俯仰 / 横滚　短按【向前 / 向后】键（蜂鸣器"嘀"响）控制无人飞机俯 / 仰飞行，长按向前 / 向后键（蜂鸣器"嘀…"响）控制无人飞机持续俯 / 仰飞行，松开按键无人飞机悬停；短按【向左 / 向右】键（蜂鸣器"嘀"响）控制无人飞机横滚飞行，长按向左 / 向右键（蜂鸣器"嘀…"响）控制无人飞机持续横滚飞行，松开按键无人飞机悬停。具体操作如图 3-48 所示。

（4）航向控制　短按【左旋转】键（蜂鸣器"嘀"响）控制无人飞机向左旋转，松开按键无人飞机悬停；短按【右旋转】键（蜂鸣器"嘀"响）控制无人飞机向右旋转，松开按键无人飞机悬停。具体操作如图 3-49 所示。

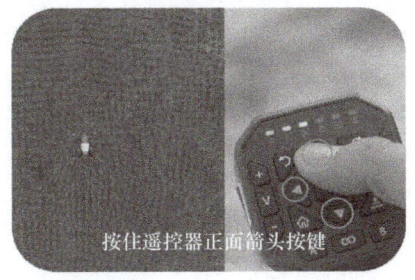
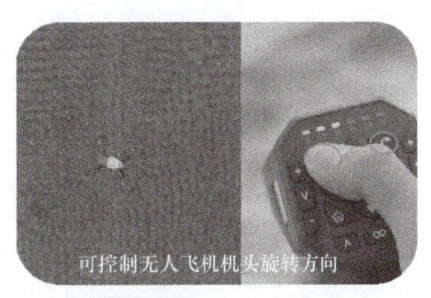

图 3-48　无人飞机俯仰 / 横滚　　　　　　　　图 3-49　无人飞机旋转

（5）返航　长按【返航】键（蜂鸣器"嘀嘀"响），无人飞机自动返航到返航点。操控 ACS2 控制无人飞机返航时，请确保无人飞机返航路线内下方无人。

（6）悬停/自主飞行　短按【悬停】键（蜂鸣器"嘀"响），无人飞机执行悬停指令；长按【悬停】键（蜂鸣器"嘀嘀"响），此时无人飞机退出遥控模式进入自主飞行状态。若无人飞机在执行"自主飞行"，可单按任意执行控制按键切换"手控模式"。若无人飞机在自主航线中被 ACS2 接管而进入"手控模式"，可长按【悬停】键返回"自主飞行"，返回"自主飞行"后，无人飞机自动继续执行航线。

（7）速度控制　短按【速度+】（蜂鸣器"嘀"响）提高无人飞机的飞行速度；短按【速度-】（蜂鸣器"嘀"响）降低无人飞机的飞行速度；短按【速度播报】键（V）播报当前速度。无人飞机飞行速度为 0.5~6m/s，每按一次【速度+】/【速度-】按键，无人飞机加速/减速 0.5m/s。

（8）喷洒/播撒控制　短按【增加或减少喷洒量/播撒量】按键（蜂鸣器"嘀"响），可增加或减少喷洒量/播撒量；短按【S】键（蜂鸣器"嘀"响）打开或关闭喷洒/播撒模式。悬停状态无法喷洒/播撒。

（9）仿地开关　长按【仿地开关】键（蜂鸣器"嘀"响）可切换 GNSS 定高（关闭仿地）/仿地定高（打开仿地）。

3. 测绘方法

（1）安装 RTK 模块　将 RTK 差分定位模块插入 ACS2 顶部（蜂鸣器"嘀嘀"响），表示定位模块已成功插入。在 ACS2 接入差分定位模块后，ACS2 即可辅助人工对地块进行测绘工作。

（2）测绘步骤　ACS2 安装 RTK 差分定位模块成功后，按照以下步骤对需要作业的地块进行测绘工作：

1）打开"极飞农服"APP，在地块界面点击右上角的⊕，选择【新建地块】。

2）选择待测绘的单手控。

3）长按 ACS2 单手遥控器上的【∞】按键 3s，进入测绘模式（蜂鸣器"嘀嘀"响）。

4）手持 ACS2 移动至需要标记的地块边界，单击 ACS2 上的【A】按键即可记录地块的边界点，连续记录完所有边界点后，点击【起始记录点】，系统将自动生成地块。

5）选择【障碍物】/【禁喷区】，手持单手控围绕障碍物/禁喷区，单击 ACS2【A】按键，可记录障碍物/禁喷区的边界点。

6）点击 ACS2【B】按键可撤销上一个边界点，点击地图可直接在地图上记录边界点。

7）作业区域绘制完成后，点击右上角的【确定】。

8）完善地块信息，点击【完成】保存地块。

上述操作步骤中，第 1、2、4、8 步的操作界面，如图 3-50 所示。

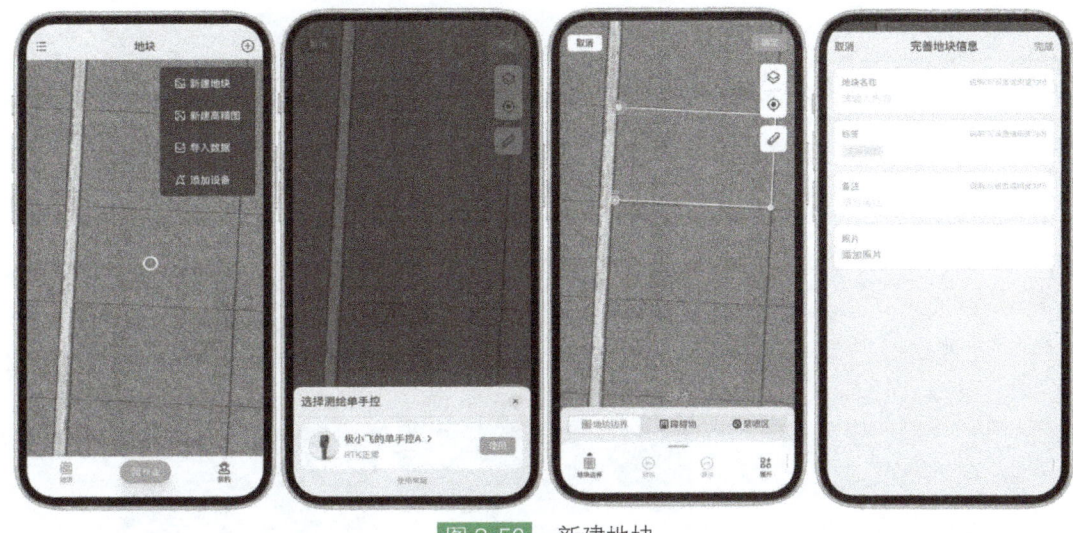

图 3-50 新建地块

4. 航线规划自主作业

地块测绘工作完成后,需要先对地块进行作业航线的规划,然后选择无人飞机设备进行全自主作业。具体操作流程如下。

(1) 航线规划　对无人飞机的作业航线进行规划的步骤如下。

1) 打开"极飞农服"APP,在地块列表中选定前期规划好的作业地块。

2) 点击【管理地块】,选择下方【航线】模块,点击右上角的【⊕】新建航线。

3) 选择航线类型【往返航线】。

4) 设置航线方向、航线间距、边界安全距离、障碍物安全距离等参数。

5) 点击右上角【完成】,对航线命名。

6) 保存航线并退出航线规划界面。

上述航线规划的操作步骤如图 3-51 和图 3-52 所示。

(2) 自主作业　起动无人飞机,自主完成作业任务,其具体操作步骤如下。

1) 打开极飞 P40 植保无人飞机,并连接好遥控器和手机"极飞农服"APP。

2) 在"极飞农服"APP 中选择【执行作业】功能。

3) 在执行作业界面中选定要作业的 P40 植保无人飞机设备。

4) 选择前期规划并保存好的航线。

5) 在【航线设置】中设定好相应的飞行参数,如飞行速度、飞行高度等。

6) 在【喷洒设置】中设定好相应的作业参数,如喷洒量、雾化等级等。

7) 点击【按住启动开始作业】按钮不要松开,进行航线上传自检。

8) 航线自检完成后,极飞 P40 植保无人飞机自动起飞,按照规划的航线开始作业。

9) 在作业过程中,可以通过实地观察或手机 APP 摄像头监控画面对无人飞机进行实时监控,随时调整无人飞机的位置和姿态,以确保作业的顺利进行。

10) 无人飞机完成作业任务后,会自动返航并降落。

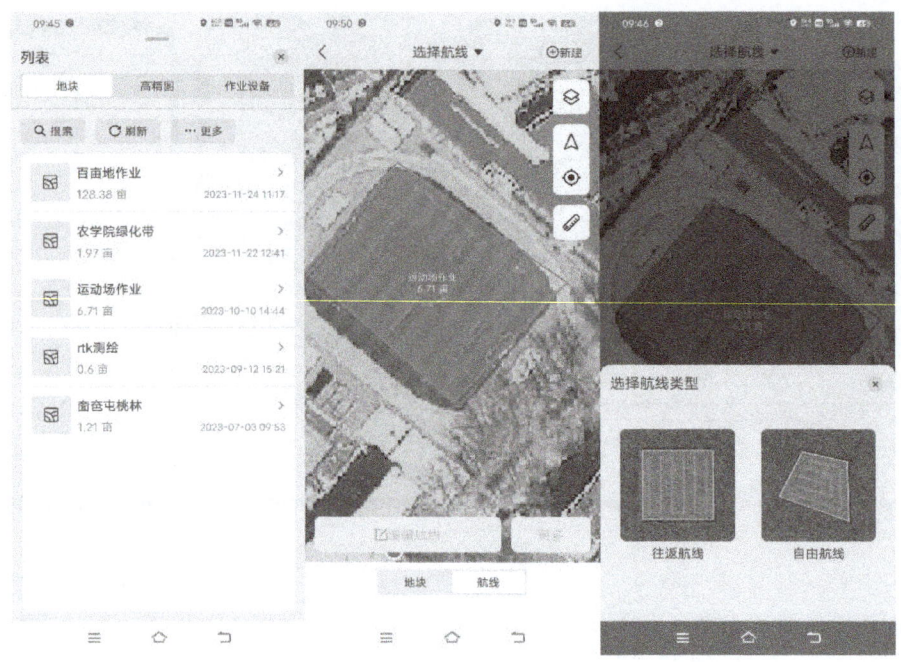

图 3-51　航线规划流程第 1~3 步

图 3-52　航线规划流程第 4~6 步

11）作业完成后，检查无人飞机的作业成果，并进行必要的调整和补喷。

以上是极飞 P40 植保无人飞机航线规划和自主作业的具体操作流程和步骤，部分操作步骤如图 3-53 和图 3-54 所示。需要注意的是，在进行航线规划和自主作业前，需要对无人飞机进行充分的了解和熟悉，以确保安全和顺利地完成作业任务。

模块三　植保无人飞机作业

图 3-53　自主作业操作第 2~4 步

图 3-54　自主作业操作第 5~7 步

3.4.3 设备安全与维护

1. 安全检查

（1）无人飞机外观检查　作业前的无人飞机外观检查是良好作业质量的保障，需做好前期的各项检查工作，确保飞行安全。具体操作步骤和检查项目如下。

1）检查机身整体结构是否稳固，否则在作业过程中会因振动过大而导致炸机。

2）检查桨叶是否装反，否则无人飞机无法起飞，且会在地面一直旋转而导致炸机，或造成人员伤害。

3）检查桨叶有无松脱、裂纹，否则作业过程中由于桨叶高速旋转会导致射桨、断桨，出现炸机。

4）检查电动机有无异响，否则在作业过程中高速运转，会导致漆包线发黑，导致电动机故障。

5）保持无人飞机的镜头与雷达干净无遮挡，否则影响雷达探测，引发安全事故。

6）每隔 15 天进行一次线路检查，避免因长时间作业出现的振动，导致线路松脱或被药液腐蚀。

（2）系统检查　除了作业前需要对无人飞机的外观进行检查外，还要在"极飞农服"APP 内对软件系统进行检查，特别注意以下三点。

1）确保固件升级到最新版本，提升设备操作的稳定性。

2）进行怠速测试，确认电动机转向正常且无异响，注意电流不超过 4A，转速差不超过 100r/min，确保电动机正常运作。

3）检查定位系统，确保 RTK 各信号正常，否则会导致无人飞机作业时无法起飞或失控。

（3）人员安全　作业前，要确保操作人员状态良好，且具备操作资质和经验。具体要求如下。

1）首次操作极飞 P40 植保无人飞机，必须获取"农业无人飞机操作许可证"，若飞行技术不熟练，须在有经验的操控员的陪同下作业。

2）必须在身体状况良好的状态下操控无人飞机，以便在紧急情况下能够快速采取有效的安全措施。

3）作业时穿戴口罩、手套等防护设备，避免长期接触农药化肥，影响身体健康。

（4）作业环境安全　开始作业前，还要确保作业周围环境的安全。具体要求如下。

1）遵循"管控区域"飞行相关规定。禁止在政府、军事基地、监狱、核电站、机场 20km 范围内的禁飞区域内飞行，否则将受到法律惩处；当作业区域属于管控区域时，应向当地相关部门备案，获得许可后，将相关证明上传至"极飞农服"APP，申请解禁后才能飞行作业；禁止在人口密集的上空飞行，否则作业时容易出现故障，导致人伤物损。

2）选择适合作业的天气。应选择在天气晴朗、风力小于 3 级的情况下作业，因为长时间在雨天作业，打灌封胶的地方防护容易失效，引发线路短路等风险，而风速过大会影响无人飞机的飞行稳定性。

3）确保起降点的周围安全。确保起降点开阔平整，否则无人飞机降落时不平稳，容易倾斜倒地造成设备损伤；确定半径 2.5m 范围内无杂物，否则起飞过程中强大的风场会把杂物卷到螺旋桨上，导致炸机；起飞或降落前，所有人员与起降点保持 10m 以上安全距离，否则高速旋转的螺旋桨产生的风场，易将沙石卷起撞击周边人员造成伤害；确保起降点上方无障碍物（如树枝、电线），否则无人飞机起飞、降落时，容易撞到障碍物出现撞击事故；起降点远离防风林、信号塔等高大建筑物，避免出现信号遮挡，影响无人飞机定位精度。

4）确保飞行作业区域的安全。作业前复查飞行区域内的障碍物，确保航线（飞行）安全；确认操作区域处于下风区，避免喷洒作业时药物往自身方向漂移；作业前应做好飞行区、药剂配置区、充电区等功能区域划分及安全管理；作业过程中，对作业区域进行清场，严禁出现无关人员及干扰作业安全的设备；操控无人飞机时需保持高度专注状态，禁止无关人员打扰操控员作业；确保飞行区域内没有大于仿地高度的陡坡。

(5) 飞行参数设置　设置飞行参数时，需要根据障碍物高度、风速大小来合理评估飞行的高度和速度；当风力为 2~3 级，并且初次飞行复杂地块时，需适当下调飞行速度；当作物生长高低不平，或者地势高低起伏难以判断时，建议开启仿地飞行。

(6) 测绘安全　对地块进行测绘时，要注意以下几点，以保障作业的安全。

1）在打点时建议至少打 4 个点，必须把障碍物包裹住。
2）规划障碍物时，必须预留 1m 以上的安全距离。
3）如果有树，则与树冠垂直投影点要预留 1m 以上安全距离。
4）若有拐角必须记录，避免导致误喷或撞机等意外事故发生。
5）地块打点时，尽量把高精地图放到最大、最清晰的状态，尤其是在标注障碍物时。

(7) 充电安全　充电前保持插头清洁干燥，周围 2m 内无易燃易爆物品，现场有人值守，禁止插拔充电插头；充电过程中禁止触摸、冲洗充电电池，禁止将电池置于暴晒和空气封闭环境下充电。

2. 作业后安全处理规范

(1) 螺旋桨处理规范　完成作业后，所有人员必须在螺旋桨完全停止转动后再靠近设备，避免出现误伤。

(2) 设备清洗要求　用清水及时清洗作业设备，防止农药、肥料腐蚀设备，并妥善处理肥料袋、药罐、残留的农药，避免对环境造成污染。

(3) 转场运输规范　无人飞机进行转场运输时，要按照以下要求进行。

1）将桨叶折叠，并用桨夹固定。
2）使用安全带将无人飞机固定在车上，防止运输过程中碰损设备。
3）禁止将电池插在无人飞机上运输，防止尾插及电池出现损坏。
4）若携带燃油充电站，需要拧紧油箱盖并关闭汽油阀，使燃油超充站处于关机状态并用绳索固定。

3. 设备维护

随着植保无人飞机作业亩数的增加，需要维护保养的项目也逐渐增多。根据作业亩数不同,将维护保养分为四个保养等级,分别是每次作业完、作业面积达到3000亩、作业面积达到5000亩和作业面积达到10000亩及以上。

(1) 每次作业完的设备维护

1) 清洁机身及药箱。打开"极飞农服"APP,进入喷洒系统,点击【手动喷洒测试】,排空药箱和管道内剩余药液;装入肥皂水或皂粉水,中和残留农药,再次排空;将清水倒入药箱,点击【手动喷洒测试】,排空药箱、管路;使用水枪冲洗机身,确保清洁无污渍,并将无人飞机晾干。

极飞P系列无人飞机设备维护—上

极飞P系列无人飞机设备维护—下

2) 清洁及检查动力系统。检查螺旋桨的桨叶,如有裂纹或缺损,需更换桨叶;上下摇晃桨叶,如有晃动,需紧固螺钉或更换损坏的桨夹、桨卡。螺旋桨各部件如图3-55所示。检查电调表面,如有附着物,使用软毛刷将表面的药液及污渍刷干净。

3) 检查作业执行系统。

① 睿喷系统:睿喷系统检查重点是先看药管(图3-56),需检查药管各接口扎带,如有松动,使用扎带紧固;药管如有磨损,需缠"布基胶布"进行防护;如有龟裂、老化现象,需及时更换药管。P40机型需要目视检查药箱贴片是否有腐蚀现象(图3-57),如有需及时清理;如出现变形,断裂,需及时更换。

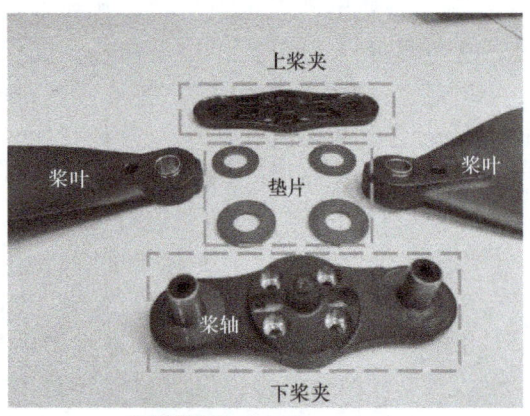
图3-55 螺旋桨各部件

图3-56 药管检查

图3-57 药箱贴片检查

② 睿播系统2.0:首先,每次撒播作业完成后,需清理料箱、绞龙、甩盘上的残留肥料,可有效防止肥料腐蚀零配件,延长睿播系统的使用寿命;其次,当日作业结束后,需要用高压水枪直接冲洗绞龙,或者放置在清水中浸泡清洁,防止肥料结块堵转或下料不准,绞龙十字凹槽需要保持干净,避免异物进入;最后,作业完成后还须用高压水枪直接冲洗播盘,防止肥料结块。

4）清洁及检查感应系统镜头。使用镜头布擦拭仿地雷达、对地视觉及 PSL 视角影像的镜头，确保干净无异物。

5）清洁及检查电池。检查电池插头，如存在异物或杂质，需使用棉签蘸上乙醇进行擦拭处理，如图 3-58 所示；检查电池外壳、尾插卡扣，如有破损或变形，则需到服务站进行更换；检查电池散热孔洞，如有沙石等杂物，需及时清理，防止磨损电芯；检查电芯，如有鼓包、漏液等情况，要及时送服务站维修；如长时间不使用，需保持电量在 40%~60%，每 3 个月需进行一次补电。

（2）作业面积达到 3000 亩的设备维护

1）检查机身。机身结构主要包括机身主梁、机臂、机臂滑块和碳框几大部分，如图 3-59 所示。具体检查项目包括：目视检查机臂滑块、脚架、主梁、碳框是否有变形，如有变形或断裂，需要及时更换；检查机身各固定螺钉是否有松动、滑扣、生锈或断裂，如有则需更换螺钉；取下机头罩，逐一检查飞控处线材是否磨损或断裂，接口是否存在故障，如有则需更换线材；检查执行系统、脚架、料箱的固定螺钉是否有松动、滑扣、生锈或断裂，如有则需更换螺钉。

图 3-58　电池插头清理

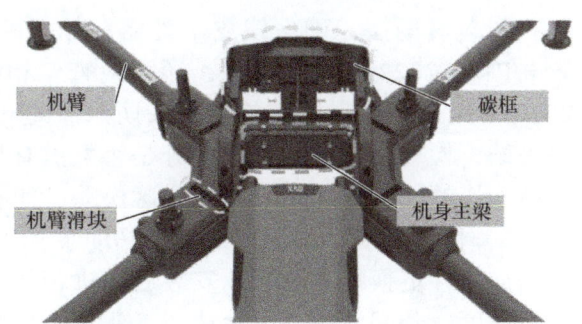

图 3-59　极飞 P40 植保无人飞机机身组成

2）检查动力系统。极飞 P40 植保无人飞机电动机如图 3-60 所示，具体检查项目包括：转动电动机，如有异响、卡滞，则使用软毛刷清理电动机漆包线上残留的异物或灰尘；目视检查电动机漆包线，如有变黑，需更换电动机；检查电动机三相线及端子，如有磨损，需用"醋酸胶布"将电动机三相线包裹两层，确保线皮不外露；如有断裂，需更换线路或端子损坏的电动机；拆下喷洒灯，检查 EV 泡棉，如有缺失需补充。

图 3-60　极飞 P40 植保无人飞机电动机

电动机底座:摇晃电动机,检查电动机底座(图3-61),如有松动需紧固螺钉;如有断裂需更换;拧下电动机底座固定螺钉,目视及触摸检查钢套(图3-62),如存在裂纹,需更换钢套、胶套、螺钉及电动机底座。

图3-61 电动机底座

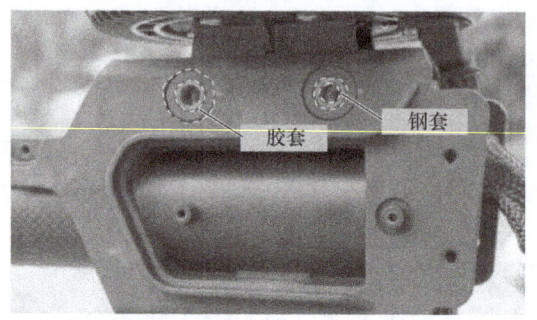

图3-62 电动机底座钢套和胶套

电调:检查电调三相线及端子(图3-63),如有磨损,需用"醋酸胶布"将电动机三相线包裹两层,确保线皮不外露;如有断裂,需更换线路或端子损坏的电动机。对V50/P100 2022款无人飞机,还需检查三相线端口螺钉,如有松动需及时拧紧。对XP 2020款无人飞机,则需检查插头防水胶是否破损、脱落,如有破损或脱落要及时联系服务站;检查电调插头金属部分是否发黑有异物,如有发黑要及时清理;检查电调板与机体连接的"减振螺钉"是否脱落松动,如有要及时紧固。

3)检查蠕动泵管。仔细观察蠕动泵管(图3-64),如有堵塞、老化或破损,需清理管内异物并更换蠕动泵管,安装后需进行校准测试;检查蠕动泵管与"同步盘"之间的润滑程度,若润滑较差可涂抹"工业凡士林"。

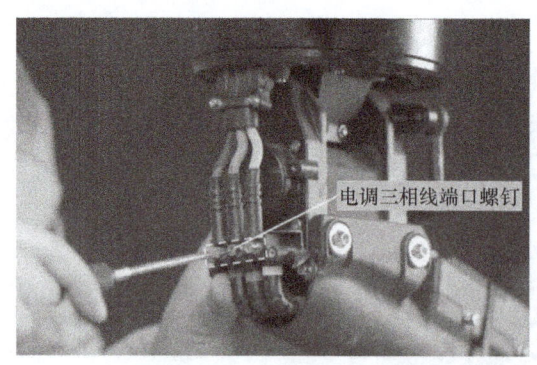

图3-63 无人飞机电调

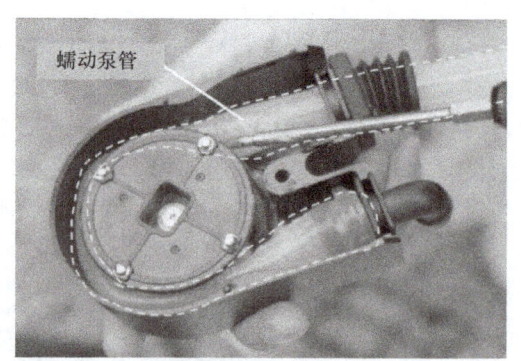

图3-64 蠕动泵管

(3)作业面积达到5000亩的设备维护

1)检查动力系统。检查桨叶垫片(图3-65),如有压溃、磨损,需及时更换;对V40/V50无人飞机还需要检查舵机摆臂和摆臂连杆(图3-66),如有松动需紧固螺钉,如有断裂需更换。

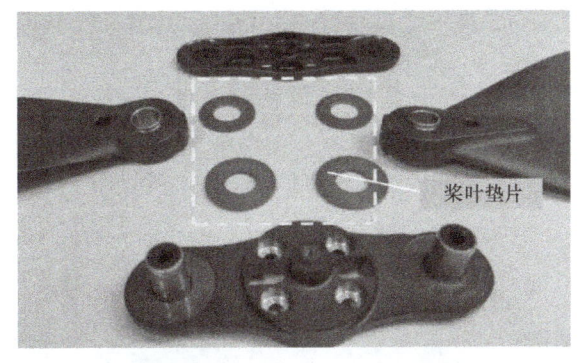

图 3-65　P40 无人飞机桨叶垫片

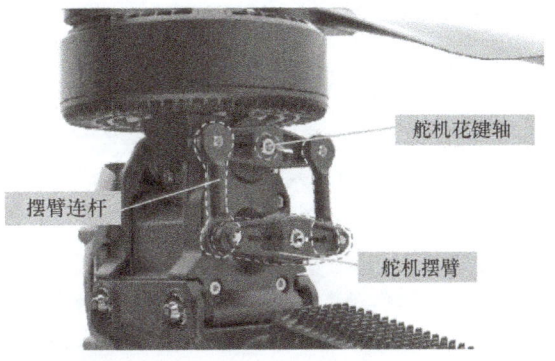

图 3-66　V40/V50 无人飞机舵机摆臂和摆臂连杆

2）检查电力系统。首先，使用棉签蘸取 75% 的乙醇，清洁尾插金属片，如有打火痕迹，需更换尾插；其次，用手晃动尾插，若没有活动余量，需拆下重新装配；最后，拆下尾插外壳，检查尾插电源线（图 3-67），如发现有破损、烧坏、断裂等现象，需及时更换。

3）检查喷播系统。拆下甩盘和绞龙并清理干净，检查是否有磨损，如果磨损大于 2mm，则需更换。

4）检查感知系统。首先，检查飞控的安装架（图 3-68），如果有松动则需拧紧固定螺钉，如有变形则需更换；其次，对于 P80/P100/V40/V50 几款机型，还需

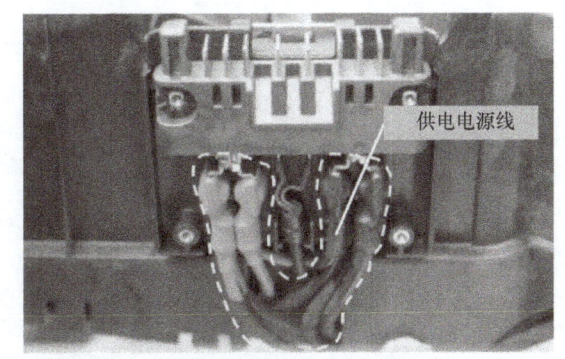

图 3-67　尾插电源线

要检查前置雷达的固定架（图 3-69），如存在变形需立即更换，更换后请确保连接线在左侧。

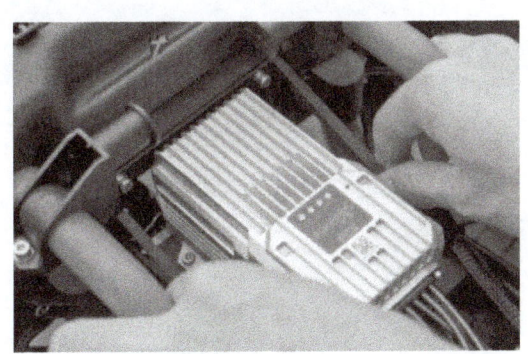

图 3-68　飞控安装架

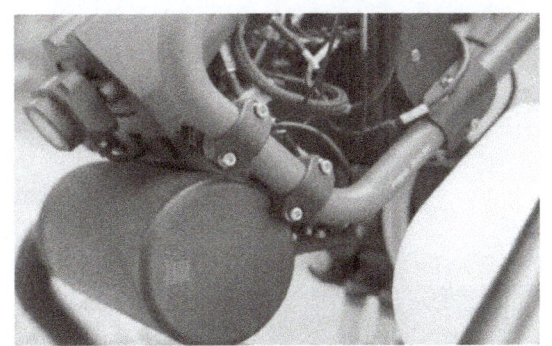

图 3-69　前置雷达固定架

（4）作业面积达到 10000 亩及以上的设备维护

1）检查机臂（图 3-70），如存在裂痕导致明显晃动，请立即到服务站更换。

2）取下机头罩，检查飞控处线材（图 3-71），如有磨损、断裂、接口故障，需更换线材。

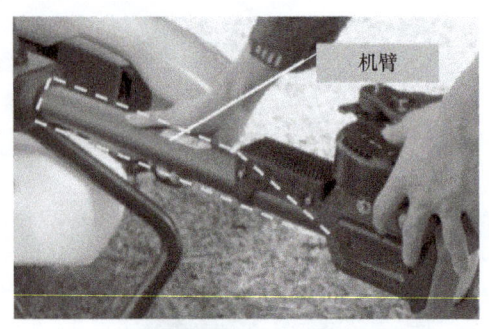

图 3-70　检查机臂

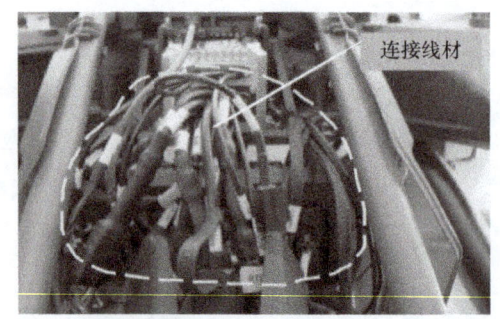

图 3-71　检查飞控处线材

3）拆开桨夹，查看桨夹、桨卡（仅限 V40/V50 无人飞机，图 3-72）及桨轴，如存在变形、断裂等情况，需更换。

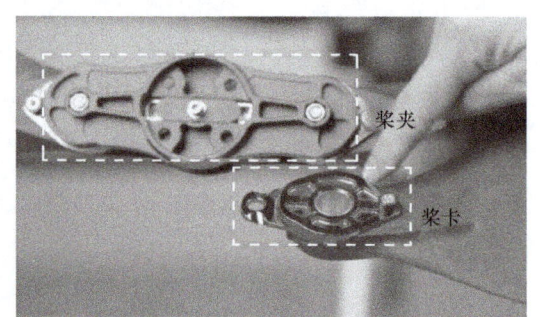

图 3-72　检查桨夹和桨卡

4）起动 V40/V50 无人飞机，手动摇晃电动机，如舵机花键轴存在虚位（图 3-66），务必到服务站处理。

5）检查喷盘，如存在断齿、破损，需及时更换。

思考与练习

一、选择题

1. 极飞 P40 植保无人飞机在安装机臂前，需要提前拆掉（　　）。（多选题）
A. 头罩　　　　　　　　　　　　B. 天线架
C. 中心舱盖　　　　　　　　　　D. 药箱固定件
2. 极飞 P40 植保无人飞机的四个电动机中，属于顺时针旋转的是（　　）。（单选题）
A. M1 和 M2　　　　　　　　　　B. M1 和 M3
C. M2 和 M4　　　　　　　　　　D. M3 和 M4
3. 使用 ACS2 单手控遥控器控制无人飞机起飞时，应（　　）。（单选题）
A. 同时长按【上升/下降】键　　　B. 同时短按【上升/下降】键
C. 长按【上升】键　　　　　　　　D. 短按【上升】键

4. 若无人飞机在自主航线中被 ACS2 接管而进入"手控模式",可通过（　　）操作,让无人飞机返回"自主飞行"模式,并自动继续执行航线。(单选题)

A. 短按【悬停】键　　　　　　　　B. 长按【悬停】键
C. 短按【∞】键　　　　　　　　　D. 长按【∞】键

5. 通过 ACS2 短按【速度＋/速度－】键,可提高/降低无人飞机的飞行速度,每按一下,速度变化（　　）。(单选题)

A. 1m/s　　　　　　　　　　　　B. 0.75m/s
C. 0.5m/s　　　　　　　　　　　D. 0.25m/s

二、简答题

1. 新购置一架极飞 P40 植保无人飞机,打开包装箱后需要清点哪些部件?
2. 极飞 P40 植保无人飞机每次作业完成后,应如何清洗机身和药箱?

学习拓展

1. 任务背景

2020 年 12 月 15 日,农业科技明星企业"极飞科技"发布了最新一代农业科技产品和应用场景,向外界分享了 2020 年度的创新成果。在 XAAC2020 年度大会上,"极飞科技"发布了 P40、P80 和 V40 等多款新型植保无人飞机。

其中 P40 2021 款植保无人飞机由于能最大限度地节省了人力与能源,满足了各种应用功能需求,被定义为植保无人飞机智能标杆。这款植保无人飞机延续了极飞以往 P 系列植保无人飞机的所有优点,如全自主飞行、离心雾化、精准喷洒、RTK 厘米级定位等,并在此基础上全新升级。得益于新一代极飞 SUPER X4 智能飞控系统超强大的运算能力,让这款植保无人飞机获得超强飞行大脑,具有 RTK 高精度定位,自动航线规划能力;搭配全新极飞睿图、睿喷和睿播等任务系统,可轻松实现全自主农田测绘,精准植保和智能播撒。用户花一架植保无人飞机的成本,可获得满足测绘、打药、施肥、播种等多种农事需求的智能农机,大大节省了购置成本。此外,借助极飞 SUPER X4 强大的算法,还让 P40 植保无人飞机能全面支持 AI 处方图作业,实现哪里需要打哪里,进一步减少农药、化肥的使用,节省农资成本。

2. 任务要求

请结合上述极飞 P40 植保无人飞机发布的背景资料,组织相关专业学生对该机型进行学习和使用,具体学习项目包括:

1) 无人飞机作业前的外观检查项目。
2) ACS2 单手控遥控器的使用。
3) "极飞农服" APP 的使用和设备连接。
4) 作业地块的测绘方法。
5) 航线规划和自主飞行。

单元五　大疆 T20 植保无人飞机作业

3.5.1　设备安装与调试

1. 开箱检查

大疆 T20 设备安装与调试

（1）开箱清单　大疆 T20 植保无人飞机（图 3-73）安装使用前，其开箱清单如下：植保无人飞机（含喷洒系统及浆托）×1、遥控器 ×1、遥控器挂带 ×1、电源适配器 ×1、遥控器智能电池（WB37）×1、智能电池充电管家 ×1、智能管家 AC 电源线 ×1、USB-C 数据线 ×1、USB 充电器 ×1、RTK 高精度定位模块 ×1、T20 智能飞行电池 ×4、四通道智能充电器（输出功率 2600W）×1、智能充电器 AC 电源线 ×1、智能充电器接地线 ×1、4G 无线上网卡（含 SIM 卡）×1、工具包 ×1、螺钉螺母及其他配件包 ×1、说明书等材料包 ×1。

图 3-73　大疆 T20 植保无人飞机

（2）主要结构部件　大疆 T20 植保无人飞机的主要结构部件示意图如图 3-74 所示。

2. 飞前准备

大疆 T20 植保无人飞机出厂时，其机体部分均已组装完毕，用户在开箱后只需按照以下步骤做好飞行前的准备工作即可：

（1）准备无人飞机

1）展开机臂 M2 和 M6，拧紧套筒。
2）依次展开机臂 M3 和 M5、M1 和 M4，拧紧套筒。
3）展开全部的螺旋桨叶。
4）安装电池，将充好电的电池插入到电池仓，听到"咔"的一声表示安装到位。

以上四步操作过程示意图如图 3-75 和图 3-76 所示。务必确保电池安装到位，插拔电池时确保电池电源闭关；如需取出电池，需先按下电池的固定卡扣，然后向上拔出电池；如需折叠机臂，需要按照先 M3 和 M5，再 M2 和 M6 的顺序，否则容易损坏机臂；折叠 M1 和 M4 时，注意轻拿轻放，以防止碰撞损伤。

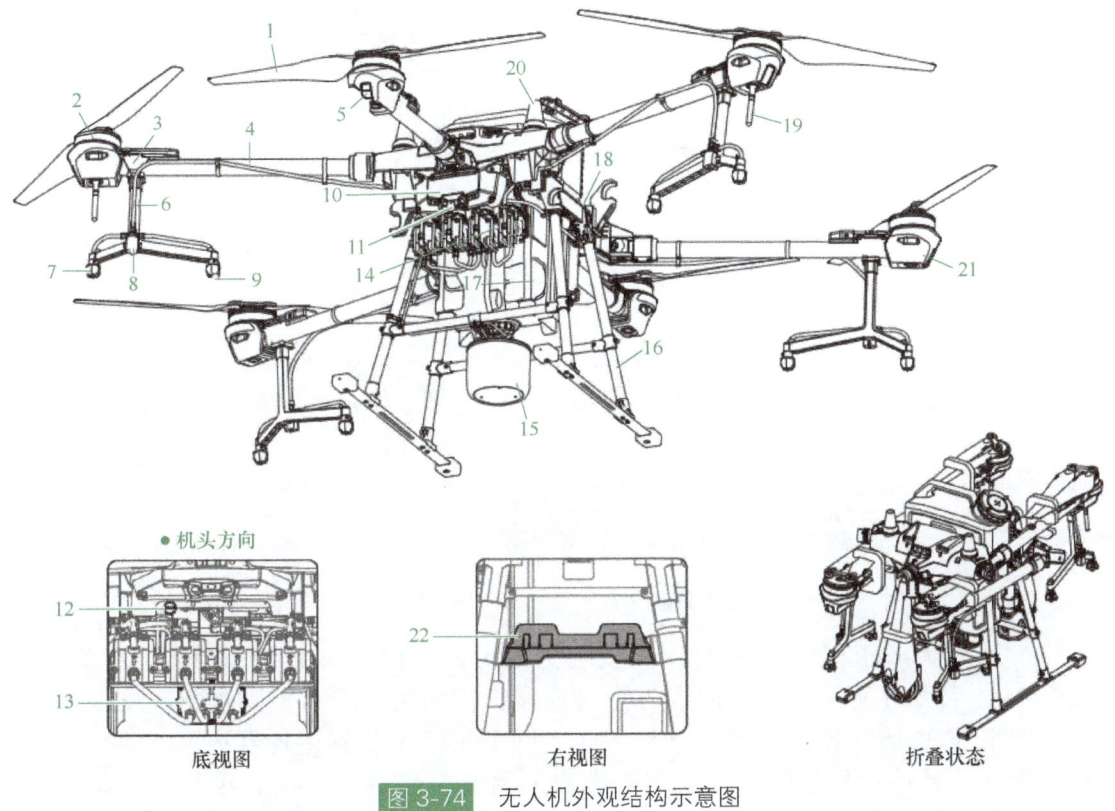

图 3-74 无人机外观结构示意图

1—螺旋桨 2—电动机 3—电调 4—机臂 5—机头指示灯（位于前方 3 个机臂上） 6—软管 7—喷头 8—电磁排气阀 9—喷嘴 10—航电系统 11—FPV 摄像头 12—USB-C 接口（位于航电系统底部，带防水盖） 13—四通道电磁流量计 14—液泵 15—全向数字雷达 16—起落架 17—作业箱 18—电池仓 19—OcuSync 天线 20—机载 D-RTK 天线 21—飞行器状态指示灯（位于后方 3 个机臂上） 22—遥控器挂钩

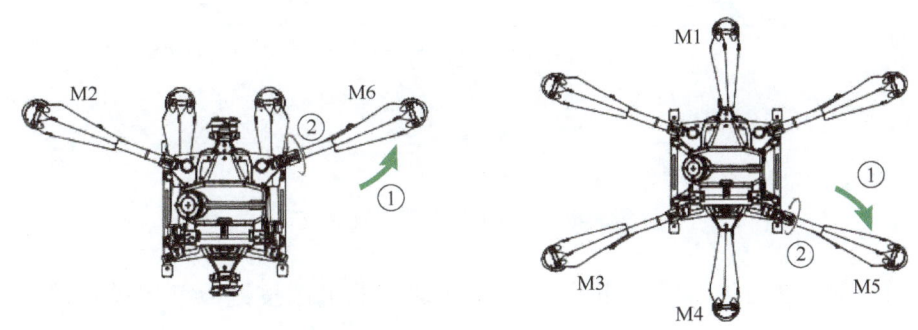

图 3-75 准备无人飞机第 1~2 步

（2）准备遥控器 准备遥控器时，安装好外置电池后方可使用。具体流程如下：按住遥控器背面的电池解锁纽扣→将智能电池装入电池仓，使电池底部与仓内标识线对齐→将电池向下推到底；如需取下电池，按住电池解锁按钮，然后向上推动智能电池将其取出。以上操作过程示意如图 3-77 所示。

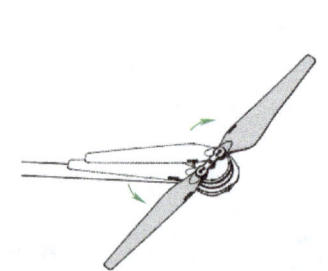
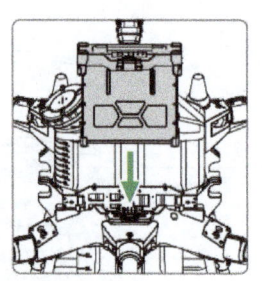

图3-76 准备无人飞机第3~4步

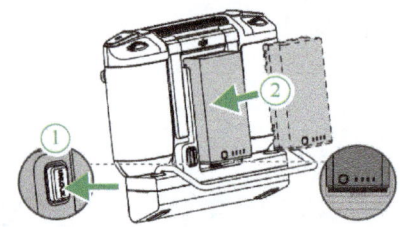
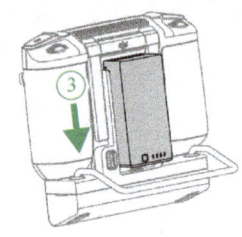

图3-77 安装外置电池操作步骤

（3）安装无线上网卡及SIM卡　安装无线上网卡时，务必使用DJI指定的网卡，再配合SIM卡方可使用。无线网卡可为遥控器提供网络连接，例如连接大疆农业管理平台、网络RTK服务器等，务必确保无线上网卡正确安装到遥控器内部，否则无法使用相关服务。具体操作步骤如下：移除无线上网卡仓盖→在无线上网卡中装入SIM卡→将无线上网卡接入仓内部的USB接口→测试确保工作正常→重新安装上网卡仓盖，确保安装稳固。其操作示意如图3-78所示。

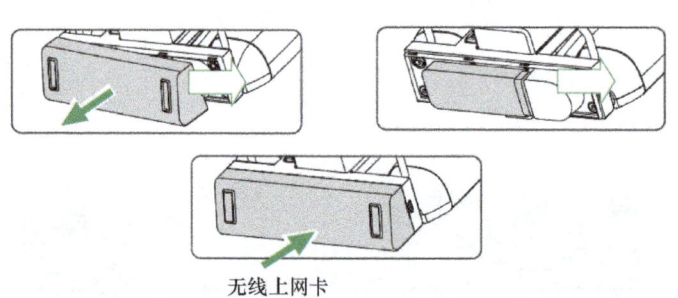

无线上网卡

图3-78 安装无线上网卡及SIM卡

安装后的测试方法如下：短按一次再长按遥控器电源按键以开启遥控器→进入"大疆农业"APP→ ⚙ →网络诊断→查看网络链路上所有的设备，若状态均显示为绿色，表示无线上网卡及SIM卡均可正常使用。

（4）安装RTK高精度定位模块　若使用RTK规划的方式进行作业区域的规划，则需要提前将RTK高精度定位模块插入遥控器的USB-A接口中，如图3-79所示。

（5）调整天线　展开遥控器天线并调整天线位置，不同的天线位置接收到的信号强度不同。当天线与遥控器背面呈80°或180°夹角，且天线平面正对飞行器时，可让遥控器与无人飞机的信号质量达到最佳状态，如图3-80所示。

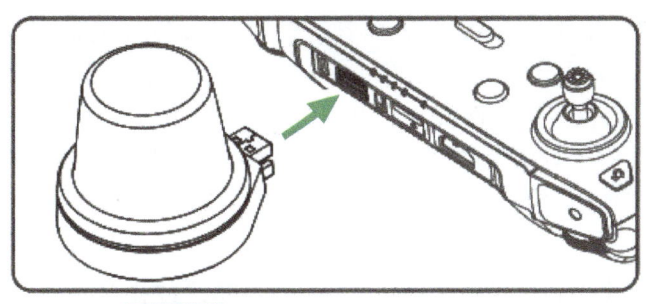

图 3-79　安装 RTK 高精度定位模块

3. 设备激活与调试

（1）遥控器对频　出厂时，遥控器与无人飞机内置的接收机已完成对频，通电后即可使用。如需更换遥控器，需要重新对频才能使用。如使用一控多机功能，需要将所有的无人飞机均与遥控器完成对频才能使用。具体操流程如下：

1）开启遥控器，运行"大疆农业"APP，然后连接无人飞机电源。

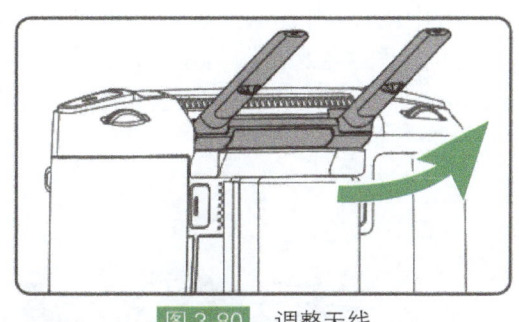

图 3-80　调整天线

2）点击"执行作业"进入界面，点击 ⚙ → 🎮，点击"单设备"或"多设备"（若使用一控多机功能或 D-RTK 2 移动站等设备），然后点击"对频"，APP 显示对话框，遥控器状态指示灯蓝灯闪烁，并且发出"嘀嘀"提示音，表示进入对频状态。

3）长按智能飞行电池的电源键 5s，无人飞机机头指示灯红绿灯交替闪烁，表示正在对频。

4）对频成功，遥控器指示灯绿灯常亮，无人飞机机头指示灯红灯快闪若干次；若对频失败，需重新进入对频状态进行对频。

5）若选择"多设备"，则反复重复上述步骤 3~步骤 4，依次完成所有设备（最多 5 架）与遥控器的对频操作，最后点击"结束对频"。

（2）设备调试　首次使用无人飞机时，要根据"大疆农业"APP 的提示，使用 DJI 账号和互联网对设备进行激活，并根据 APP 的提示对一些功能部件进行校准。

1）调试前准备。将无人飞机置于户外平整开阔地带，用户面朝机尾；确保螺旋桨安装紧固，电动机和螺旋桨清洁无异物，桨叶和机臂完全展开，机臂套筒已旋紧；确保药箱和电池安装到位；在药箱中加入液体后，拧紧盖子，确保盖子的四个凸起分别位于水平或者垂直位置，如图 3-81 所示；开启遥控器，确保"大疆农业"APP 正常运行，然后开启无人飞机。

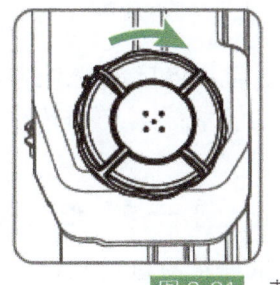 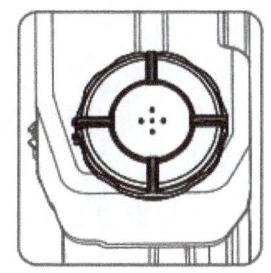

图 3-81　药箱盖子拧紧检查

2)校准指南针。指南针校准非常重要,校准结果会直接影响飞行的安全性,未校准可能会导致无人飞机工作异常。校准时请勿在有磁性物质的区域进行(如电线杆、带有钢筋的墙体等),勿随身携带铁磁物质(如钥匙、手机等)。如果校准后无人飞机状态指示灯红灯闪烁,则表示校准失败,需要重新操作。校准成功后放在地面上,若出现指南针异常,很有可能是地下有金属物,更换位置查看异常是否消除。

当 APP 提示需要校准指南针时,建议先排空药箱中的液体,然后按照以下步骤进行操作:第一步,点击 ⚙ → ✈,下滑至菜单底部,选择"高级设置"→"IMU 及指南针校准",在指南针校准部分点击"校准";第二步,使无人飞机离地约 1.2m,然后水平旋转无人飞机 360°,若 APP 显示校准成功,则校准完成;若 APP 显示无人飞机倾斜的图示,则表示上一步的水平校准失败,用户需要先倾斜无人飞机后再水平旋转无人飞机(图 3-82),倾斜角度应尽量大于 45°,从而减少水平旋转的圈数,直到 APP 显示校准成功;第三步,若校准失败,从第一步开始重新校准指南针。

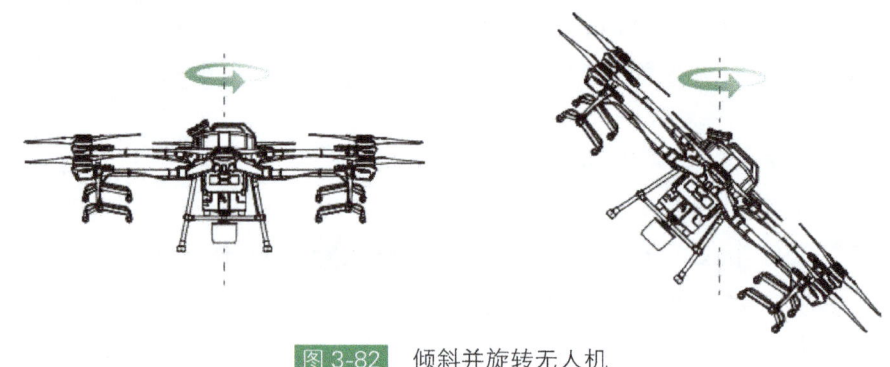

图 3-82　倾斜并旋转无人机

3)排出管道空气。大疆 T20 植保无人飞机具有一键排气功能,当需要排出管道空气时,可通过起动该功能自动开启排气,直到管道空气排尽。具体方法有两种:一是长按喷洒键 2s;二是进入作业界面,点击 ⚙ → ✈,然后点击排出管道空气右侧的"开始排空"。

4)校准流量计。首次使用无人飞机进行喷洒作业时,务必校准流量计,否则可能影响作业效果,具体操作步骤如下:第一步,在作业箱中先加入约 2L 的水;第二步,按照前文排出管道空气的操作,使用一键排气功能排出管道中的空气,也可通过短按喷洒按键功能手动开启和停止喷洒,以排出空气;第三步,在 APP 中点击"执行任务"进入作业界面,点击 ⚙ → ✈,然后点击流量计右侧的"校准"按键;第四步,系统自动进行校准,等待 25s 后,将显示校准结果,若显示校准成功,则可进行后续的喷洒作业,若显示校准失败,点击"?"查看失败原因,排除故障后重新校准,直到校准成功。

校准过程中,可点击 ⚙ → ✈,取消校准,则流量精度为此次校准前的数据。以下几种情况都需要对流量计重新进行校准:①更换不同型号的喷嘴。进入作业界面后,

点击 ⚙ → 🚿，选择喷嘴型号；②更换不同黏稠度的药液；③完成第一次作业后，出现实际作业面积与理论作业面积误差在 15% 以上，误差阈值可在 APP 中进行修改和设备。

（3）调参软件　DJI Assistant 2 for MG 调参软件（登录界面如图 3-83 所示）是大疆专门为旗下 MG 系列无人飞机准备的调参软件，通过该软件可对用户 MG 系列型号的无人飞机进行固件升级和参数调整，同时也支持 T 系列型号无人飞机产品的固件升级和参数调整。

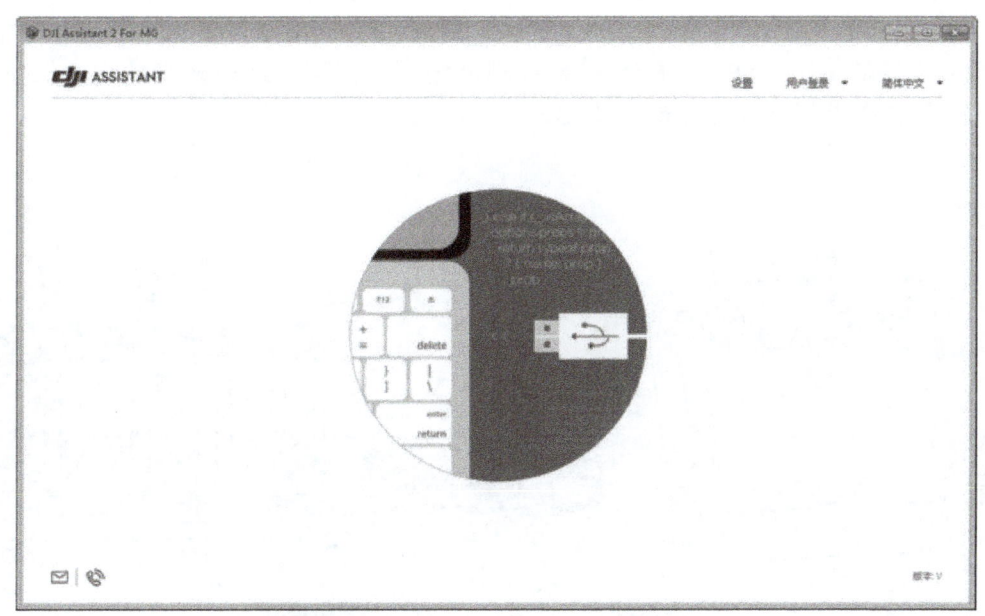

图 3-83　DJI Assistant 2 for MG 调参软件

DJI Assistant 2 for MG 调参软件具有固件升级、日志导出、视觉校准、模拟器、基本设置和工具等功能。"基本设置"功能中可以设置和调整电动机的怠速，对电动机进行测试；进入"工具"页面，可以进入 SD 卡模式拷贝飞行数据；模拟器功能可以进入软件仿真界面进行模拟飞行训练。下面重点介绍固件升级和视觉校准的操作步骤。

1）固件升级步骤。第一步，拆下无人飞机上的所有螺旋桨；第二步，用 USB-C 线将无人飞机或遥控器与电脑连接，确保电脑网络顺畅；第三步，打开 DJI Assistant 2 for MG，单击右上角用户登录，登录 DJI 账号后，选择对应的设备型号，升级前确保其电量大于 50%；第四步，单击左侧的"固件升级"，选择最新的固件版本；第五步，单击开始升级，升级过程中需要保持电脑始终连接网络，不要断开 USB-C 线或退出 DJI Assistant 2 for MG 软件；第六步，升级完成后，重启无人飞机或遥控器即可。

2）视觉校准。校准前，先确保无人飞机电池电量充足（50% 以上），使用的电脑显示器是直面屏，曲面屏不支持校准功能，检查电脑是否开启杀毒软件或电脑管家等类似程序，若有，先关闭后重新开启调参软件。准备完成后按照下列步骤进行操作：开启无人飞机电源（短按再长按无人飞机电源约 2s）→用 USB-C 线连接无人飞机和电脑→打开调参软件→单击菜单"校准",在观看"校准"动画后,单击"开始标定",此时按照软件提示操作即可→标定完成后,重启无人飞机。

3.5.2 设备使用与作业

1. 认识遥控器

使用遥控器操作无人飞机前,需熟练掌握其基本结构和各开关、按键、旋钮和接口等功能说明。大疆 T20 植保无人飞机配备的智能遥控器,采用 DJI OcuSync 2.0 图传技术,最大通信距离可达 3km,支持 Wi-Fi 及蓝牙功能,内置全新的"大疆农业"APP,配合 RTK 高精度定模块,可实现厘米级精度的作业规划,支持一控多机功能,最多可实现 5 架无人飞机同时作业。其外观结构如图 3-84 所示。

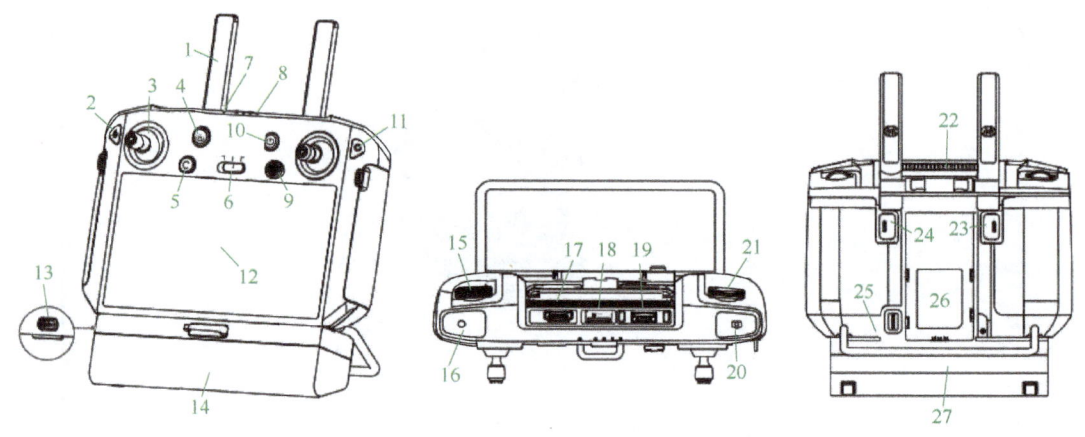

图 3-84　遥控器外观结构示意图

1—天线　2—退回按键/系统功能按键　3—遥杆　4—智能返航按键　5—C3 按键(可自定义)　6—飞行模式切换开关　7—状态指示灯　8—电量指示灯　9—五维按键(可自定义)　10—电源按键　11—确认按键　12—触摸显示屏　13—USB-C 充电接口　14—无线上网卡仓盖　15—流量调节拨轮　16—喷洒按键　17—HDMI 接口　18—micro SD 卡槽　19—USB-A 接口　20—FPV/地图切换按键　21—多机控制切换拨轮　22—出风口　23—C1 按键(可自定义)　24—C2 按键(可自定义)　25—电池解锁按钮　26—电池仓　27—提手

2. 基本操控

(1)开启/关闭遥控器　遥控器同时支持内置电池与外置智能电池的供电,可通过遥控器或外置智能电池的电量指示灯查看当前电量。开启及关闭遥控器步骤如下。

1)短按一次遥控器电源按键,检查内置电池电量。短按一次外置智能电池的电量按键检查外置电池电量。若电量不足要及时充电。

2)短按一次遥控器电源按键,然后长按 2s 以开启遥控器。

3)遥控器提示音可提示遥控器状态,遥控器状态指示灯绿灯常亮表示连接成功。

4)使用完毕后,重复第 2 步以关闭遥控器。

(2)起动/停止电动机

1)起动电动机。执行如图 3-85 所示的"内八"或"外八"掰杆动作之一可起动电动机。电动机旋转后,要马上松开遥感并尽快起飞。若不起飞,请勿执行掰杆动作令电动机旋转，否则可能导致无人飞机失衡、产生漂移甚至自动起飞，从而造成人身伤害或财产损失。

图 3-85　起动电动机

2）停止电动机。通过以下两种方式停止电动机，一是无人飞机着地后，将油门杆拉到最低的位置并保持，3s 后电动机停止；二是无人飞机着地后，将油门杆拉到最低的位置并保持，然后执行掰杆动作，电动机立即停止，停止后松开摇杆，如图 3-86 所示。

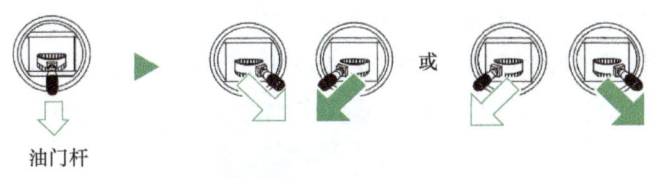

图 3-86　停止电动机

（3）飞行模式切换开关　飞行模式切换开关（图 3-87）默认锁定于 P 模式（定位模式），如需切换至 A 模式（姿态模式），需要进入 APP 作业界面，点击 ⚙ → ✈，打开"允许开启姿态模式"以解除锁定。解除锁定后，再将飞行模式开关切换到 A 档以进入 A 模式飞行，若当前飞行模式切换开关已处于 A 档，则需要将开关先切到 P 档再切回到 A 档，才可使用 A 模式飞行。即使已经解除锁定，无人飞机每次开机后仍旧默认 P 模式飞行，每次要使用 A 模式，都需要在开启无人飞机和遥控器电源后，将飞行模式切换开关如上述操作过程切换一次。

（4）智能返航按键　长按返航按键（图 3-88）至遥控器发出"嘀嘀"声，激活智能返航，无人飞机将返航至最新记录的返航点。在返航过程中，用户仍可通过遥控器控制无人飞机高度和速度。短按一次返航按键将结束返航，重新获得无人飞机控制权。

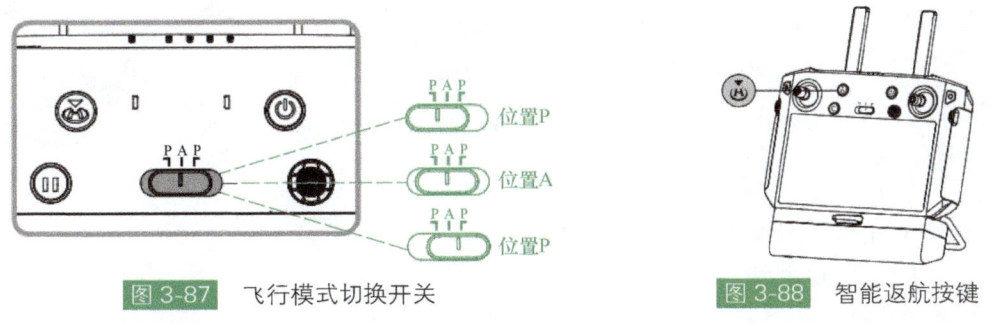

图 3-87　飞行模式切换开关　　　　图 3-88　智能返航按键

（5）遥控器的遥杆模式　遥控器的摇杆模式分为美国手（图 3-89）、日本手和中国手。下面以美国手为例，介绍其左、右两边摇杆的具体功能。

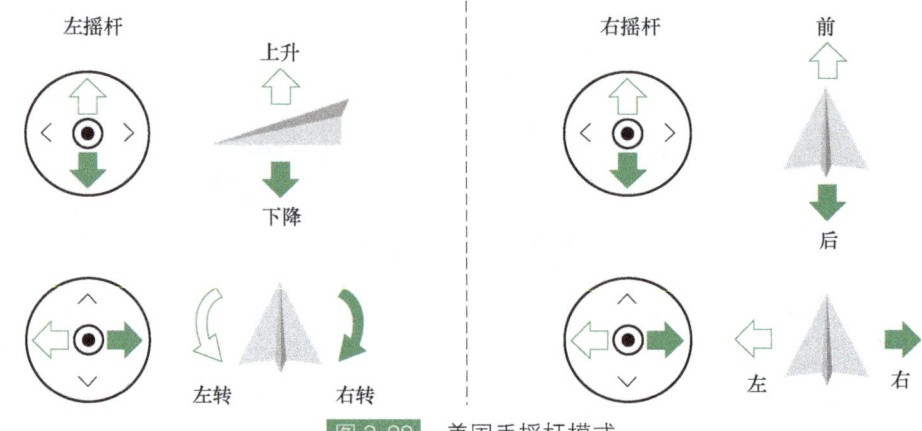

图 3-89　美国手摇杆模式

1）油门杆。油门杆（图 3-90）用于控制无人飞机的升降。往上推杆，无人飞机升高，往下拉杆，无人飞机降低。中位时无人飞机的高度不变（自动定高）。无人飞机起飞时，必须将油门往上推过中位后无人飞机才能离地起飞。

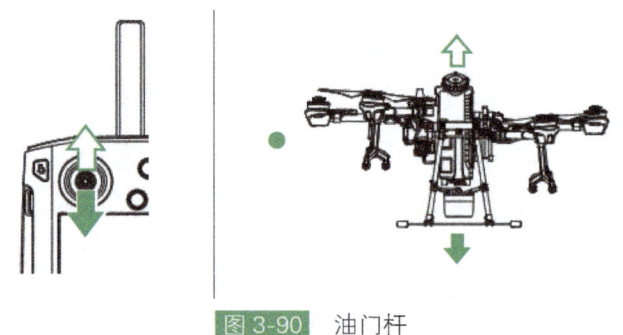

图 3-90　油门杆

2）偏航杆。偏航杆（图 3-91）用于控制无人飞机的航向。往左打杆无人飞机逆时针旋转，往右打杆无人飞机顺时针旋转。中位时旋转角速度为零，无人飞机不旋转。摇杆杆量对应无人飞机旋转的角速度，杆量越大，旋转的角速度越大。

3）俯仰杆。俯仰杆（图 3-92）用于控制无人飞机的前后飞行。往上推杆，无人飞机向前倾斜，并向前飞行；往下拉杆，无人飞机向后倾斜，并向后飞行。中位时无人飞机的前后方向保持水平。摇杆杆量对应无人飞机前后倾斜的角度，杆量越大，倾斜的角度越大，飞行的速度也越快。

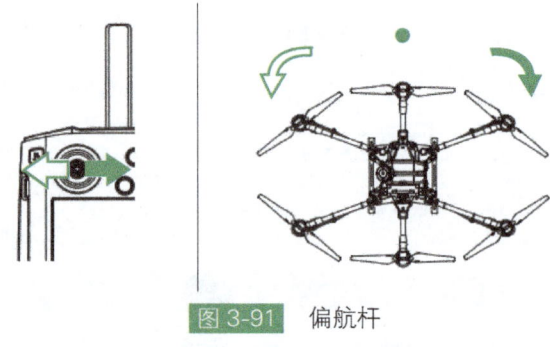

图 3-91　偏航杆

4）横滚杆。横滚杆（图 3-93）用于控制无人飞机的左右飞行。往左打杆，无人飞机向左倾斜，并向左飞行；往右打杆，无人飞机向右倾斜，并向右飞行。中位时无人飞机的左右方向保持水平。摇杆杆量对应无人飞机左右倾斜的角度，杆量越大，倾斜的角度越大，飞行的速度也越快。

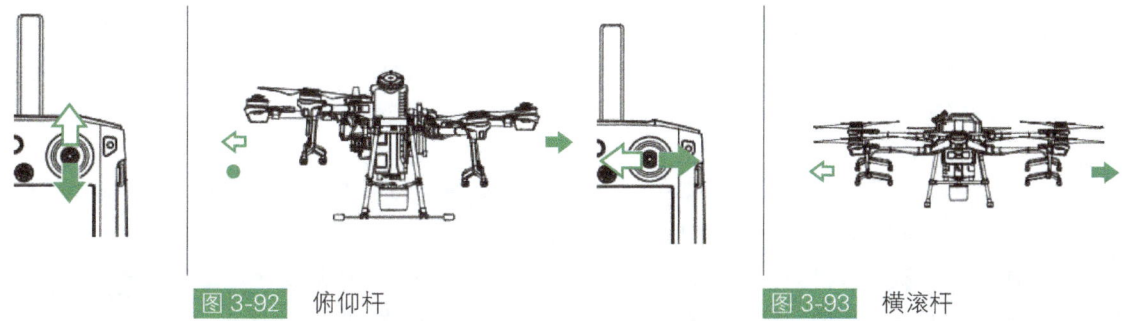

图 3-92　俯仰杆　　　　　　　　　　　图 3-93　横滚杆

（6）作业控制　用户可通过遥控器上的流量调节拨轮、喷洒按键、FPV/地图切换按键、多机控制切换拨轮、C1 按键、C2 按键远程完成作业任务。各按键所在位置如图 3-94 所示。

1）流量调节拨轮。手动作业模式下，拨动拨轮可调节农药喷洒流量。顺时针拨轮流量增大，逆时针拨轮流量减小。可通过"大疆农业"APP 查看当前具体的喷洒流量。

2）喷洒按键。在手动作业模式下，按下该键开始喷洒，再次按下改键停止喷洒。

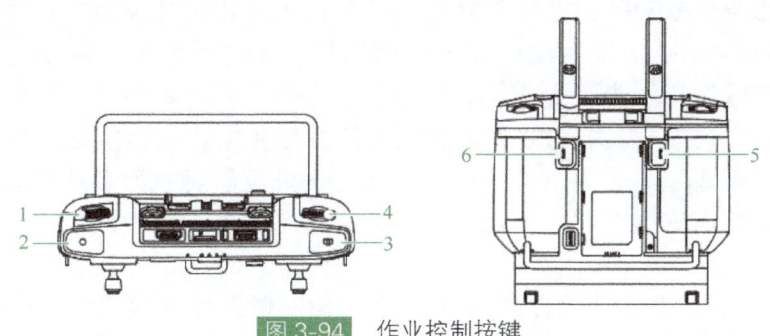

图 3-94　作业控制按键

1—流量调节拨轮　2—喷洒按键　3—FPV/地图切换按键　4—多机控制切换拨轮　5—C1 按键　6—C2 按键

3）FPV/地图切换按键。在"大疆农业"APP 作业界面，可切换 FPV 和地图的全屏显示。

4）多机控制切换拨轮。使用一控多机功能时，拨动拨轮可切换想要控制的无人飞机。

5）C1 按键。规划地块时，切换障碍物模式和航点模式，且不可自定义为其他功能。其他作业模式下，可在 APP 中自行定义，例如定义为记录 A 点，在 AB 点作业模式下，按下该按键则会记录作业路线的 A 点。

6）C2 按键。规划地块时，切换添加航点或障碍物点，且不可自定义为其他功能。其他作业模式下，可在 APP 中自行定义，例如定义为记录 B 点，在 AB 点作业模式下，按下该按键则会记录作业路线的 B 点。

（7）飞行模式

1）P 模式（定位模式）。使用 GNSS/RTK 模块以实现无人飞机精确悬停。GNSS 信号良好时，利用 GNSS 可精准定位；开启 RTK 功能，且差分数据传输正常时，可获得厘米级定位。当GNSS信号弱时，将被动进入A模式（姿态模式）。

2）A模式（姿态模式）。不使用GNSS模块定位，仅提供姿态增稳。A模式下无人飞机速度与环境因素（如风速）有关，且无人飞机容易受到外界干扰，从而在水平方向产生漂移。因此，该模式下无人飞机自身无法实现定点悬停，需要用户手动操控才能实现无人飞机悬停。使用A模式，无人飞机操控难度大大增加，需要操控员能够熟练驾驶无人飞机，使用时切勿将无人飞机飞出较远距离。

（8）作业模式　大疆T20植保无人飞机具备四种作业模式，即航线作业模式、AB点作业模式、手动作业模式和增强型手动作业模式。

1）航线作业模式。用户可通过"大疆农业"APP的智能规划系统进行农田测量、障碍物测量、航点设置等，APP将根据这些数据计算并生成最佳航线，实现作业的智能规划。规划完成后，调用作业，无人飞机将进入航线作业模式，按航线自动执行作业。无人飞机具备作业恢复的功能，并且可以使用雷达模块进行定高、避障和自动绕障。用户可在APP界面内实时调节喷洒用量、飞行速度等，该模式适用于大面积区域的作业场景。

大疆T20植保无人飞机的四种作业模式

2）AB点作业模式。AB点作业模式下，无人飞机可按照特定的路线飞行并喷洒农药，同时具备作业恢复和数据保护的功能，并且可以使用雷达模块进行定高、避障和自动绕障。用户可在APP界面内实时调节喷洒用量、飞行速度等，该模式适合在近似四边形的大面积区域进行作业。

3）手动作业模式。点击APP作业界面左侧的作业模式切换按键，选择M，无人飞机进入手动作业模式。此时用户可任意操控无人飞机至需要喷洒农药的区域，然后通过遥控器上的喷洒按键进行喷药。作业时，可以通过遥控器调节喷洒量，该模式适用于小范围作业。

4）增强型手动作业模式。点击APP作业界面左侧的作业模式切换按键，选择M+，无人飞机进入增强型手动作业模式。增强型手动作业模式下，飞控系统限制无人飞机的最大飞行速度为7m/s（可在APP中设置此值），锁定无人飞机航向为当前机头朝向。用户可以任意操控无人飞机在各个方向上飞行，但无人飞机航向不可控（可在APP中关闭M+航向锁定）。若开启雷达模块定高功能，在满足工作条件的情况下，无人飞机飞行时可保持与作物的相对高度不变。按下左右横移按键，无人飞机将自动向左或向右飞行一个作业行距。无人飞机在前后飞行方向上有速度时自动喷洒农药，左右飞行时不喷洒农药。该模式适用于在不规则形状的地块区域作业。

3. 基础飞行

1）将无人飞机置于作业区域附近的平地上，用户面朝机尾。
2）在作业箱中加入药液，拧紧盖子。
3）开启遥控器，确保"大疆农业"APP运行正常，然后开启无人飞机。
4）确保无人飞机与遥控器连接正常。
5）若使用RTK定位，确保RTK功能开关已打开，并正确选择RTK信号源（D-RTK 2移动站或网络RTK服务），进入"大疆农业"APP作业界面→⚙→RTK，开启无人飞机 RTK 定位功能,并选择相应数据源。

6)等待搜星,确保 GNSS 信号良好且 RTK 双天线测向已就绪,执行掰杆动作,起动电动机;(若等待较长时间后 APP 扔提示 RTK 双天线未就绪,请将无人飞机移至 GNSS 信号良好的开阔地带)。

7)向上推动油门杆,让无人飞机平稳起飞。

8)根据需要选择相应的模式进行作业。

9)需要下降时,确保已退出作业,可以手动操控无人飞机,缓慢下拉油门杆,使无人飞机缓慢下降于平整地面。

10)落地后,将油门杆拉到最低的位置并保持 3s 以上,直至电动机停止。

11)停机后先关闭无人飞机,再关闭遥控器。

4. 规划地块

(1)RTK 规划　RTK 规划分为 RTK 模块规划和手持 RTK 规划。RTK 模块规划使用安装至遥控器的 RTK 高精度定位模块进行测量,手持 RTK 规划使用 D-RTK 2 移动站进行测量。为了安全,使用 RTK 规划前务必确保已经关闭无人飞机电源。下面介绍 RTK 模块规划步骤(手持 RTK 规划与之类似,只需以持移动站行走代替持遥控器行走)。

1)确保 RTK 高精度定位模块已安装至遥控器。

2)开启遥控器,从屏幕顶部向下滑移,确保"USB"开关处于关闭状态。

3)进入 APP 主界面,点击"规划地块",选择"RTK 模块规划",若同时连接 RTK 模块和 D-RTK 2 移动站,则点击"规划地块",选择"RTK 规划",然后再选择"RTK 模块规划"。

4)进入 ⚙ → RTK 设置,选择 RTK 信号源,并完成相应设置,等待确保界面左上方状态栏为绿色,表示已进入 RTK 定位。

5)手持遥控器沿地块边界行走,在拐点处点击"添加航点 C2"或遥控器 C2 按键。

6)标记障碍物。若作业区域存在障碍物,可使用以下两种方式进行标记:一是在障碍物处点击界面上的"障碍物模式 C1"或遥控器 C1 按键,然后手持遥控器围绕障碍物行走,并点击"添加障碍物点 C2"或遥控器 C2 按键添加若干障碍物点,最后点击界面上的"航点模式 C1"或遥控器 C1 按键;二是在障碍物处点击界面上的"障碍物模式 C1"或遥控器 C1 按键,然后点击"圆形障碍物",地图上出现一个红色圆圈,拖拽圆心可调整障碍物位置,拖动圆周上的小红点可调整障碍物半径,最后点击界面上的"航点模式 C1"或遥控器 C1 按键。

7)继续手持遥控器沿作业区域的边界行走,并在拐点处添加航点,APP 将根据标记的区域边界及障碍物自动生成航线。

8)添加标定点。手持遥控器至标记点实际位置,点击界面上的"标定点",标定点可用于纠正定位差异引起的航线偏差,可在作业区域附近开阔地带选择一个或几个长期固定存在且易于辨识的参照物作为标定点,以便执行统一任务时进行纠偏。

（2）遥控器规划　用户需手持遥控器沿农田或障碍物的边界行走并测量，为了安全起见，使用遥控器规划时务必先关闭无人飞机电源开关。具体操作步骤如下。

1）开启遥控器，进入 APP 界面，点击"地块规划"，选择"遥控器规划"。

2）确保卫星数大于或等于 10，且定位精度在 2m 左右，其余操作与 RTK 规划类似。

（3）飞行规划　操控员操控无人飞机沿农田或障碍物的边界行走并测量，然后通过遥控器或者 APP 按键添加航点。具体操作步骤如下。

1）开启遥控器，进入 APP 界面，然后连接无人飞机电源。

2）点击"地块规划"，选择"飞行规划"，其余操作步骤与 RTK 规划类似，只需以无人飞机替代持遥控器行走的步骤即可。

（4）大疆智图规划　参考大疆智图的学习使用手册进行地块规划，然后将规划数据分享至大疆农业管理平台或存储至遥控器 micro SD 卡。大疆智图规划操作流程如下。

1）从大疆农业管理平台下载。进入"大疆农业"APP 主界面，点击 ☰，进行数据同步，然后查看平台上的数据，点击所需数据进行地块编辑。

2）从 micro SD 卡导入。确保先关闭无人飞机。将存有大疆智图规划数据的 micro SD 卡插入 T20 遥控器的卡槽，进入"大疆农业"APP 主界面，在弹出的对话框中选择规划数据，点击"导入"，然后可在 ☰ 任务管理中查看相应地块的数据，点击所需数据进行地块编辑。

5. 执行作业

1）开启遥控器，将无人飞机放置于任一标定点，然后连接无人飞机电源。

2）在"大疆农业"APP 主界面内点击"执行作业"进入作业界面。

3）点击 ☰ 图标，在"地块"标签中选择地块。

4）点击"编辑"可再次编辑航点及航线。

5）点击"调用"。

6）点击"纠正偏移"，然后点击"纠正到植保机位置"，或通过微调按键调整航线位置后点击"保持"。

7）点击"执行"，设置作业参数，然后点击"确定"。

8）起飞并执行作业。若已经手动起飞到飞行高度，则滑动滑块以执行作业；若无人飞机未起飞，则首先设置合适的自动起飞高度，然后滑动滑块以自动起飞并执行作业。

6. "大疆农业"APP

"大疆农业"APP 专为农业应用设计，可通过该 APP 实时了解无人飞机、喷洒系统的作业状态，以及已与遥控器连接的其他设备状态信息。APP 内置智能规划作业系统，用户通过系统规划地块，无人飞机可自动执行作业。

（1）主界面　进入遥控器内置的"大疆农业"APP 后，其主界面如图 3-95 所示，其中各序号图标所表示的含义和功能如下。

图 3-95 "大疆农业" APP 主界面

1)任务管理。点击 图标,可查看作业进度及已规划的地块,可将本地数据与大疆农业管理平台数据同步。

2)用户管理。点击 图标,在此查看已登录账户的用户信息。

3)无人飞机信息。点击 图标,在此查看已连接的无人飞机信息。

4)故障排查。点击 图标,在此查看各模块的故障解决办法,上传故障日志等。

5)通用设置。点击 打开通用设置菜单,可进行参数单位设置、网络诊断、Android 系统设置等。

6)扩展件连接状态。 图标显示是否连接遥控器扩展件(用于安装 4G 无线上网卡)。

7)4G 无线上网卡信号强度。若安装了 4G 无线上网卡,则显示 图标,可查看 4G 无线上网卡的信号强度。

8)外置电池电量。若安装了外置电池,则显示 图标,可查看外置电池电量。

9)内置电池电量。 图标显示遥控器内置电池的电量。

10)固件提示。 图标显示固件更新提示,点击可进入设备固件页面。

11)无人飞机连接状态。 图标显示是否连接无人飞机。

12)规划地块丨执行作业。规划地块:点击按键,然后选择规划方式,进行地块规划;执行作业:点击按键进入作业界面,可查看无人飞机状态、设置参数,在不同作业模式之间切换可执行相应的作业。

(2)作业界面 点击"执行作业"按键进入作业界面后,其软件操作界面如图 3-96 所示,其中各序号图标所表示的含义和功能如下。

1)无人飞机状态提示栏。 图标显示无人飞机的飞行模式、作业模式及各种警示信息。点击可进入无人飞机健康系统,查看及诊断各模块状态、上传模块状

注:软件中部分无人飞机称为飞行器,本书正文中统一称为无人飞机。

态日志等。

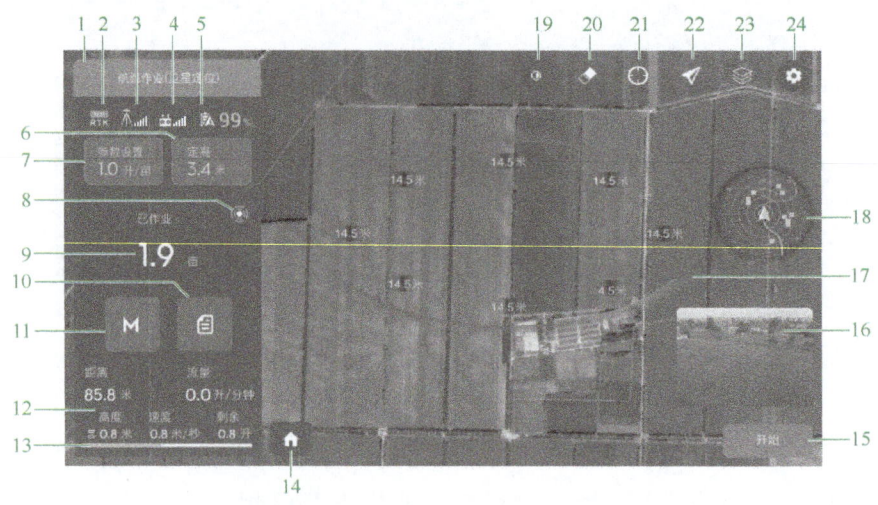

图 3-96 "大疆农业" APP 作业界面

2) RTK/GNSS 信号强度。图标表示若开启 RTK 且 RTK 正常工作，则显示此图标。右上角为获取的卫星数，上方为 RTK 状态，共有 3 种：①固定，表示差分数据解算完成，无人飞机可以使用 RTK 定位，仅在此状态下无人飞机方可起飞；②浮点，表示正在解算差分数据，需等待显示为固定；③单点，表示未获取到差分数据，需等待显示为固定。图标表示若 RTK 未工作，则显示此图标，表示当前获取的 GNSS 卫星数及信号强度。

3) RTK 连接状态。使用 RTK 数据时显示此图标。配合 D-RTK 2 移动站或网络 RTK 服务使用时的显示会有所不同。图标显示使用 D-RTK 2 移动站时的 RTK 信号强度；图标显示与 D-RTK 2 移动站的连接异常，详见 APP 提示；图标显示使用网络 RTK 服务时的 RTK 信号强度；图标显示与网络 RTK 服务器的连接异常，详见 APP 提示。

4) 遥控链路信号强度。图标显示遥控器与无人飞机之间遥控信号的强度。

5) 电池设置按键。99% 图标实时显示当前电池剩余电量。点击可设置低电量报警阈值，并查看电池信息。

6) 定高。若雷达定高功能开启，则显示已设置的无人飞机与下方物体的相对高度。点击数值可进行调节。

7) 作业参数设置。显示喷洒用量。点击数值可进入菜单调节作业参数。不同作业模式下可调节的参数有所不同，主要包括喷洒用量、飞行速度、作业行距、相对作物高度和协调转弯等。

8) 雷达工作模式。显示当前雷达工作模式，点击可进行选择。图标显示避障雷达，开启雷达模块障碍物检测功能；图标显示扫边雷达，雷达模块检测障碍物时探测角度会变窄，适用于扫边等场景，例如：地块边界有防护物时，开启扫边雷达，则无人飞机在距离防护物较近时仍可继续飞行以确保喷洒可以覆盖到边界附近的作物，而不会立即进入避障模式；◎图标显示关闭雷达，关闭雷达模块障碍物检测功能，但不会关闭定高功能。

9）面积。显示与作业区域相关的面积数值，具体有以下几种：①地块面积，为航线作业规划地块后，显示所规划地块的总面积；②规划面积，为航线作业规划地块后，显示所生成航线的实际面积，存在以下公式：规划面积 = 地块面积 − 障碍物面积 − 内缩面积；③障碍物面积，为航线作业规划地块时，显示所添加的障碍物面积；④内缩面积：为航线作业规划地块时，若设置了内缩距离，则显示内缩区域所占的面积；⑤已作业面积，显示已喷洒区域的面积。

10）作业列表。❏ 图标显示作业列表，作业模式选为 M 时，显示此图标。点击可查看已规划的地块及进行中的作业，并调用作业。

11）作业模式切换按键。点击 M/M⁺/AB 图标可在手动作业模式（M）、增强型手动作业模式（M+）及 AB 点作业模式（AB）之间进行切换。

12）飞行状态参数：①距离，无人飞机与返航点水平方向的距离；②流量，喷洒流量；③高度，若雷达定高功能开启，则实时显示无人飞机与下方物体的相对高度，否则显示无人飞机与起飞点相对高度；④速度，无人飞机的飞行速度；⑤剩余，作业箱剩余药量。

13）药量提示。若当前作业箱剩余药量充足，则进度条显示为绿色满格。当剩余药量接近用户所设无药告警值时，进度条绿色将逐渐减少，直至达到无药告警值时将显示灰色。

14）主界面。⌂ 图标，轻触此按键，返回主界面。

15）作业控制按键。显示不同阶段控制作业的按键，主要包括作业区域测量、调用、开始、暂停或结束作业等。

16）FPV 摄像头画面。显示 FPV 摄像头实时画面，点击可与地图切换全屏显示。

17）障碍物提示。若开启雷达模块避障功能，则显示检测到的障碍物信息。水平全向范围内的障碍物信息以环形排列显示在屏幕上。红色指示近处障碍物，黄色指示远处障碍物，数值表示最近处的障碍物与无人飞机的相对距离。

18）自动绕障功能障碍物雷达图。航线作业或 AB 点作业过程中，若开启自动绕障功能，当检测到障碍物时，将显示附近障碍物及自动绕障功能所规划的飞行路径。

19）FPV 模式切换。点击可切换 FPV 显示模式。选择夜间模式将增强画面显示，选择白天模式将正常显示。

20）清屏。点击 ◆ 图标可清除地图上已显示的飞行轨迹。

21）定位。点击 ⊙ 图标可使当前地图显示以当前无人飞机位置或最近记录的返航点位置为中心。

22）跟随定位。点击可切换地图显示是否跟随无人飞机位置。➤ 图标显示当前地图始终跟随无人飞机位置，以当前无人飞机位置为中心；➤ 图标显示当前地图不跟随无人飞机位置，地图画面保持不变。

23）地图模式。点击 ⊗ 图标可切换地图模式为标准、卫星或夜晚。

24）更多设置。点击 ✿ 打开设置菜单，可设置无人飞机各部分及遥控器相关参数。✈ 图标为无人飞机设置，主要包括药量喷完行为、无人飞机失联后继续作业、失联后行为、航线作业完成行为、返航位置、返航高度、照明灯亮度、M+ 锁定航向、允许开启姿态模式、飞行高度和飞行距离限制及高级设置；🚿 图标为喷洒系统设置，主要包括喷洒系统数据开关、排出管道空气、设置当前药箱药量、无药告警阈值、显示换药点开关、流量计误差提醒值、校准水泵流量、校准流量计、喷嘴型号、恢复流量计出厂设置；🎮 图标为遥控器设置，主要包括遥控器对频、已配对设备列表、校准遥控器、摇杆模式、自定义按钮及设置遥控器编号；📡 图标为雷达设置，主要包括定高功能、避障功能、扫边雷达模式、自动绕障、作业地形（平地、山地）、障碍物显示方式；RTK 图标为 RTK 设置，主要包括无人飞机 RTK 定位开关、RTK 信号源及对应的参数设置与显示；HD 图标为图传设置，主要包括信道模式、扫频图；🔋 图标为智能电池设置，主要包括低电量报警阈值及查看电池信息；••• 图标为通用设置，主要包括地图设置、飞行轨迹显示及 FPV 设置。

3.5.3 设备安全与保养

1. 安全检查

（1）**飞行条件要求**　请在天气以及环境条件良好的情况下飞行和作业。为避免可能的伤害和损失，务必遵守以下各项。

1）恶劣天气下请勿飞行，如大风（风速 8m/s 及以上）、大雨（12 小时降雨量 25mm 及以上）、下雪、有雾天气等。

2）为避免人身财产损害及保证喷洒效果，请在 5 m/s 以下风速环境进行喷洒作业。

3）飞行时，请保持在视线范围内控制，使无人飞机时刻与障碍物、人群、水面等物体保持至少 10m 以上的距离。

4）建议作业高度在海拔 2km 以下。海拔在 2km 以上时，由于环境因素导致无人飞机电池及动力系统性能下降，飞行性能将会受到影响，请谨慎飞行，3km 以上切勿飞行。

5）作业高度在海平面以上，每升高 1km 时，作业箱载重应减小 2kg，并谨慎飞行。

6）请勿在室内操作无人飞机。

7）在遭遇碰撞、倾覆等事故后，或火灾、爆炸、雷击、暴风、龙卷风、暴雨、洪水、地震、沙暴等灾害时不得使用无人飞机。

8）在低温（0～10℃）环境下，请确保飞行电池电量充满并减小无人飞机载重，否则可能影响飞行安全或出现限制起飞的情况。

（2）**飞行前检查项目**　无人机飞行作业前，需要按照以下步骤进行检查。

1）仅使用 DJI 正品部件并保证所有部件工作状态良好。

2）确保遥控器及无人飞机电池电量充足。若使用遥控器外置智能电池，仍需确保内置电池具有一定的电量，否则遥控器将无法开机。

3）确保所有螺旋桨皆无破损、老化，表面清洁无异物，并正确安装至电动机上。

大疆 T20 设备安全与保养

4）检查机臂折叠处的松紧度，调整至合适。
5）确保桨叶和机臂完全展开，机臂套筒已旋紧。
6）确保电动机安装紧固且能够正常起动。
7）确保起落架、作业箱和飞行电池安装紧固。
8）确保所有部件安装紧固，所有连线正确牢固。
9）确保 D-RTKTM 天线、OCUSYNCTM 天线表面清洁无遮挡。
10）确保固件及"大疆农业"APP 已经更新至最新版本。
11）确保飞行场所处于飞行限制区域之外，且飞行场所适合飞行。
12）操控员应确保自己不在醉酒、药物影响下操控无人飞机。
13）熟悉了解每种飞行模式，熟悉失控返航模式下无人飞机的行为。
14）操控员应自行了解当地有关无人飞机的法律法规，如有必要，操控员需自行向有关部门申请授权使用无人飞机。
15）确保"大疆农业"APP 已运行以协助飞行。

（3）安全飞行要求　为避免可能的伤害和损失，务必遵守以下注意事项。
1）操控员不得在饮酒、吸毒、药物麻醉、头晕、乏力、恶心及其他身体状态不佳或精神状况不佳的情况下操控本产品。
2）除非发生特殊情况（如无人飞机可能撞向人群），否则禁止在飞行过程中停止电动机。
3）降落后务必先关闭无人飞机，然后再关闭遥控器。
4）禁止使用无人飞机向建筑物、人群或动物投掷、发射任何危险物体。

2. 产品保养

（1）运输与存储　为避免可能的伤害和损失，务必遵守以下注意事项。
1）由于线材和小零件可能会对儿童造成危险，所以务必让儿童远离无人飞机的部件。
2）运输前，务必从无人飞机上取下电池。
3）若需要长期存放或长途运输，则需要从无人飞机上取下作业箱或清空作业箱，并将无人飞机存储于阴凉干燥处。

（2）维护　为避免可能的伤害和损失，务必遵守以下注意事项。
1）每天作业结束后，需要对整机各部件进行清洗：①使用清水或肥皂水注满作业箱，并完全喷出，如此反复清洗三次；②将作业箱及作业箱接口拆下进行清洁，将作业箱滤网及喷嘴拆出后进行清洁，确保无堵塞，然后在清水中浸泡 12 小时；③建议使用喷雾水枪冲洗机身，然后用软刷或湿布清洁机身，再用干布抹干水渍；④若电动机、桨叶表面有沙尘、药液附着，建议用湿布清洁表面，再用干布抹干水渍；⑤将无人飞机存放于干燥处。
2）每天作业结束后，使用干净的湿布（拧干水分）擦拭遥控器表面及显示屏。
3）每飞行 20h 或 100 个起落，需要检查以下项目：①检查螺旋桨有无裂纹，如有裂纹需更换新桨；②检查螺旋桨是否松动，如有松动需更换新桨及垫片；③检查塑料部件及橡胶部件是否老化；④检查喷嘴雾化情况，如出现雾化不佳应彻底清洁喷嘴或更换新喷嘴；⑤更换喷嘴滤网及作业箱滤网。

4）每飞行 50~100h（具体时间视作业环境而定），清理无人飞机上盖前方的空气过滤罩。

5）请勿擅自维修无人飞机，如有损坏，请及时联系 DJI 技术支持人员或 DJI 授权的代理商。

6）保持雷达模块的保护罩清洁，使用柔软的湿布擦拭保护罩表面，然后自然风干。

7）保持 FPV 摄像头清洁，首先清理摄像头表面的沙尘等杂物，然后使用干净柔软的布料擦拭。

8）检查无人飞机各个部件是否曾经受到强烈撞击，如有问题，要及时联系 DJI 技术支持人员或 DJI 授权的代理商。

思考与练习

一、选择题

1. 大疆 T20 植保无人飞机配套的四通道智能充电器，其输出功率为（　　）。（单选题）
   A. 1800W　　　　B. 2000W　　　　C. 2600W　　　　D. 3000W
2. 将处于折叠状态的大疆 T20 植保无人飞机的机臂依次展开，优先展开的是（　　）。（单选题）
   A. M2 和 M6　　B. M3 和 M5　　C. M1 和 M4　　D. 无优先顺序
3. 起动 T20 植保无人飞机的电动机旋转时，应（　　）。（单选题）
   A. 上推油门杆　B. 上推俯仰杆　C. 内八字往上掰杆　D. 内八字往下掰杆
4. 对 T20 植保无人飞机进行校准时，不得随身携带（　　）。（多选题）
   A. 钥匙　　　　B. 手机　　　　C. 碳素笔　　　　D. 磁卡
5. 对作业地块进行规划时，可以采用（　　）方式。（多选题）
   A. RTK 规划　　B. 遥控器规划　　C. 飞行规划　　D. 大疆智图规划

二、简答题

1. P 飞行模式和 A 飞行模式有何区别？
2. 大疆 T20 植保无人飞机每次作业 20h 或 100 个起落，需要维护哪些项目？

学习拓展

1. 任务背景

2019 年 11 月 5 日，"DJI 大疆农业 2019 新品发布会"在深圳市南山区赤湾嘿吼小镇 4H LIVE 隆重举办。发布会上，DJI 大疆农业发布了最新产品——T20 植保无人飞机。

据介绍，T20 植保无人飞机载重提升到 20L，流量达到 6L/min，有效作业喷幅达到 7m，采用左右双喷头布局，分布更均匀。同时，T20 还实现了三大行业首创，即行业首创高精度流量控制、行业首创主动阀门控制系统和行业首创全向数字雷达。整体结构方面，T20 植保无人飞机在强度上提升了 30%，降低了维修难度，保证 80% 的损坏可在半小时内完成快修。遥控方面，T20 植保无人飞机的智能遥控器 2.0 可实现 RTK 厘米级定位。电池方面，T20 植保无人飞机实现了 3.5C 极速充电，充电 15min 可作业 25 亩，新电池可保障 600 次循环。DJI 大疆农业对 T20 植保无人飞机实测结果显示，其每小时的作业效率达到 180 亩次。

2. 任务要求

请结合上述 T20 植保无人飞机的发布会背景资料，组织相关专业学生对该机型进行学习和使用，具体学习项目包括：

1）无人飞机作业前的检查项目。
2）无人飞机的基本操控。
3）"大疆农业" APP 的使用。
4）作业地块的测绘方法。
5）无人飞机作业控制。

模块四　植保无人飞机作业模拟实践

知识目标

1. 熟悉常见障碍物的类型和避障方法。
2. 了解无人飞机植保作业有关专业术语的概念和平地飞防的特点，熟悉平地无人飞机作业的航线规划和作业设计等内容。
3. 了解无人飞机定高飞行的方式和山地飞防的特点，熟悉山地无人飞机作业的地块测绘和作业设计等内容。

能力目标

1. 熟练掌握无人飞机避障飞行的相关操作技能。
2. 熟练掌握平地地形无人飞机植保作业的相关技能。
3. 熟练掌握山地地形无人飞机植保作业的相关技能。

素质目标

1. 树立科技强农、科技惠农的创新观念，树立科学植保、绿色防控的发展理念。
2. 培养分工协作的团队精神，强化集体荣誉感。

单元一　避障飞行模拟实践

4.1.1　障碍物类型及避障方法

1. 障碍物类型及影响

无人飞机在农田、山地等农业环境下作业时，总会遇到各种类型的障碍物，如电线杆、高压线塔、电线、岩石、树木、建筑物等。它们与农作物高度不一，不仅影响无人飞机的正常飞行航线，还影响操控员的视线范围，作业时需要专门针对这些障碍物进行规避处理。

避障飞行模拟实践

（1）线类障碍物及影响　随着我国电力、电信行业的发展和普及，农村各田间地头难免会出现电线、高压线、网线、电话线等电力或通信传输线路。这些线悬挂于作物周边或上方，且长度极长，一般横跨整个地块，有时呈现为"斜拉索"状态，容易发生飞行安全事故。为了保障安全作业，无人飞机操控员需要对这些障碍区域进行独立测绘，无人飞机作业航路需要规避这些区域，这大大降低了植保作业的效率。此外，高压线还对无人飞机的信号接收造成干扰，影响飞行的稳定性。图 4-1 所示为农田边缘的电力传输线，图 4-2 所示为农田上方的高压传输线。

图 4-1　电力传输线

图 4-2　高压传输线

针对线类障碍物，在规划无人飞机的飞行航线时，应尽量顺沿电线方向。对地块边缘进行测量打点时，要沿着电线下方进行多点测量，对作业地块完成区域封闭后，航线规划方向应保持与电线顺沿方向平行，并设置好适宜的内缩距离，避免无人飞机飞行航线与电线交叉造成安全事故。此外，无人飞机起飞或返航路线要尽量避开电线位置，实在无法避开时，要确保飞行高度低于或高于电线高度 2~3m。

（2）单体类障碍物及影响　针对田间地头单一或间隔存在的电线杆、高压线塔、灯塔、变电站、风力发电机和散落的树木等影响无人飞机作业安全的障碍物，可将其统称为"单体"类障碍物。此类障碍物所占空间较小，分布较为单一，对作业地块进行测绘时，需要对各障碍物所占区域进行单独测绘打点，设置为禁止飞行的障碍物区域，无人机飞经上述区域时，要进行绕飞和规避。若障碍物区域设置范围过大，或作业地块的边界安全距离设置过大，会使无人飞机的作业喷幅范围无法有效覆盖到障碍物区域的农作物上，造成漏喷现象。图 4-3 所示为农田内的单一树木，图 4-4 所示为草地上安装的风力发电机。

图 4-3　单一树木

图 4-4　风力发电机

（3）区块障碍物及影响　有些农田、草原、果园等土地边缘、近旁或内部，还存在房屋、泵房、塑料大棚、温室大棚、树林、鱼塘、水库等特殊地块，该区块一般面积较大，其地面高度与农作物高度差异明显。在对作业地块进行测绘打点时，一般需要将上述特殊地块设置为障碍物区或禁喷区，并设置合理的缓冲隔离带。当特殊地块的表面高度与无人飞机的作业高度存在重叠现象，无人飞机需要绕飞该区域时，可将该特殊地块设置为禁飞区；当特殊地块的表面高度低于无人飞机的作业高度时（如鱼塘、低矮的塑料大棚等），可将该特殊地块设置为禁喷区。图4-5所示为山脚下种植区内的塑料大棚，图4-6所示为农田旁边的房屋和鱼塘。

图4-5　塑料大棚

图4-6　房屋和鱼塘

使用无人飞机对上述区块的农作物进行植保作业时，由于药液漂移现象，极有可能对农田近旁的人群、牲畜、鱼虾、桑园等造成药害，导致人身、动物和财产等安全事故，造成各类经济损失，需要谨慎规划好无人飞机的飞行航线，并避免在大风等气象条件下作业。

2. 无人飞机自主避障技术

近年来，自主避障作为加强无人飞机安全飞行的保障技术，其发展过程日新月异。无人飞机在飞行过程中，通过传感器收集周边环境的信息，测量相对距离且做出相对应的动作指令，从而实现避障功能。目前，无人飞机常见的避障传感器包括红外传感器、超声波传感器、激光传感器、毫米波雷达传感器和视觉传感器。表4-1对无人飞机现有避障传感器的有关性能进行了比较。

无人飞机常见的传感器比较

表4-1　无人飞机不同类型传感器性能比较

传感器	性能				
	探测能力	受气候影响	夜间工作能力	温度稳定性	成本
红外传感器	一般	大	强	一般	低
超声波传感器	弱	小	强	强	低
激光传感器	强	大	强	强	高
毫米波雷达传感器	强	小	强	强	适中
视觉传感器	强	大	强	强	适中

从表4-1可知，红外传感器、超声波传感器、激光传感器、视觉传感器在探测能力、成本、抗干扰能力等方面存在着不同的缺陷，而毫米波雷达传感器价格适中、可靠性高、抗电磁干扰、全天候全天时工作能与植保无人飞机完美匹配。

在农业应用领域，具备主动避障功能的植保无人飞机，能够更加智能、有效地应对复杂的工作环境，确保无人飞机更加安全、高效地完成作业任务。目前，农业植保无人飞机实现主动避障功能的技术手段主要有两种：一是毫米波雷达传感器技术，二是双目视觉传感器技术。

（1）毫米波雷达传感器技术　毫米波雷达传感器具有灵敏度高的特点，在较远的距离就能检测到较为细小的障碍物，例如农田里的电线杆、树木等。但感知的信息有限，严格意义上说，它只是起到了识物的功能，它能探测出无人飞机距离障碍物有多远（图4-7），无法感知障碍物的详细方位。采用毫米波雷达避障的无人飞机在遇到障碍物时，往往只能在其前方保持悬停，无法智能的避开，需要人工介入，根据具体情况进行遥控接管。

图4-7　无人飞机雷达避障示意图

无人飞机上安装的毫米波雷达传感器一般通过主动向前方发射扇形的79GHz电磁波并处理回波信号，判断前方是否有障碍物，反馈障碍物与雷达的相对距离、速度、方位角等信息，引导无人飞机等雷达载体自主避开障碍物，确保其安全工作。毫米波雷达传感器的特点如下：

1）目标跟踪稳定。探测目标可以稳定跟踪在20m以上，能够引导飞机实现自主避障。

2）探测精度高。对比24GHz雷达，雷达测距分辨率提高达3倍，识别障碍物能力更强。

3）雷达波束窄。能量居中，无人飞机倾斜姿态工作时受地杂波的干扰减少，增强了低空飞行的稳定性。

4）抗干扰能力强。不受光线、天气、环境噪声的影响，不受无人飞机电磁干扰的影响。

5）体积更小巧。79GHz毫米波雷达传感器体积更小，具有更广泛的适用性，且客户能根据作业环境调整雷达的灵敏度。

（2）双目视觉传感器技术　双目视觉传感器是基于视差原理，利用两只相隔一定距离的摄像头来获取同一被测场景的两幅图像，根据三角原理计算两幅图像对应点间的像素差，从而获取场景空间的三维信息，包括摄像头与物体的距离、物体与物体之间的距离等。

例如，极飞科技新一代植保无人飞机所搭配的XCope天目视觉传感器模块（图4-8），即是基于双目视觉的一种避障技术。它通过双目视觉传感器模块感知障碍物的空间信息，并经过智能认知算法自主生成飞行控制指令，控制无人飞机悬停、绕行或继续执行航线。

天目视觉传感器系统由于具备优异的感知能力和智能的认知算法，不管在白天还是黑夜都能为无人飞机提供安全可靠的主动避障支持，无需人工干预便可自主避开障碍物继续执行任务。其原因在于天目感知光的能力比人眼更强，感知光的频谱更宽、灵敏度更高。无人飞机在夜间工作时，天目系统通过自带的近红外光源照亮飞行前方的环境，使得障碍物能够被清晰地感知，并且光源的照射会增加障碍物与周边环境的对比度，因此天目在夜晚能够感知更为细小的物体，飞行也更安全。

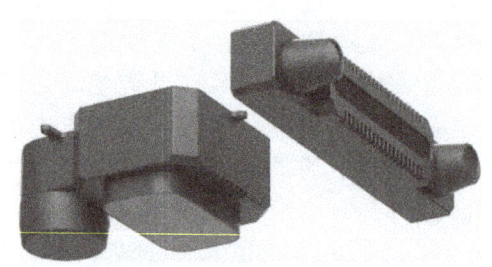

图 4-8　天目视觉传感器模块

植保无人飞机实际作业时，农田环境下常伴有飞扬的尘土、飞洒的药液，它们遮挡住视觉系统后，会严重影响视觉避障系统的功能，导致意外发生。因此，视觉避障并不太适应农田环境。

3. 植保无人飞机避障方法

将无人飞机应用于农业植保作业中，在安全高效、降低用工成本、保障农作物产量方面具备很大的优势，但也遇到了一些现实问题。根据一些植保工作人员的反馈，目前无人飞机作业主要有两大困难。

植保无人飞机避障方法及注意事项

1）复杂的田间环境。国内农田周边环境普遍复杂，高度在 1m 以上的草、树木、灌木等恶劣的作业环境经常遇到。而植保无人飞机在作业时，一般是在农作物 1.5~2.5m 上空喷洒，若飞行过高难以达到喷洒效果。如果无人飞机不具备自动避障功能，"上树""炸机"等现象很容易发生。

2）地形问题。无人飞机一旦远距离飞行作业，就会发现农田并不是水平的，每一块农田的海拔高度都不一致。无人飞机飞远后，由于目视有误差，1.5~2.5m 的高度靠人工很难控制。而农业喷洒的效果则要求很精确的高度，所以仿地形飞行对于农业植保来说极为重要，即无人飞机能根据地面和农作物高度的不同，自动调节其对作物冠层的飞行高度。

植保无人飞机作业中探测到障碍物以后，有三种常见的避障处理方法：即原地暂停待命、规划航行路线绕障和自主绕障。其中，原地暂停待命是最基本的处理方式，比较简单安全，而遇到大障碍物时也必须这么做，后续可以通过人工接管的方法实现下一步动作；规划航行路线绕障需要在作业前探勘好障碍物，在飞行航线中设置好避障路线，比较适用于小障碍，这种方法经济简单而且可靠性高，需要人工提前对作业地块进行勘测打点；自主绕障则需要无人飞机的控制系统带有规避算法，在系统内重新生成飞行路线，但是重新生成后的航线还要面临新的问题，比如该绕多远、遇到新的障碍时又往哪里避让等一系列问题。

4. 植保无人飞机避障注意事项

下面介绍植保无人飞机作业时遇到的几种常见障碍物及其规避注意事项。

（1）斜拉索　斜拉索是指不同电线杆之间由于高度不一而形成的倾斜电线，是飞防人员进行植保作业时最难处理的障碍物之一，不仅大大降低了作业效率，还容易发生"炸机"现象。对于斜拉索需要注意的是，如果作业区域有太多的电线杆和斜拉索，并且坠落的风险很高，必须谨慎评估是否适宜采用无人飞机进行植保作业。对含有斜拉索的障碍物，作业前必须详细检查作业区域，提前做好障碍物的测绘工作，谨慎规划避障航线。

（2）高压线　高压线本身具有很强的电磁辐射，是城市的电力输送干线。不可使植保无人飞机靠近高压线作业，否则撞击高压线引起停电等安全事故会造成重大经济损失，务必使植保无人飞机与高压线始终保持10m以上的安全距离，植保无人飞机不得飞越高压线。

（3）树木　树木是农田内常见的作业障碍，一般情况下树木是生长于农田的边界地带，若操作不当，会发生无人飞机"上树"现象，造成摔机。规划航线时，要精确测定树木所在障碍物区域，设定3m左右的"内缩"距离，使无人飞机航线路径避开树木所占区域，防止发生安全事故。

4.1.2　无人飞机避障飞行模拟实践

1. 场地设计

以校园内足球场作为本次避障飞行模拟实践地块，在足球场内随机插入数根塑料杆作为"单体类障碍物"，足球场四周的两个全场大球门和四个半场小球门作为地块边界的障碍物（可移动球门，可使其整体处于场内），场地内随机选取一处矩形区域，四个角上插入4根塑料杆，用警戒线围成一个"区块障碍物"，此区块设置为禁喷区。飞行场地设计结果如图4-9所示。

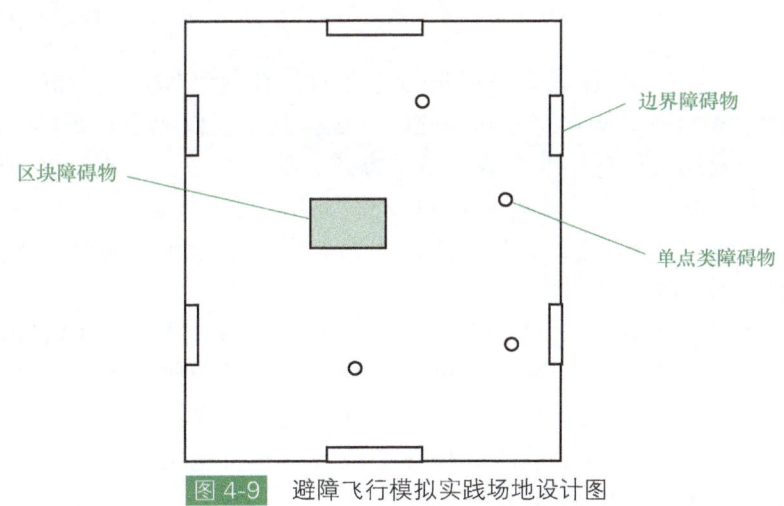

图4-9　避障飞行模拟实践场地设计图

2. 飞行设计

（1）航线路径规划　对作业地块进行全覆盖航线路径规划时，可分为随机式遍历、往返式遍历和螺旋式遍历三种。随机式遍历是指当覆盖机械遇到障碍不能继续前进时，将随机转动一个角度后继续前进，随机式遍历存在路径重复度高和子环路多的情况，所以不适用于无人飞机植保作业；往返式遍历（图4-10a）是指覆盖机械沿直线前进，当遇到边界时，本体转动90°，转弯行驶一段距离后再次转动90°，而后继续前进，如此反复，直到完成任务；螺旋式遍历（图4-10b）是指覆盖机械按顺时针或者逆时针，往内或往外做拓展前进直到遍历完所有区域。

航线路径规划

在环境已知的情况下，覆盖机械的行走方式主要有牛耕往复法和内外螺旋法。衡量行走方式优劣的标准，主要有时间、能耗、路程、覆盖重复率与遗漏率，其中影响时间和多余能耗的主要因素为转弯次数，转弯次数越多，费时越多，多余能耗越大。因此无人飞机植保作业时，需要对两种行走方式进行分析才能确定较优的覆盖方式。由于无人飞机植保作业中，转弯时并不喷药，因此采用内螺旋法会造成重复覆盖和遗漏覆盖现象。如图4-11所示，无人飞机沿纵向开始进行内螺旋作业，在每个转弯点均会产生遗漏覆盖和多余覆盖。因此综合考虑，本次避障模拟实践作业采用牛耕往复方式进行。

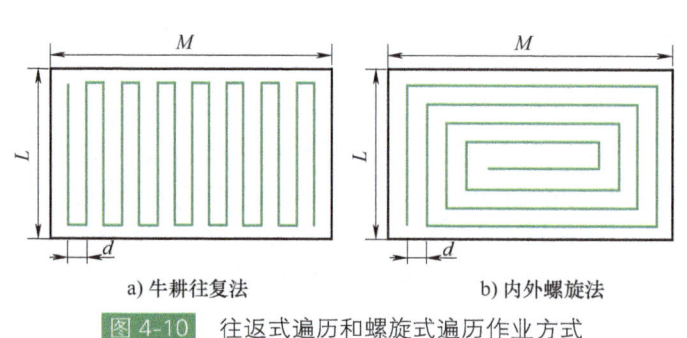

图4-10 往返式遍历和螺旋式遍历作业方式

图4-11 螺旋法重复覆盖与遗漏覆盖示意图

（2）作业模式选择 植保无人飞机进行作业时，在保障作业质量的同时，如何提高作业效率，是从业者们需要认真思考和探究的问题。其中，作业模式是影响作业质量和效率的关键因素，作业模式包括作业方式、喷洒方式、喷头类型、作业参数等相关内容。

1）作业方式。按照无人飞机作业的自动化程度，可将作业方式分为手动作业、AB点半自动作业和全自主航线规划作业三种；按无人飞机参与作业的数量来分，作业方式可分为单机作业和多机协同作业。

手动作业主要针对面积小、障碍物多、地块形状不规则的小规模农田；AB点半自动作业方式无需人工操作，但中途随时可以进行人工干预和作业方式的切换，适用于地形条件简单、障碍物少、地块形状规则、作物分布规整的农田；全自主航线规划作业是指无人飞机一键起动后根据预设航线和作业参数进行全自主飞行和喷洒作业，适用于地形条件复杂、树冠结构复杂的大面积植保作业。

单机作业和多机协同作业的选择，主要是根据作业面积的大小和作业时间的要求来进行。目前，受限于硬件和人力资源条件，大部分植保作业还是以一机一控为主，一控多机的协同作业模式还处于初步应用阶段。针对时间要求紧迫的大面积植保任务，可以选择多机协同作业方式。

2）喷洒方式。随着卫星定位、5G、AI、视觉感知、雷达避障、自动化控制和自动仿地等高新技术的发展，农业植保无人飞机可以实现定点喷洒、连续喷洒、回旋喷洒等不同喷洒方式。

植保无人飞机的喷洒方式和喷头类型

定点喷洒是植保无人飞机最常用的作业方式之一，在可视化环境下，植保无人飞机可精准定位到作业区域，根据需要调整高度和姿态角度，然后逐点进行喷施作业。定点喷洒方式具有精确、高效、经济等优点，能够节省药液和水资，减少对环境的污染程度，适用于作物分布稀疏零散的果园喷洒作业，针对性更强。

连续喷洒是指植保无人飞机沿着飞行航线进行不间断地喷施作业，一般根据提前预设的飞行航线和参数进行自动作业。连续喷洒适用于大面积种植的密集型农作物，具有操作简单、自动化程度高、作业效率高、安全可靠性强等优点，应用较广。

回旋喷洒适用于冠层厚的大果树作业，通过航拍建模识别果树树心，生成基于果树树心的三维环绕航线，在树冠表层上方回旋飞行和喷洒作业，解决了树高、叶厚打不透的难题。

3）喷头类型。针对不同的病虫草害及其对药液雾滴粒径大小的要求，无人飞机能根据实际需求选择压力喷头、离心喷头等不同类型的喷头。按照药液雾化的动力源来分，目前植保无人飞机主要有压力喷头和离心喷头两种。

压力喷头是通过液压泵对药液施加一定压力到扇形喷头上，然后喷射出去，由电磁阀控制喷头的流速和流量，可以实现精细喷洒，具有药液穿透力强、漂移量小、蒸发量小等优点，缺点是药液雾化不均匀，喷粉剂时容易堵塞喷头等。离心喷头是通过电动机带动喷头高速旋转后将药液通过离心力甩出，具有药液雾化均匀、雾化效果好等优点，缺点是喷头配件或电动机容易损坏、寿命短、成本高、药液漂移量大等，在高秆作物和果树上作业时效果较差。

4）作业参数。无人飞机作业参数的设计，主要包括作业高度、作业速度、航线间距、喷雾流量、喷头间距和喷施角度等内容。从业人员需要根据不同的作业环境、作业地形、作业设备和作业对象，合理设置不同的作业参数。

作业高度一般是指无人飞机飞行作业时的相对高度，即无人飞机下端雾化喷头相对于作物冠层顶部的高度。针对农作物高矮不一的情况，新一代的植保无人飞机大部分具备仿地飞行功能，无人飞机能够跟随农作物的高低起伏自动调整飞行高度，基本能保持稳定的相对飞行高度。飞行高度的大小，将影响植保无人飞机喷施或撒播作业的质量和效率。

作业速度是指无人飞机通过作业区的飞行速度，一般不包含飞入航线起点和飞出航线终点的速度。

航线间距是指相邻两条航线之间的距离，需要精确考虑喷幅、播幅等大小，航线间距应与有效喷幅等同，才不会出现重喷与漏喷问题。若间距大于喷幅会出现漏喷，反之则会出现重喷。

喷雾流量是指无人飞机喷洒作业时单位面积内喷出药液容量，一般以"L/hm^2"为标准单位进行计算。中华人民共和国民用航空行业标准 MH/T 0017—1998 按照流量大小将喷雾分为常量喷雾（≥30L/hm^2）、低容量喷雾（5~30L/hm^2）和超低容量喷雾

（≤5L/hm²）三种类型。

喷头间距是指同一架无人飞机同一喷杆上相邻喷头之间的间距，一般的植保无人飞机配备有2~16个不同数量的喷头。总喷施流量确定的条件下，单个喷头的喷施流量与喷头数量成反比。

喷施角度主要指喷头的安装角度，即喷头的中心线与气流方向所成的夹角。喷施角度的大小不仅影响无人飞机作业时单喷幅的宽度，还影响单喷幅内雾滴的沉积分布密度。

本次避障模拟实践作业方式及相关参数见表4-2。

表4-2　避障模拟实践作业方式及相关参数

作业方式	航线路径	喷洒方法	喷头类型	喷施角度
手动作业	牛耕往复法	连续喷洒	扇形压力喷头	0~10°
作业高度	航线间距	作业速度	喷雾流量	安全距离
2~2.5m	3m	2~3m/s	1.5L/亩	2.5m

3. 飞行实践

（1）**目标任务**　将2~4人组成一个"植保团队"，协调分工好主操控员和地勤人员，通过手动方式操控一架植保无人飞机对足球场草坪进行喷洒模拟作业，要求避开场地内的障碍物，周边的球门区域和场地内的矩形"障碍物区块"属于禁喷区，其他区域要求不漏喷，作业过程中不得发生安全事故。

（2）**条件准备**

1）设备。植保无人飞机1架，遥控器1个（充好电），药箱1个，电池2块（满电量），充电器1个。

2）工具。对讲机2~4个，卷尺1个（10m长），塑料杆10根（3m高），安全警戒线2卷，安全标志桶若干。

3）场地。足球场地1块（其他相似运动场地均可）。

4）药液。清水（不限量）。

（3）**实践流程**

1）组建团队。根据主操控员和地勤的岗位要求，组建好团队人员，并进行岗位划分。

2）布置场地。按照场地设计要求布置好场地内的障碍物，在运动场入口一侧拉好警戒线，安排地勤人员维持秩序和现场安全。

3）勘察场地。检查各塑料杆是否安插牢固，安全警戒线是否系稳，测量并记录相邻两"障碍物"之间的横向间距。确定无人飞机的起降点和主操控员的站立位置，方便主操控员观察无人飞机的飞行状态和场地内的障碍物位置；确定地勤人员的辅助观察点，一般选择在障碍物附近的安全位置，能够准确观察出无人飞机与障碍物之间的水平距离和高度差；确定航线起点和终点的大致位置，确定场地边界的内缩；确定避开障碍物的飞行方法和飞行路线。

4）检查设备。起动作业前，先对无人飞机各部位进行例行检查，从前到后，从上到下，从外到内，检查完毕后方可起动。

5）实施作业。将药箱接满自来水并安装好，分别开启无人飞机遥控器开关和电源开关；起动无人飞机至作业高度悬停，操控无人飞机至航线起点位置悬停；开启喷头，沿直线操控无人飞机向前稳速飞行；当正前方和侧方存在障碍物时，要提前10m开始减速飞行；当无人飞机与侧方球门障碍物之间的纵向距离接近2m时，关闭喷头并横向偏移足够的安全距离后继续向前飞行，离开障碍物后再次横向返回原先的航线位置，再次开启喷头并向前继续飞行；当飞行航线与场地内布置的障碍物所在区域或位置存在交叉现象时，需在无人飞机前进航线上靠近障碍物2m的位置开始抬升高度，考虑到塑料杆的高度为3m，需要将飞行高度提升至4~5m，然后关闭喷头，操控无人飞机从障碍物上方飞离后再降至原先高度，开启喷头后继续向前飞行。以此往复，完成整个草坪的喷洒模拟作业任务。

6）作业结束。无人飞机完成作业任务后，做好植保无人飞机、对讲机、遥控器、充电器、电池等相关设备和工具的整理与归类；排净药箱内的残留清水；检查无人飞机的零部件是否有损坏现象，紧固螺钉；电池按使用和存放标准进行归整；检查完毕后，将植保无人飞机及辅助设备安全运回存放地存放。

（4）注意事项

1）主操控员操纵无人飞机作业时，若视线受距离影响无法准确判断，可跟随无人飞机航行方向移动，但需要确保足够的安全距离。

2）碰到4级（含）以上大风、雨雪和尘沙等恶劣天气时，应及时取消场外实践活动。

3）地勤人员一定要做好安全警戒工作，防止无关人员进入飞行场地。

4）若碰到特殊情况需要临时将遥控器放在地面上时，要进行平放而非竖放，因为竖放时遥控器可能会被风吹倒，并造成油门杆被意外拉高，引起动力系统的运动，从而造成意外。

5）注意电量报警机制是否开启，如有报警应立即降落。

6）当无人飞机出现紧急状况时，应尽快降落或迫降。

7）作业结束后应先解除动力电池连接，再解除控制电路连接，最后关闭遥控器，遵循先接后解的原则。

思 考 与 练 习

一、填空题

1. 目前，无人飞机常见的避障传感器包括_____、_____、_____、_____和_____。

2. 植保无人飞机作业中探测到障碍物以后，三种常见的避障处理方法是指_____、_____和_____。

3. 对作业地块进行全覆盖航线路径规划时，可分为_____、_____和_____三种。

4. 按照无人飞机作业的自动化程度，可将作业方式分为_____、_____和_____三种；按无人飞机参与作业的数量来分，作业方式分为_____和_____。

5. 按照药液雾化的动力源来分，目前植保无人飞机主要有_____和_____两种。

6. 中华人民共和国民用航空行业标准 MH/T 0017—1998 按照流量大小将喷雾分为_____、_____和_____三种类型。

二、简答题

1. 请指出毫米波雷达传感器的特点。
2. 请说出农业植保无人飞机常见的几种喷洒方式及特点。

学习拓展

1. 任务背景

2020年2月12日一早，在千寻位置"无人飞机战疫平台"的协助下，一支无人飞机作业队来到上海市杨浦区的东森花园小区，起动3架无人飞机，每架无人飞机每次喷洒10~15L药液，耗费1h左右完成了整个小区约1万 m^2 的消毒工作。图4-12所示为某工作人员利用植保无人飞机对东森花园小区进行消毒灭菌。

据悉，该平台有上万架的无人飞机，可帮助全国各级政府部门、社会机构喷洒消毒液、巡检。在疫情期间，千寻位置联合平台上所有无人飞机厂商和无人飞机团队，用无人飞机去做喷洒消毒药水的工作，并称之为"飞翼行动"。2月10日，"飞翼行动"搭建了"无人飞机战疫平台"，招募无人飞机合作团队，驰援抗疫一线；2月13日，千寻位置宣布"无人飞机战疫平台"向全国提供服务，帮助无人飞机防疫作业供需双方提高匹配效率，让无人飞机快速飞进大街小巷、交通要道，在有需要的地方进行消毒喷洒和防疫巡查。相比传统的人工消杀，无人飞机防疫减少了人力成本，避免交叉感染，同时立体喷洒消毒药液，空间范围更大，防疫消杀效果更好。

图4-12 无人飞机消毒灭菌

2. 任务要求

请结合上述植保无人飞机的应用案例，组织相关专业学生对本校的体育运动场所进行全面消杀，要求对该作业任务进行合理规划，撰写任务过程书一份，具体要求包括：

1) 小组团队分工。
2) 作业环境调查。
3) 无人飞机航线规划。
4) 消毒液用量计算。

5）作业参数设计与数据记录。

6）任务要求与总结。

3. 绘制作业流程图

4. 团队分工

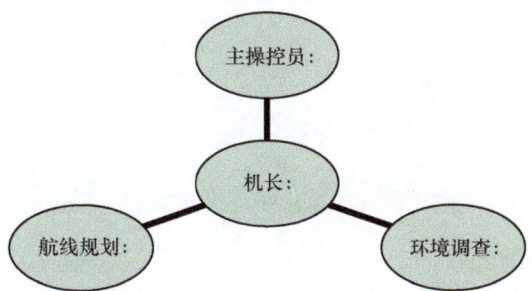

5. 作业环境调查

（1）障碍物情况

（2）禁喷区要求

（3）安全距离要求

（4）气象要素

6. 消毒液用量计算

7. 作业参数设计与数据记录

设备型号	作业方式	喷洒方法	航线路径	喷施角度
作业高度	航线间距	作业速度	喷雾流量	安全距离
作业面积	作业时长	使用药量	架次	记录人

8. 作业实施

（1）工具清单

（2）安全预案

（3）作业前检查

（4）开始作业后的注意事项

（5）作业后检查

（6）设备养护

9. 实践总结

撰写一分项目实践总结，要求 500 字左右。

单元二 平地飞防作业及模拟实践

4.2.1 平地飞防作业常识

1. 专业术语

（1）作业区块　作业区块是指无人飞机需要实施植保作业任务的地块。作业区块只有满足以下要求时才可选择无人飞机植保作业。

平地飞防作业及模拟实践

1）边际 10m 范围内无人居房、防护林、高压线塔和电杆等障碍物。
2）作业区块内无影响飞行安全或阻挡操控员视线的障碍物。
3）作业区块周边或区块内有适合无人飞机起落的场地以及可用于配药的洁净水源。
4）明确作业区域内空中管制要求及周围的设施。

（2）隔离带　隔离带是指喷雾作业区域边缘与敏感目标区域边缘之间的间隔地带。在人居环境、鱼虾养殖场所、牲畜饲养地、桑蚕种植基地，以及任何环境敏感场所进行无人飞机喷雾作业前，必须设立施药缓冲隔离带，隔离带距离一般大于100m。作业前要慎重评估施药后因风速、风向、环境温度、农药类型等因素造成的药液漂移距离，从而设置安全合理的隔离带距离。

（3）喷（播）幅　植保无人飞机作业会形成喷雾带，相邻两个达到足够有效雾滴覆盖密度要求的喷雾带中心线之间的距离称为喷幅宽度，简称喷幅。无人飞机通过一次所形成的条带状喷雾称为单喷幅；无人飞机多次通过所形成的相互重叠的条带状喷雾称为多喷幅。播幅宽度是指无人飞机播撒种子单程作业的落种宽度。播区设计时所确定的每条播带的宽度称为"设计播幅宽度"。播撒作业中落种密度达到生产上所要求的播幅宽度称为"有效播幅宽度"。

（4）重喷（播）　重喷（播）是指对已喷播过的目标区域再次进行不需要的、过多的喷施或播撒作业过程或现象。根据药剂特性，对于药剂量最为敏感的是除草剂，其次是杀菌剂（尤其是三唑类杀菌剂），杀虫剂对于剂量则相对不敏感。当无人飞机作业时的航线间距设置过小，会造成重喷现象，严重时产生药害。从业者应熟悉所用植保无人飞机的相关性能，根据不同作业高度产生的不同喷幅宽度，合理设置航线间距。此外，手动作业时禁止原地悬停喷药，以免造成严重的重喷和药害现象。使用除草剂、三唑类杀菌剂时应谨慎作业，避免产生重喷。对于无人飞机播种时发生的不良重播现象，不仅浪费种子提高成本，还会导致播种过密影响秧苗发育生长。

（5）漏喷（播）　漏喷（播）是指喷施或播撒目标区局部地段没有雾滴或种子覆盖的过程或现象。漏喷会造成地块局部地区病虫草害等治理不完全、不彻底，作业质量不佳，严重时导致农作物病虫草害死灰复燃，进而导致减产减收。漏播主要造成农田局部区域播种不完整，导致秧苗缺失或稀疏，浪费土地资源。

（6）误喷（播）　误喷（播）是指在非目标区域进行的、错误的喷施或播撒作业过程或现象。若非目标区域内存在鱼虾养殖场所、牲畜饲养地、桑蚕种植基地等，误喷会导致药害和严重的经济损失；即便非目标区域内种植的是同类作物，但若该地块已经完成了喷施作业，二次作业也将导致药害发生；若非目标区域为空地、道路、水源等，轻则浪费药液，重则导致环境污染。对于误播现象，轻则浪费种子，重则影响非目标农田的正常生产。

（7）喷雾漂移　喷雾漂移是指无人飞机作业喷雾过程中由于气流作用将喷液带出靶标区的现象。喷液的飘移距离取决于多种因素，如风速、风向、环境温度、农药类型等。不同类型的农药飘移距离不同，有些农药只能飘移几米远，而有些农药可飘移数百米远。例如，"2,4-D"丁酯乳油是一种易挥发的农药，即使在人工手动喷洒的情况下，药液雾滴也能飘移500~1000m。由于无人飞机飞行高度一般距离靶标作物4~8m，药液雾滴小，稍有微风即可导致药液飘移。因此，在喷雾作业时，需要慎重考虑到周围的环境和风向等因素，以避免对周围的人畜和环境等造成不良影响。

2. 平地飞防概述

（1）平地的概念　地形是指地球表面高低起伏各种各样的地貌形态。地球表面的地形是在内力和外力共同作用而形成的。陆地地形的基本类

平地飞防的概念和特点

型包括平原、高原、丘陵、山地和盆地五大类，不同的地形类型有着不同的特征。

平原地形是地面平坦或起伏较小的一个较大区域，主要分布在大河两岸和濒临海洋的地区。平原分为两大类型，即独立型平原和从属型平原。独立型平原是世界五大陆地基本地形之一，例如我国的东北平原、华北平原和长江下游平原等都是一级级别的地形，这种平原的海拔较低。从属型平原是某种更大地形里的构成单位，即指高原地形中可以包含盆地，而盆地地形中又可以包含大小不同的平原和丘陵等。例如，我国青藏高原就包括柴达木盆地，而成都平原则处于四川盆地中。在这里，我们把地面平坦、高低起伏极小的地块称为"平地"。

（2）平地飞防的特点　航空植保作业中，把在地面平坦、高低起伏极小的平地上实施的飞机喷洒农药或播撒肥料等作业行为称为"平地飞防"。平地以种植粮食、蔬菜、瓜果和经济作物等大田农作物为主，其飞防特点如下。

1）作业对象范围广。我国陆地地形复杂多变，平原、高原、丘陵、山地和盆地五大地形中都存在不少用于农作物种植的平地农田和地块。由于这些地块地处全国各地，土壤、水资源和气候等差异明显，适合种植的农作物对象涉及范围广。植保无人飞机早期的作业对象主要是玉米、小麦和水稻等大田农作物，但随着国内植保无人飞机装备制造技术、飞行控制技术和视觉传感技术等不断发展和完善，无人飞机能够作业的农作物对象越来越多，包括水稻、玉米、小麦和大豆等主要粮食作物，葡萄、柑橘、茄子、番茄等瓜果蔬菜，棉花、花生、油葵、油菜等各类经济作物，均可使用无人飞机进行植保作业。

2）地形条件简单。平地地形由于地势平坦、高低起伏小等特征，观察视野条件好，非常适合无人飞机植保作业。不管是采用手动飞行、AB点飞行还是全自主飞行的作业模式，前期都需要对作业地块进行环境勘测和测绘打点等准备工作，在平原地形条件下完成作业准备工作，能极大地减少工作难度和工作量；后期实施作业时，在空旷的视野条件下，操控员也能较好的观察无人机的飞行姿态和周围环境状况，及时应对紧急突发情况，保障飞行的人身和设备财产安全。

3）作业质量和效率高。平地农田或地块上种植的作物大部分都属于密集型的低秆或高秆作物。对于低秆作物，如小麦、水稻、油菜、豆类、棉花、芝麻、荞麦等，无人飞机作业时，旋翼会产生巨大的下压风场，推动农药雾滴对作物从上到下进行穿透，有利于农药雾滴均匀散落到植株的各个部位，做到药物的有效和精准喷洒。无人飞机旋翼产生的下压风场还能轻松吹翻叶面，既不损伤作物，又能使叶子的正反两面附着农药，提升农药的沉积率和病虫害治理效果。此外，在大面积的平地农田或地块上集中作业，不仅可以大大减少作业时涉及的行程、勘测、中转和滞留等时间，还可以通过设置合理的航线路径和飞行参数，有效提高作业效率。目前，植保无人飞机喷施农药的作业效率可达到每小时50~80亩。

4）作业成本低、污染少。由于平地农田或地块具有地势平坦、视野开阔、农作物种植密集且低秆作物多等多种有利因素，采用植保无人飞机进行飞防作业时的平均成本大大下降。2023年，国内平原地区大田农作物的植保价格已降至每亩3~5元，相对于高昂和低效的人力劳动成本，采用无人飞机植保作业显然更符合市场需求。同时，无人飞机喷洒作业一般采用低容量或超低容量精准喷雾，不仅能大大节约用水，还能大大减少农药的浪费和土地残留量，对环境和土壤的污染更少，能加大加快我国绿色有机农业的发展。此外，全自动化的植保作业，大大减少了作业人员和农药的近距离接触，更好地保障了人员的安全和健康。

4.2.2 平地飞防模拟实践

1. 场地设计

以校园内的足球运动场作为本次模式实践的场地，不单独设置障碍物，将场地四周的两个大球门和四个小球门从场地边缘挪开，确保草坪内空旷无异物。

2. 任务规划

无人飞机的任务规划包括三个方面，即任务分配、航线规划和仿真演示。

1）任务分配，是根据无人飞机自身性能和携带载荷的类型，协调无人飞机及其载荷资源之间的配合，以最短时间以及最小代价完成既定任务。

2）航线规划，是基于避开限制风险区域以及油耗最小的原则，制订无人飞机起飞、着陆、执行任务、返航及应急飞行等覆盖预定目标区相关任务及过程的飞行航迹。

3）仿真演示，应包括飞行仿真演示、环境威胁演示和执行任务效果显示等内容。可在数字地图上添加飞行路线，仿真飞行过程，检验飞行高度、油耗等飞行指标的可能性；可在数字地图上标志飞行禁区，使无人飞机在执行任务过程中尽可能避开这些区域；可进行基于数字地图的合成图像计算，显示不同坐标与海拔位置上的地景图像，以便地面操作人员为执行任务选取最佳方案。

本次平地飞防模拟实践作业，任务分配是完成对某足球运动场地内的草坪洒水作业，航线规划选择牛耕往复方式进行，采用"S形"的航线路径方案，如图4-13所示。仿真演示可通过与无人飞机作业设备相连的地面站或手机农服类专用APP，进行模拟查验和执行任务效果显示等，例如可显示无人机所在位置及其三维坐标信息、无人飞机飞行参数、作业总面积、飞行总时长、喷洒总药量等有关信息。

3. 作业设计

本次模拟作业地形环境良好，地势平坦且空旷，无障碍物，为了提高作业效率，选用AB点半自动单机作业模式。AB点作业是指手动操控无人飞机至田地两端分别设置的A点、B点后，飞机按照设定的AB连线自动向左或向右平移作业。AB点的设置位置和运动方向如图4-14所示，场地右下方航线起点为A点，场地右上方为B点，向左为无人飞机横移方向。

下面以北方天途M6E植保无人飞机为例，讲解AB点作业的基本操作流程。

（1）作业前参数调节　作业前，在无人飞机和遥控器均开启的状态下，先通过数据线将遥控器与手机连通，打开"TTA"APP专用软件，调出飞行参数和喷洒参数设置菜单设定有关参数值，可预先设置好AB点作业模式下的GPS速度模式、返航模式、AB作业模式、航空作业模式、断药保护行为和亩喷量设置，以及喷洒作业时无人飞机的最大速度和起始速度等参数。参数调节菜单如图4-15所示。

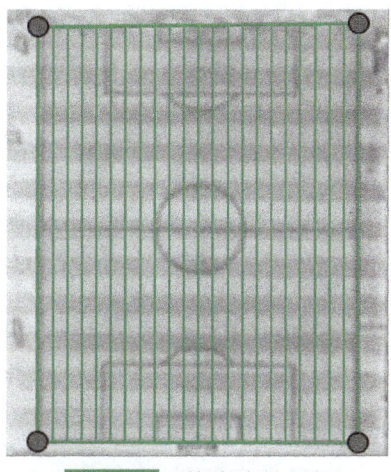

图 4-13 航线路径方案

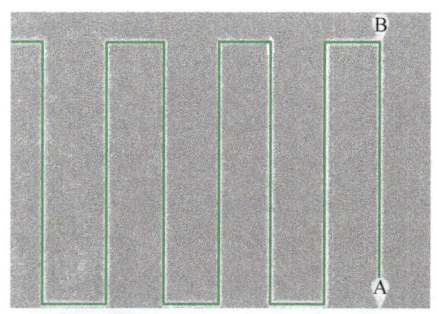

图 4-14 AB 点位置和运动方向

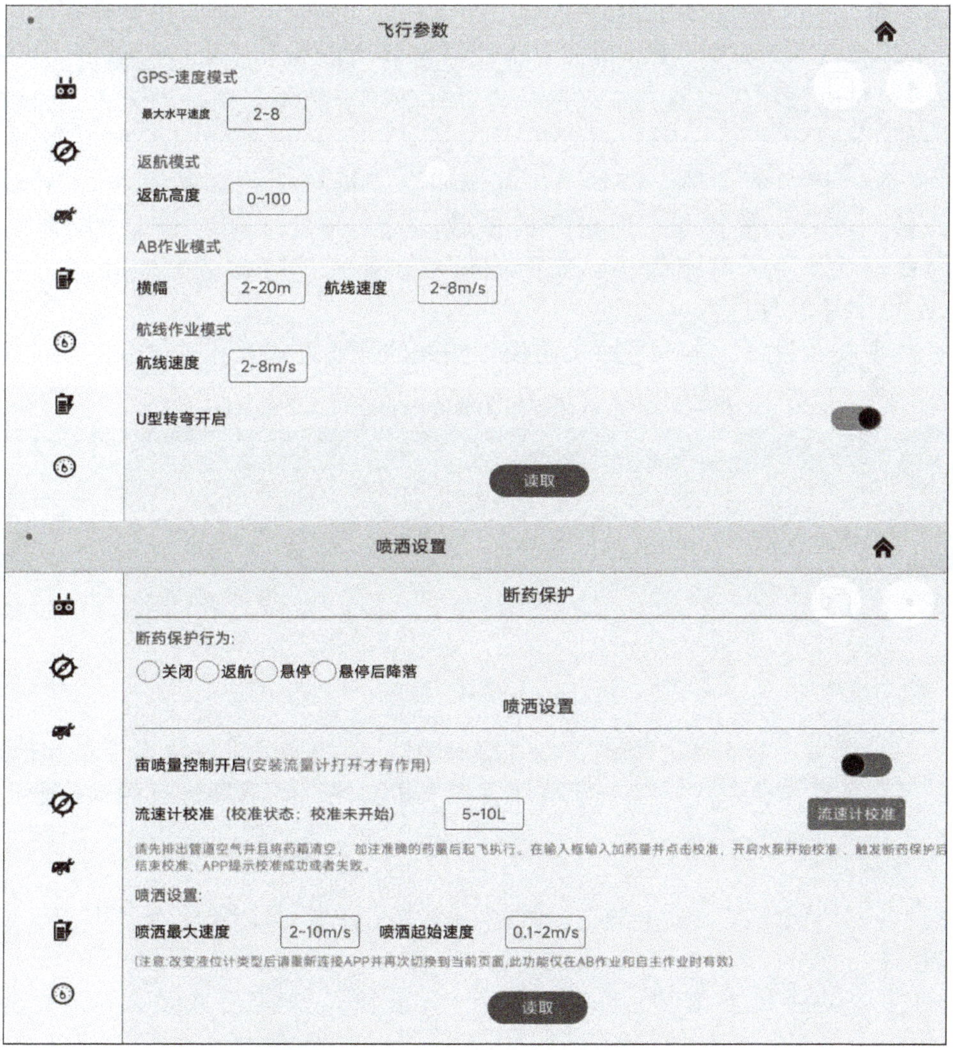

飞行参数

GPS-速度模式
最大水平速度 [2~8]

返航模式
返航高度 [0~100]

AB作业模式
横幅 [2~20m]　航线速度 [2~8m/s]

航线作业模式
航线速度 [2~8m/s]

U型转弯开启

读取

喷洒设置

断药保护

断药保护行为：
○关闭　○返航　○悬停　○悬停后降落

喷洒设置

亩喷量控制开启（安装流量计打开才有作用）

流速计校准（校准状态：校准未开始）　[5~10L]　流速计校准

请先排出管道空气并且将药箱清空，加注准确的药量后起飞执行。在输入框输入加药量并点击校准，开启水泵开始校准，触发断药保护后结束校准，APP提示校准成功或者失败。

喷洒设置：
喷洒最大速度 [2~10m/s]　喷洒起始速度 [0.1~2m/s]
（注意：改变浮位计类型后请重新连接APP并再次切换到当前页面，此功能仅在AB作业和自主作业时有效）

读取

图 4-15 AB 点作业模式下的参数调节菜单

（2）AB 点作业步骤

1）清空 AB 点信息。起动无人飞机后，拨动飞行模式开关至 GPS 模式，先快速拨动 AB 通道数次并停留在最上面档位，根据语音提示清除 AB 点的位置记录信息。

2）添加 A 点。操控飞机到田地一端合适位置，拨 AB 通道至中间档位，根据语音提示成功标记 A 点；拨动喷洒开关到联动模式，无人飞机将按照预先设定的亩流量参数开始喷洒作业。

3）添加 B 点。操控飞机到田地另一端合适位置，拨动 AB 通道至最下间档位，根据语音提示成功标记 B 点。

天途 M6E 无人机 AB 点作业操作流程

4）航线方向。切换飞行模式开关至 AB 点模式，拨动副翼摇杆至最大行程，可以选择航线向左或向右平移，此后无人飞机将开始进行 AB 点模式的自动飞行作业。航线左右方向是以 A 点指向 B 点的连线方向来定义左右的，而非操控员朝向。若操控员站在 B 点面向 A 点操作，则航线左右方向与实际情况相反。开始作业后不可更改航线方向，请注意观察实际田地情况，以选择正确的航线方向后再开始作业。

5）作业高度。AB 点模式的作业高度以设置 B 点时无人飞机所在高度为作业高度。AB 点作业时可以操控遥控器调整高度，自动作业不会暂停，调整后无人飞机将按照新的高度作业。

6）作业过程中的调节。开始 AB 点作业后，仍可通过遥控器控制无人飞机进行升降、转向和移动等操作，但松开摇杆后，无人飞机将自动返回中断前的航线位置继续 AB 模式作业。喷幅大小、喷洒流量和作业速度等参数若需要修改，可通过"TTA"APP 专用软件进行。

（3）作业参数设计　本次平原飞防模拟实践的作业方式及相关参数见表 4-3。

表 4-3　平原飞防模拟实践的作业方式及相关参数

作业方式	航线路径	喷洒方法	喷头类型	喷施角度
AB 点作业	牛耕往复法	连续喷洒	扇形压力喷头	0~10°
作业高度	航线间距	作业速度	喷雾流量	安全距离
2~2.5m	3m	3~4m/s	1L/亩	1.5m

4. 飞行实践

（1）目标任务　将 2~4 人组成一个"植保团队"，协调分工好主操控员和地勤人员，通过 AB 点半自动作业方式操控一架植保无人飞机对足球场草坪进行洒水作业，要求不漏喷，不发生安全事故。

（2）条件准备

1）设备。植保无人飞机 1 架，遥控器 1 个（充好电），药箱 1 个，电池 2 块（满电量），充电器 1 个。

2）工具。对讲机 2~4 个，长卷尺 1 个（10m 长），安全警戒线 2 卷，安全标志桶若干。

3）场地。带草坪的足球运动场 1 块。

4）药液。清水（不限量）。

（3）实践流程

1）组建团队。根据主操控员和地勤人员的岗位要求，组建好团队，并进行岗位划分。

2）布置场地。按照场地设计要求清空场地，将各个球门从草坪上挪移至安全地带，若球门不可移动，需要设置好足够的航线安全距离。在运动场入口一侧拉好警戒线，安排地勤人员维持秩序和现场安全。

3）勘察场地。检查各安全警戒线是否系稳；确定无人飞机的起降点和主操控员的站立位置，方便主操控员观察无人飞机的飞行状态；确定地勤人员的辅助观察点；确定场地边界的内缩安全距离和 A、B 点的具体位置；估算好无人飞机的大致飞行路径和航线间距。

4）检查设备。开始作业前，先对无人飞机各部位进行例行检查，从前到后，从上到下，从外到内，检查完毕后方可起动。检查遥控器电量是否充足，各拉杆是否灵活且处于中位。

5）参数调节。在无人飞机和遥控器均开启的状态下，通过数据线将遥控器与手机连通，打开"TTA" APP 专用软件，调出参数设置菜单，提前设置好 AB 点作业的有关参数，如横幅大小、航线速度、断药保护方式、U 形转弯掉头和亩喷量等参数。

6）实施作业。将药箱接满自来水并安装好，先打开遥控器，再开启无人飞机电源开关；待遥控器连接无人飞机成功后，起动无人飞机至作业高度悬停；拨动飞行模式开关至 GPS 模式，操控无人飞机至运动场草坪的左下方航线起点位置悬停，清除 AB 点位置信息，根据语音提示重新标记当前位置为 A 点；开启喷洒开关，沿直线操控无人飞机向前稳速飞行至运动场草坪的左上方合适位置，根据语音提示标记当前位置为 B 点；切换飞行模式开关至 AB 点模式，根据实际位置向右侧拨动摇杆至最大位置，无人飞机即开启 AB 点作业；完成作业任务后，可拨动飞行模式开关至 GPS 模式，操控无人飞机降落，停止作业。

7）作业结束。完成作业任务后，做好植保无人飞机、对讲机、遥控器、充电器、电池等相关设备和工具的整理与归类；排净药箱内残留的自来水；检查无人飞机的零部件是否有损坏现象，紧固螺钉；电池按使用和存放标准进行归整；检查完毕后，将植保无人飞机及辅助设备安全运回存放地存放。

（4）注意事项

1）主操控员操纵无人飞机作业时，需要保持足够的安全距离，可跟随无人飞机运动方向进行适当移动，方便近距离观察无人飞机的飞行状态。

2）碰到 4 级（含）以上大风、雨雪和尘沙等恶劣天气时，应及时取消场外实践活动。

3）地勤人员一定要做好安全警戒工作，防止无关人员进入飞行场地。

4）采用 AB 点作业途中，若发现无人飞机将撞击前方突然出现的障碍物或人员，可以紧急手动推油门将飞机升高，从上空绕开，保障安全。

5）电池或药液不足时，无人飞机将自动返航降落。此时，需要人为更换电池和药液，然后起动无人飞机工作后，无人飞机将自动返回中断点位置继续完成后续作业。

6）作业过程中，可通过遥控器手动干预无人飞机的飞行路线，推拉升降杆可控制无人飞机前后移动，且不受限制节点的限制。如果推拉杆动作与飞行方向相同，无人飞机将随推拉杆速度方向继续向前或向后飞行；如果推拉杆动作与飞行方向相反，无人飞机则先停止向前或向后飞行，再随推拉杆速度反向飞行，松杆后自动侧移。图 4-16 所示为推拉升降杆手动干预后航线限制节点的变化情况。

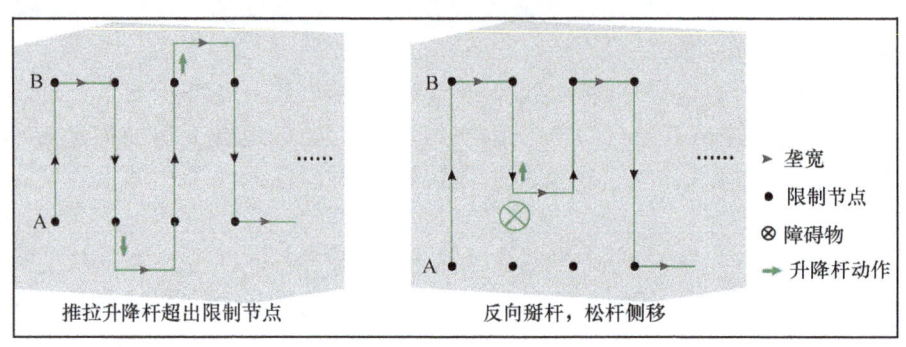

图 4-16　升降杆干预

7）推拉副翼杆，可控制无人飞机左右移动。无人飞机跟随拉杆方向进行速度控制，松杆后继续返回到原始的飞行航线上，同时保持干预前的飞行状态，如图 4-17 所示。

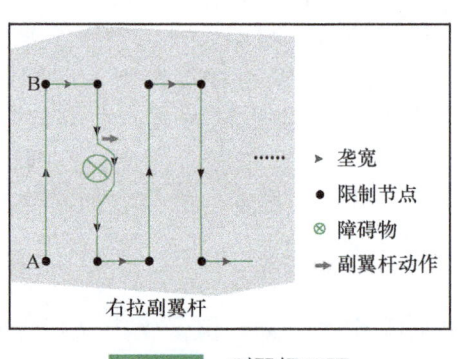

图 4-17　副翼杆干预

思考与练习

一、填空题

1. 隔离带是指喷雾作业区域边缘与敏感目标区域边缘之间的间隔地带。以及任何环境敏感场所进行无人飞机喷雾作业前，必须设立施药缓冲隔离带。作业前要慎重评估施药后因_____、_____、_____、_____等因素造成的药液漂移距离，从而设置安全合理的隔离带距离。

2. 喷雾漂移是指无人飞机作业喷雾过程中由_____作用将喷液带出_____的现象。

3. 陆地地形的基本类型包括_____、_____、_____、_____和

_____五大地形，不同的地形类型有着不同的特征。

4. 平原地形是地面平坦或起伏较小的一个较大区域，主要分布在_____和_____的地区。平原分为两大类型，即_____和_____。

5. 无人飞机的任务规划包括三个方面，即_____、_____和_____。

二、简答题

1. 请简要说明喷幅的概念。
2. 请指出无人飞机喷洒药液时重喷和漏喷的危害性。
3. 请简述平地飞防的特点。

学习拓展

1. 任务背景

2023年8月8日，湖北省荆门市东宝区子陵铺镇南桥村一派繁忙的景象，4架装载着农药的植保无人飞机低空掠过稻田，沿着设置好的路线，将农药均匀散开、喷洒在水稻叶面上，实现短时间、高效完成防治喷洒作业，对稻纵卷叶螟和稻飞虱进行防治（图4-18）。

图4-18　植保无人飞机水稻飞防

在飞防现场，操控员们利用植保无人飞机对稻田进行低空喷洒，并为村民们详细讲解植保无人飞机防治稻纵卷叶螟和稻飞虱的技术要点。东宝区一位水稻种植大户说道："无人飞机喷洒农药防治病虫害，既节省时间、又节省费用，防治效果还好。我家的470亩水稻，如果用两架无人飞机洒药，一天时间就可以把所有的田喷洒完；如果人工喷药的话，至少要四天时间，防治效果还没有无人飞机喷洒的效果好。"

据东宝区农业农村部门相关负责人介绍，水稻是东宝区的重要粮食作物之一，全区水稻种植面积23万余亩。近期，稻纵卷叶螟和稻飞虱迁入量大，"两迁"害虫发生偏重。连日来，东宝区农业农村部门采取专业化统防统治与农户群防群治相结合的方式，组织操控员为水稻种植户提供飞防服务，防止稻纵卷叶螟和稻飞虱扩散爆发，确保水稻丰产丰收。

2. 任务要求

请结合上述植保无人飞机为水稻进行飞防的案例背景，组织相关专业学生对学校周边的农户进行飞防需求方面的调研，要求完成科技服务1次，并对该植保飞防任务进行合理规划，撰写任务过程书一份，具体要求包括：

1）小组团队分工。
2）作业环境调查。
3）无人飞机航线规划。

4）病虫害情况及用药配方。
5）作业参数设计与数据记录。
6）任务要求与总结。

3. 绘制作业流程图

4. 团队分工

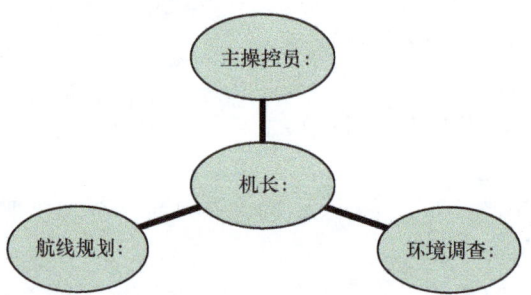

5. 作业环境调查

（1）作物生长及病虫害情况

（2）地块内障碍物及周边环境

（3）隔离带设置要求

（4）气象要素

6. 用药配方及配药流程

7. 作业参数设计与数据记录

设备型号	作业方式	喷洒方法	航线路径	喷施角度
作业高度	航线间距	作业速度	喷雾流量	安全距离
作业面积	作业时长	使用药量	架次	记录人

8. 作业实施

（1）工具清单

（2）安全预案

（3）作业前检查

（4）开始作业后的注意事项

（5）作业后检查

（6）设备养护

9. 实践总结

撰写一分项目实践总结，要求500字左右。

单元三　山地飞防作业及模拟实践

4.3.1　山地飞防作业常识

1. 无人飞机定高飞行

无人飞机在接近或降落到地面的过程中，需要得到与地面的绝对高度信息来维持恒定高度的飞行或安全稳定的降落。由于人为操控无人飞机难度较大，直接采用GNSS功能定高时存在信号丢失和精度差等问题，需要借助雷达传感器等克服这种困难，从而辅助无人飞机实现精准定高或稳定降落。

目前，无人飞机的定高方式一般有三种，即GNSS定高、气压计定高和超声波雷达定高，部分无人飞机同时存在气压计定高和超声波雷达辅助定高两种功能。此外，由于植保无人飞机以近地面飞行为主，对于定位高度的精度要求较高，一般还借助地面基站来实现高度测量和定高

山地飞防作业及模拟实践

无人飞机定高飞行

飞行,此种方式成为 RTK 定高。

(1) GNSS 定高　GNSS 即全球卫星导航系统,是基于卫星通信的定位功能来测量无人飞机的高度,一般以海拔高度表示。这种测量方式多存在于早期的固定翼飞机,由于飞行高度比较高,这类飞机带有飞控和卫星导航系统,但没有气压计。采用 GNSS 定高,需要根据星数的多少来控制精度,误差最小能到 3~5m,最大时可达几十米。

(2) 气压计定高　气压计定高是目前使用最广泛的定高模式,大部分多旋翼无人飞机的飞控中都采用气压计定高。气压计定高成本低,定高效果较好,定高精度误差能控制在 0.5m 左右。

(3) 超声波雷达定高　无人飞机采用超声波雷达定高后,其定高精度大大加强,高度误差能达到几厘米左右。超声波雷达定高的主要缺点是必须在低空才能实现,根据机型的不同,一般在 10~20m。所有带超声波雷达定高的无人飞机都具有气压计定高的功能,一般不存在单独依靠超声波雷达定高的无人飞机机型。

目前,多数植保无人飞机开启仿地飞行后,都是采用超声波雷达来定高的。例如,极飞的 P 系列植保机和大疆的 MG 系列植保机,一旦开启了雷达定高的仿地飞行,无人飞机将根据地面的起伏情况调整飞行高度,使得无人飞机与作物冠层保持恒定高差,如图 4-19 所示。借助仿地飞行功能,植保无人飞机能够适应不同的地形,从而达到更好的植保效果。针对农作物表面密集、高度平整的农田,如小麦田、棉花地、辣椒田等农田地块,超声波定高精准,无人飞机的飞行稳定性最佳。针对农作物分布稀疏、落差较大的地块(如果园等),或植株间高低不平、表面密集的农田(如玉米地、甘蔗地、水稻

图 4-19　无人飞机仿地飞行

田等),落差过大会导致无人飞机出现上下颠簸的现象。针对农作物中间有空地的地块,当无人飞机从空地飞往高秆作物时,因为落差太大,可能导致飞机无法及时爬升,从而撞到作物造成"炸机"事故。

(4) RTK 定高　实时动态差分法(Real-time Kinematic,RTK)又称为载波相位差分技术,是一种新型的 GNSS 测量方法。以前的静态、快速静态、动态测量都需要事后进行解算才能获得厘米级的精度,而 RTK 是能够在野外实时得到厘米级定位精度的测量方法,它能实时提供观测点的三维坐标,并达到厘米级的高精度。与伪距差分原理相同,它是由基准站通过数据链实时将其载波观测量及站坐标信息一同传送给用户站,用户站接收 GNSS 卫星的载波相位与来自基准站的载波相位,并组成相位差分观测值进行实时处理,能实时给出厘米级的定位结果。

RTK 的出现极大地提高了野外作业效率,在植保作业中,当无人飞机不适合采用仿地飞行时,可采用 RTK 定高。植保无人飞机的作业高度受农作物高度及周围环境的影响,一般设置在离植物冠层 1.5~2.5m(图 4-20);若使用 RTK 定高,还需要参考地势差,选择合适的作业高度,确保无人飞机底端的高度要大于所有植物冠层顶部的高

度,并保持一定的垂直安全距离。

2. 山地飞防概述

（1）**山地的概念** 山地是指拥有许多座山的一片地域,有别于单一的山或山脉。从地形的基本特征来讲,山地一般是指海拔在 500m 以上,峰峦起伏、坡度陡峻的地貌,多呈脉状分布;丘陵是指海拔较低,绝对高度在 500m 以内,相对高度不超过 200m,表面起伏不大、坡度较缓的地貌,常被切割破碎,无固定方向。山地与丘陵的差别在于山地的高度差比丘陵要大;高原的海拔高度与山地相比,没有绝对的大小之分,但高原的高度差要小于山地。我们习惯上把山地、丘陵所在的分布地区,连同比较崎岖的高原,都称为山区。与平原相比,山区不太适宜大力发展农业,因其容易造成水土流失,但水热条件比较好的山区可以大力发展林业和牧业。在这里,"山地"不是狭隘的地形概念,而是泛指地面具有连绵起伏和坡度,且和"平地"特征有明显区别的作物种植地块,如图 4-21 所示。

山地飞防的概念和特点

图 4-20　无人飞机飞行高度

图 4-21　山地地形

（2）**我国山地和丘陵的特点** 山地方面,我国沿海地区山地海拔不高,但高度差较大,坡度较陡,人烟较密,道路较多,物产丰富,通行较为便利;东南地区山地顶尖坡陡,谷窄岭狭,丛林密布,多河流峡谷,居民地少而小,但是水源充足;桂北地区山地主要表现为石山、孤峰,但山脚多田地,阡陌交通,居民点较多;粤桂滇南部山地是典型的热带山地,山高坡陡,谷深岭窄,林密草深,藤萝遍布,荆棘丛生,人烟稀疏,通行困难;东北地区山地高差不大,坡度平缓,森林繁茂,人烟稀少;西部地区山地海拔较高,地形切割严重,空气稀薄,植被稀少,野外生存极为不便,尤其极高山地区几乎是"生命禁区"。

丘陵方面,我国丘陵地区地高差不大,谷宽岭低,坡度平缓,断绝地较少,人烟较密,农产品丰富,交通比较发达。北方丘陵地,多为土质丘陵,形状圆浑,局部有陡坡、冲沟,斜面及山脚多为旱地、梯田,多高秆作物;南方丘陵地,多为石质丘陵,呈尖顶、山脊、山背狭窄,地形起伏零乱,部分地区有陡坡和断绝地,山脚多为水稻田、梯田。

（3）**山地飞防的特点** 航空植保作业中,我们把在那些地面坡度明显、连绵起伏的地块上实施的飞机喷洒农药等作业行为称为"山地飞防"。由于山区地貌复杂,种植面积零散,地域极具当地特点,农作物的生长程度、作业方式以及前茬作物秸秆的长短等因素,都对植保无人飞机的适用性产生影响。近年来,以极飞、大疆、全丰、拓攻、极目、汉和等为代表的无人飞机品牌企业,都相继开发和上市了适用于山地环境植保作业的无人飞机机型,定位精准、自主避障、仿地飞行、三维地形测绘及自动建模、航线自动规划、视觉感知、夜间作业等新技术被广泛应用到新一代的植保无人飞机中。在山地中使用植保无人飞机进行作业,具备以下特点。

1)作业环境复杂,操控要求高。山地作业环境复杂,地势起伏大,存在大量的障碍物,如树木、岩石等,无人飞机需要面对复杂的地形和气流条件,飞行条件相对较差,飞行路径和速度难以控制,对操控员的操控技能要求更高。但随着无人飞机装备技术的发展和应用普及,其适用性和安全性得到加强。首先,针对山地环境下的高秆、藤类、树木等作物,人工和其他地面植保设备施药困难或无法达到施药的高度要求,采用植保无人飞机施药则可轻松完成;其次,无人飞机还可借助雷达系统实现仿地飞行功能,在面对高低起伏的地形和高矮不一的高秆作物和果树时,让喷药点与作物冠层的距离保持一致(图4-22),解决了山地复杂环境下无人飞机作业无法得到安全保障的技术难题。

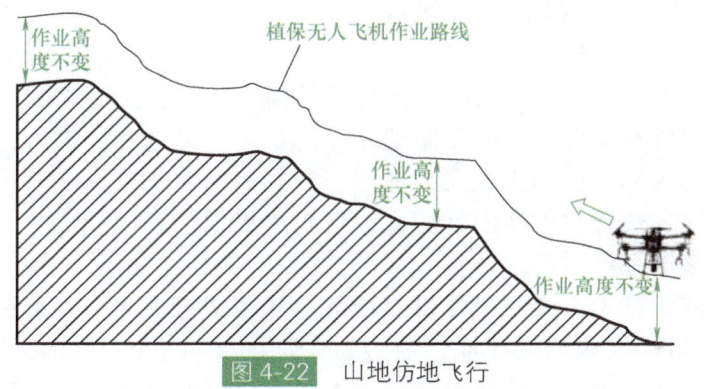

图4-22 山地仿地飞行

2)降低劳动强度,提高作业效率和防治效果。传统的山地进行植保作业需要大量的人工投入,劳动强度大。而植保无人飞机在山地进行飞防作业时,可以极大减少人力的需求,减轻劳动强度。同时,由于无人飞机可以快速覆盖大面积的作业区域,还提高了作业效率和生产效益。此外,植保无人飞机利用先进的导航和定位系统,可以精准的施药,不仅提高了防治效果,还能减少农药的浪费,为绿色农业的发展提供帮助。

3)精准监测,助力智慧果园的建设和发展。随着智慧农业技术和低空无人机遥感技术的快速发展,智慧果园、智慧农场、智慧牧场和智慧渔场等新时代农业生产和管理模式相继提出并得到了研究和示范。无人飞机通过搭载高光谱相机或传感器等设备,对山地示范园区果树的表型信息、长势、产出、光合能力、生长环境和病虫害情况等信息进行实时或定期的测量和采集,依据监测数据和有关算法判断农作物的生长需求,为农户提供更加精准的农业管理决策,再通过变量灌溉、变量施肥和变量喷洒等手段对农作物实施科学的培育,为智慧果园的建设和发展提供技术支撑。

4.3.2 山地飞防模拟实践

1. 场地设计

选择校园内某一块具有一定高低起伏的绿化带作为山地飞防模拟实践场地,以绿化带内的灌木丛作为飞防对象，如图 4-23 所示。

2. 地块测绘

精准的农田边界与面积数据，是实现农业无人化、标准化、规模化生产的基础。有了精准的农田边界和面积信息，植保无人飞机就能安全、高效的进行播种、施肥和打药等作业活动，并提前计算出所需用量，减少飞行和空载次数，提高电池利用率和作业效率；农户可以按田块亩数提前进行生产资料的采购，科学种植；植保操控员外出作业后也能依据计算数据进行结账，方便省心。

图 4-23　绿化带灌木丛

在过去，农田边界数据的获取都是依靠人工行走农田边界进行打点、丈量，非常耗时费力，尤其是遇上分散、狭小、形状不规则的地块，而测量结果往往也不太精确。利用新一代遥感无人飞机进行拍摄，AI 识别农田边界，操控员不仅告别了人工圈地测绘的辛苦、低效，还大大提高了测绘的精准度。以 200 亩大田为例，遥感无人飞机完成飞行拍摄和自动上传照片后，10min 内就能完成测绘地图拼接，然后数秒钟内就能完成农田边界识别和面积统计，而人工需要 1 个多小时才能完成农田边界圈定。

本次模拟实践，首先需要对绿化带作业的任务地块进行测绘，测绘方法一般包含三种，一是使用含 RTK 模块的智能遥控器进行手动测绘打点，二是通过航摄扫描生成农田的边界图或二维高精图，三是使用遥感无人飞机进行航测并建立三维数字地图。

下面以极飞植保无人飞机为例，介绍这三种地块测绘方法的操作流程。

（1）测绘打点

1）在 ACS2 单手控上端安装 RTK 测绘模块。

2）长按智能模式"∞"键（图 4-24），等待语音提示进入 RTK 测绘模式。

3）进入测绘模式，将 ACS2 遥控器举过头顶，进行基站搜索。

4）等待数分钟后，当单手控上第 6 颗指示灯（图 4-25）常亮为绿色后，则表示进入高精度定位模式，此时遥控器会有语音提示"进入高精度定位"。

图 4-24　智能模式按键进入基站搜索

图 4-25　高精度定位模式指示灯

5)在"极飞农服"APP内,新建地块(图 4-26a),并选择类型为"地块边界",根据实际需求也可选择"障碍物"或"禁喷区"等地块类型。

6)选择"测绘遥控器"方式进行打点,点击 A 键标记一点(图 4-26b),走向下一个标记点再次按下 A 键,直到所有点标记完成。

7)标记地块完成后如图 4-26c 方框内所示,地块可以进行线上保存。

8)地块规划完毕,可以选择建立好的地块进行编辑并执行后续的作业安排。

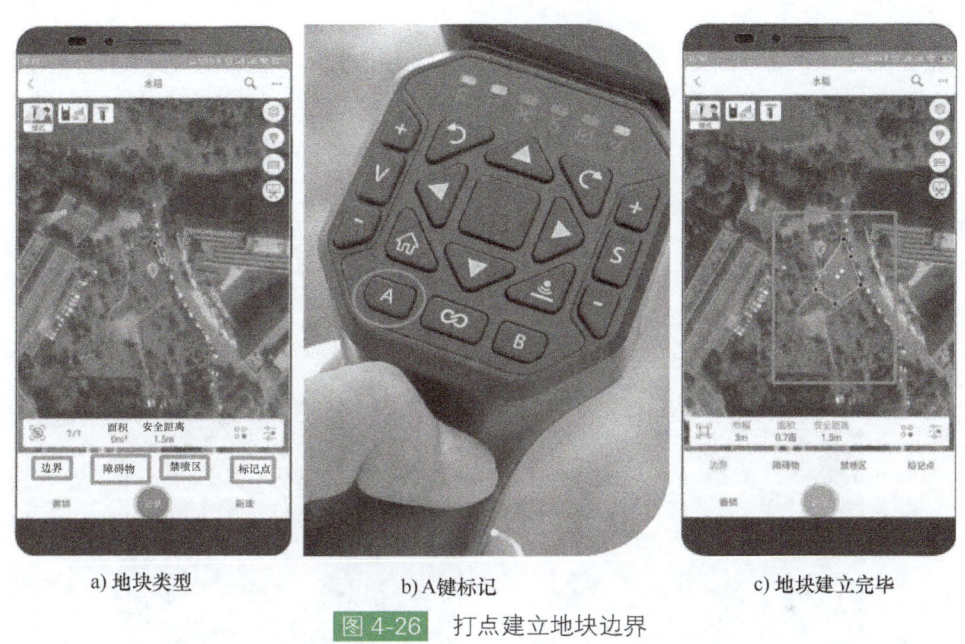

a)地块类型　　　　b)A 键标记　　　　c)地块建立完毕

图 4-26　打点建立地块边界

(2)航摄扫描

1)取出睿图模块,插入极飞植保无人飞机前端的接口,听到"咔"的一声表示安装完毕,如图 4-27a 所示。

2)此时,"极飞农服"APP 内弹出"飞图已连接",如图 4-27b 所示。

3)点击"执行航摄"命令(图 4-27c),"选择航摄模式"界面下可选择整块航摄和沿线航摄两种模式(图 4-27d),地块内有障碍物时应选择整块航摄方式以便识别障碍物所在区域,地块内无障碍物可选择沿线航摄方式以提高效率。

4)通过卫星地图绘制出所需航摄的地块区域,然后点击"执行航测"命令,如图 4-28a 所示。

5)APP 系统自动规划任务航线(图 4-28b),然后长按"按住启动"进入自检(注意无人飞机周边障碍物高度不得超出航摄高度 29.6m)。

6)无人飞机开始沿航线自动飞行,任务完成后 APP 会自动将拍摄拼接的高精图生成为"识别成果",包括地块边界和障碍物边界(红色区域)两种类型。

7)多次航摄生成的"识别成果"可以合并后为"建图成果",建图成果可以编辑和修改,确认完毕后进行线上保存。

(3)遥感测绘　极飞植保无人飞机在农田、果园进行安全、高效的全自主作业时,需要避开农田或果园内的障碍物。在过去,植保人员在作业前,往往需要人工下地给每个障碍物进行打点标记，十分耗费人力与时间。对果园进行测绘时，由于环境比大田更为复杂，而且每年都得重新测绘一遍，若采用传统的人工测绘方法，需要对果树一棵一棵地进行圈定并打点，操作效率低下。

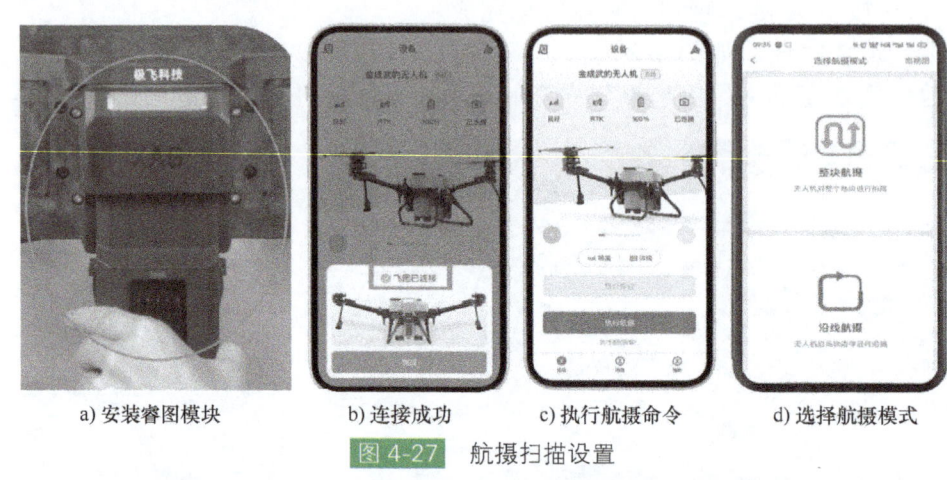

a) 安装睿图模块　　b) 连接成功　　c) 执行航摄命令　　d) 选择航摄模式

图 4-27　航摄扫描设置

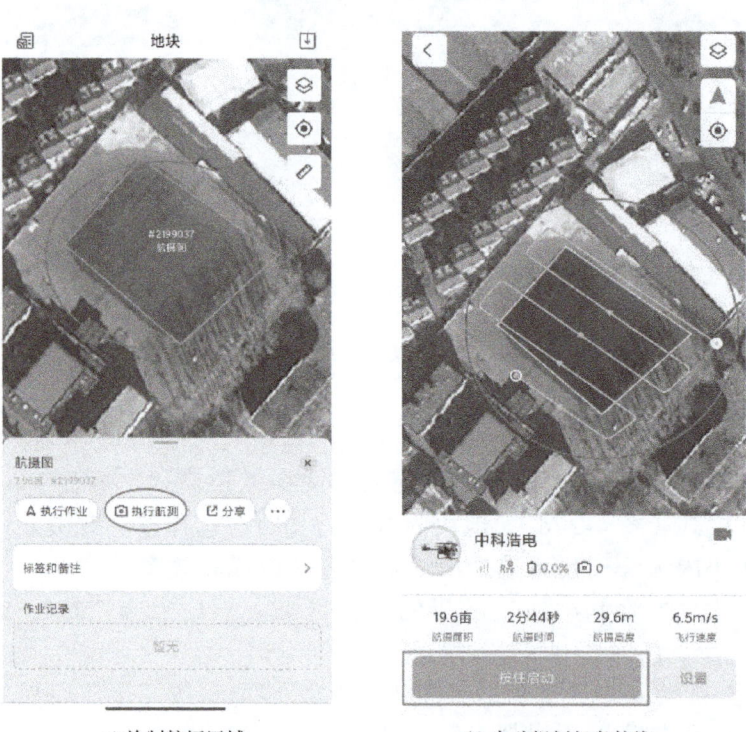

a) 绘制航摄区域　　　　b) 自动规划任务航线

图 4-28　绘制航摄区域并生成航线

目前，通过极飞农业遥感无人飞机航测的高清农田或果园地图，AI 能智能的识别，不用下地，在手持终端（APP）上就能将飞行区域内的所有地块边界、面积和障碍物等测绘并识别出来，不仅能快速拼接生成高精度的三维数字地图，还能够精准地定位大田农作物、地块边界、果树的位置和树冠大小，自动统计出果园内的果树数量，大大提高果园植保管理效率。此外，植保无人飞机还能够自动生成精准的安全航线，完成后续的播种、施肥和施药等农业生产活动。

使用极侠遥感植保无人飞机 AI 识别农田和果园的边界信息，具体操作步骤如下。

1）打开"极飞农服"APP，在高清影像显示模式下点击地块，选择"识图（别）"，然后定位到需要 AI 识别的区域。

2）选择农田或果园的边界类型，例如直线、曲线、多边形等，根据实际情况进行选择和设置。

3）调整识别参数，包括阈值、平滑度等，以控制 AI 对图像的识别精度和效果。

4）开始 AI 识别，极侠遥感植保无人飞机将自动分析图像，识别出农田或果园的边界信息。

5）在 AI 识别过程中，可以通过实时图像查看识别的结果和精度。

6）当 AI 识别完成后，可以查看并编辑边界信息，例如添加注释、修改边界等。

7）保存并导出识别结果，可以将结果导出为矢量文件或栅格图像并保存，方便后续的数据分析和应用。

3. 作业设计

（1）作业环境调查　本次模拟作业地形环境相对简单，地面平缓，绿化带作物高矮不一（0.8~2m），周边 10m 范围内无建筑物，紧邻人行道，绿化带地块四周有栅栏（高度约 1.2m），内部无电线杆等障碍物，但有个别零散的树木高度 4~5m，与灌木丛之间的高度落差较大，宽度约 27m，长度约 48m，总体面积约 2 亩，绿化带卫星地图见 4-29 所示。

（2）航线规划　本次作业选择极飞 P40 植保无人飞机，在 ACS2 单手控智能遥控器上插入 RTK 差分定位模块，采取手动方式对绿化带边界进行测绘打点，确定作业地块。航线规划选择牛耕往复方式，采用"S形"的航线路径方案，航线规划线路如图 4-30 所示。为了体验和感受无人飞机山地作业的飞行姿态，作业全程开启仿地飞行功能，无人飞机作业高度将根据对地面植被的冠层高度进行实时调整，从而呈现高低起伏的波浪线飞行姿态。

图 4-29　绿化带卫星地图

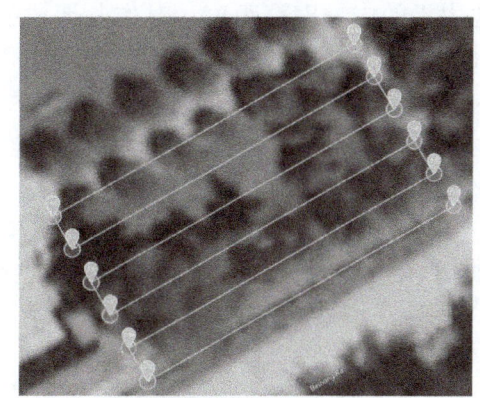

图 4-30　航线规划线路

(3) 作业参数设计　本次山地飞防模拟实践的作业方式及相关参数见表4-4。

表4-4　山地飞防模拟实践的作业方式及相关参数

作业方式	航线路径	喷洒方法	喷头类型	喷施角度
全自主作业	牛耕往复法	连续喷洒	离心喷头	0~10°
作业高度	航线间距	作业速度	喷雾流量	安全距离
4~5m	5m	2~3m/s	10L/亩	3m

4. 飞行实践

（1）目标任务　将2~4人组成一个"植保团队"，协调分工好主操控员和地勤人员，通过全自主作业方式操控一架植保无人飞机对绿化带内的灌木丛等进行洒水作业，要求不漏喷，不发生安全事故。

（2）条件准备

1）设备。植保无人飞机1架，遥控器1个（充好电），药箱1个，电池2块（满电量），充电器1个。

2）工具。对讲机2~4个，长卷尺1个（10m长），安全警戒线2卷，安全标志桶若干。

3）场地。带植被的绿化带1块。

4）药液。清水（不限量）。

（3）实践流程

1）组建团队。根据主操控员和地勤的岗位要求，组建好团队人员，并进行岗位划分。

2）布置场地。按照场地实际情况，选择好开阔位置作为起降点和归航点，在人行道一侧拉好警戒线，四个角落放好安全标识牌，安排地勤人员维持秩序和现场安全。

3）勘察场地。检查各安全警戒线是否系稳；确定无人飞机的起降点和主操控员的站立位置，方便主操控员观察无人飞机的飞行状态；确定地勤人员的辅助观察点；确定场地边界的内缩安全距离；对作业地块的边界进行测绘打点，并在线保存；计算好无人飞机的作业高度、飞行航向、飞行路线和航线间距。

4）规划地块。在ACS2单手控智能遥控器上插入RTK差分定位模块，打开"极飞农服"APP，连接遥控器，沿绿化带边界行走一圈，在四个角落位置标记定位点，圈定作业地块的边界范围。

5）规划航线。选定规划好的作业地块，新建航线，选择"往返航线"类型，APP将自动规划无人飞机的飞行航线，航线方向与地块边界自动平行，可根据实际需要调整航线方向的角度，同时设置好航线间距、边界安全距离和障碍物安全距离等参数值。

6）检查设备。开始作业前，先对无人飞机各部位进行例行检查，从前到后，从上到下，从外到内，检查完毕后方可开始作业。检查遥控器是否电量充足，各拉杆是否灵活和处于中位。

7）执行作业。将药箱接满清水并安装完毕，先后开启智能遥控器开关和无人飞机电源开关；在"极飞农服"APP内选定地块，点击"执行作业"按钮，选定添加好的无人飞机作业设备，检查航线设置中的相关参数是否正确，在喷洒设置中设置好每亩喷洒量和雾化等级，长按"按住启动开始作业"进行航线上传自检（注意：按住按钮不要松开，松开则自动断开任务）。上述执行作业过程的有关操作界面如图4-31所示。

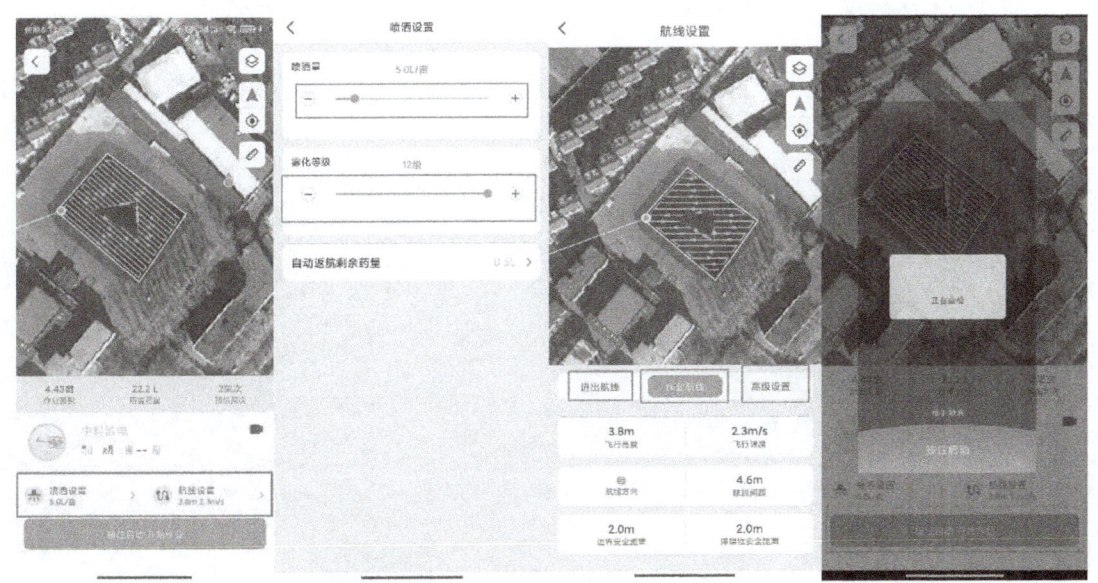

图4-31　执行作业过程的有关操作界面

8）作业结束。

无人飞机完成作业任务后，做好植保无人飞机、对讲机、遥控器、充电器、电池等相关设备和工具的整理与归类；排净药箱内的残留清水；检查无人飞机的零部件有损坏现象，紧固螺钉；电池按使用和存放标准进行归整；检查完毕后，将植保无人飞机及辅助设备安全运回存放地存放。

（4）注意事项

1）开启仿地飞行功能时，无人飞机将采用超声波雷达进行定高飞行。若作业地块内存在落差比较明显的植被，无人飞机爬升或下降途中容易发生"挂树摔机"现象，因此设置作业高度时，要充分考虑植被作物的最大高度，不能设置过小的高度值，为了安全起见，建议本次作业高度设置为4~5m。

2）无人飞机起动作业后，如遇到特殊情况需要暂停、避让或者返航，可通过APP内"暂停作业"指令或在遥控器上按任意方向键、中间方块键等进行接管和操控。若要继续自主作业，可同样通过APP有关命令或长按方块键恢复。

3）作业前，需要提前设置无人飞机"自动返航剩余药量"值，便于中途更换药液。

4）药箱或电池电量不足时，无人飞机将自动返回起航点并降落停机，需要人为更换电池并打开电源开关，然后在APP内点击相关命令继续完成后续作业。

思考与练习

一、填空题

1. 无人飞机的定高方式一般有三种，即_____定高、_____定高和_____定高。此外，由于植保无人飞机以近地面飞行为主，对于定位高度的精度要求较高，一般还借助地面基站来实现高度测量和定高飞行，此种方式称为_____定高。
2. 实时动态差分法（RTK）又称为_____，是一种新的常用的_____测量方法。
3. 我们习惯上把_____、_____所在的分布地区，连同比较崎岖的_____，都称为山区。
4. 精准的农田边界与面积数据，是实现农业无人化、标准化、规模化生产的基础。对作业任务地块进行测绘时，常用的三种方法是_____、_____和_____。
5. 开启仿地飞行功能时，无人飞机将采用_____进行定高飞行，若作业地块内存在落差比较明显的植被，无人飞机爬升或下降途中容易发生_____现象。

二、简答题

1. 请指出无人飞机仿地飞行的优缺点。
2. 请简要说明无人飞机山地飞防的特点。

学习拓展

1. 任务背景

2023年5月29日，在山东烟台招远市齐山镇西肇沟村某果园内，一架无人飞机正在进行飞防作业（图4-32），农户们望着这架来回穿梭喷洒农药的无人飞机，啧啧称赞："现在大部分果农都是60岁以上的老人，打药是个难题，费时费力不说，特别是面积较大的果园，农忙时节找不到打药的工人，容易错过打药时机。这机器真是好，打药效率高、省水、省药、精准，还避免了人工打药对身体的伤害！"经过两天时间，这架无人飞机已在齐山镇8个村24户果农300多亩果园进行了飞防作业，受到了越来越多果农的认可，接到了很多果农的预定。

图4-32　植保无人飞机果树飞防

据了解，无人飞机飞防与人工打药、地面打药机械相比，具有明显优势，一是省药，使用低容量高浓度的药液配比，用药量减少25%~30%，提高了农药利用率；二是省水，用水量较人工打药节省超95%，减少农业耗水量；三是省事省时省工，能够实现自动化，工作效率提升20倍；四是地形适应性强，智能化水平高，可以针对果树树心喷洒，使打药均匀。

近年来，招远市积极响应烟台苹果产业高质量发展号召，推进现代苹果栽培模式变革,加强果园基础设施配套建设,积极推广植保无人飞机等新型植保机械应用,增强果园绿色防控能力,扩大绿色防治实施面积,不断提升该市高效植保机械化水平,加快招远苹果产业高质量发展。

2. 任务要求

请结合上述植保无人飞机为苹果树进行飞防作业的案例背景,组织相关专业学生对本市郊区的果农进行飞防需求方面的调研,要求完成科技服务1次,并对该植保飞防任务进行合理规划,撰写任务过程书一份,具体要求包括:

1)小组团队分工。
2)作业环境调查。
3)无人飞机航线规划。
4)果园病虫害发生情况及用药配方。
5)作业参数设计与数据记录。
6)任务要求与总结。

3. 绘制作业流程图

4. 团队分工

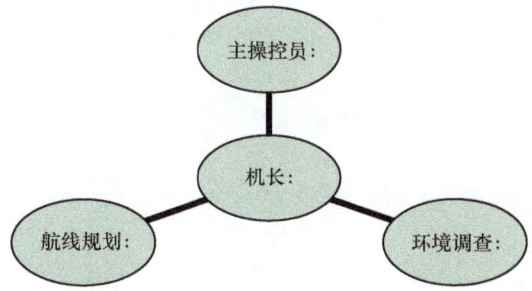

5. 作业环境调查

（1）果树生长及病虫害情况

（2）地块内障碍物及周边环境

（3）隔离带设置要求

（4）气象要素

6. 用药配方及配药流程

7. 作业参数设计与数据记录

设备型号	作业方式	喷洒方法	航线路径	喷施角度
作业高度	航线间距	作业速度	喷雾流量	安全距离
作业面积	作业时长	使用药量	架次	记录人

8. 作业实施

（1）工具清单

（2）安全预案

（3）作业前检查

（4）开始作业后的注意事项

（5）作业后检查

（6）设备养护

9. 实践总结

撰写一分项目实践总结，要求 500 字左右。

模块五　植保无人飞机作业典型应用

🎯 知识目标

1. 熟悉百亩大田单机飞防作业的环境调查、成本核算方法、作业模式选择、航线规划、作业准备和作业参数等内容。
2. 熟悉百亩大田多机飞防作业的地块规划方法和多机协同作业特点。
3. 了解各类大田、果园无人飞机飞防作业的实际应用情况。
4. 了解无人飞机在其他农业领域的应用情况，如施肥、播种、授粉等。

🎯 能力目标

1. 熟练掌握百亩大田作物无人飞机单机飞防作业的相关操作技能。
2. 熟练掌握百亩大田作物无人飞机多机飞防作业的相关操作技能。
3. 针对不同的大田、果园应用场景合理选择无人飞机的作业模式，并设计有关作业参数。
4. 安全操控植保无人飞机完成不同应用场景下的作业任务。

🎯 素质目标

1. 树立正确的社会价值观，倡导科技服务社会、创新助力发展的思想理念。
2. 培养学以致用、知行合一的行为习惯和自主学习、不断进取的求索精神。
3. 倡导绿色、低碳、循环、可持续的生产方式和生活方式。

单元一　单机飞防作业

5.1.1　案例背景

2022年6月6日，在浙江省丽水市云和县紧水滩镇石浦村稻田上空（图5-1），一架多旋翼植保无人飞机在操控员熟练的控制下飞防作业，一道道"药雾"从天而降，均匀撒向稻田。不到2h，近百亩稻田便喷洒完毕。

"眼下正是水稻生长的好时节，前段时间都是阴雨天，今天难得天气好，及时喷药

单机飞防作业案例

干预，能有效除草防虫防病，保障粮食安全。我们向县农业农村局递交申请，免费使用无人飞机进行喷洒作业。"紧水滩镇农技专家告诉记者，传统水稻植保以动力喷雾机为主，费时费料费人工，使用植保无人飞机，原本几天的工作量，短短两小时就完成了，大大提高了工作效率，施药也更精准。

从机械插秧到无人飞机农药喷洒，在实现农耕机械化转型的过程中，石浦村紧抓农文旅融合机遇，借着耕地"非粮化"整治的契机，村公司和村集体将农户闲置田进行集中流转，建成现在的百亩高标准农田。据悉，百亩良田将尝试两季再生稻与土豆轮种，提高土地利用率，助力村集体经济增收。

图 5-1　紧水滩镇石浦村水稻飞防

5.1.2　案例分析

1. 病虫害情况

根据 2022 年浙江省丽水市早稻在 6 月上旬的病虫害发生情况报告数据，主要病害和虫害如下。

（1）病害

1）稻瘟病。一种真菌性病害，由稻瘟病菌引起。它在水稻整个生育期都有可能发生，但 6 月上旬是稻瘟病的高发期。稻瘟病主要危害水稻的叶片、茎秆和穗部，导致叶片枯黄、茎秆折断和穗部结实不良。在高温高湿的环境下，稻瘟病迅速蔓延，对水稻生产造成严重影响。

2）纹枯病。一种真菌性病害，由立枯丝核菌引起。它在水稻生长中后期发生较多，主要危害水稻的叶片和茎秆，导致叶片枯黄、茎秆腐烂，最终影响水稻的产量和质量。6 月上旬，由于田间湿度较高，纹枯病易发生和传播。

3）白叶枯病。一种细菌性病害，由细菌性条斑病菌引起。它主要危害水稻的叶片，导致叶片出现黄色或黄褐色斑点，最终引起叶片枯萎。白叶枯病在高温高湿的环境下容易发生和传播。

4）细菌性条斑病。一种细菌性病害，由细菌性条斑病菌引起。它主要危害水稻的叶片和叶鞘，导致叶片出现黄色或黄褐色条斑，并伴有树脂状分泌物。细菌性条斑病对水稻生长和产量都有较大的影响。

（2）虫害

1）二化螟。一种鳞翅目害虫，主要危害水稻的茎秆和穗部。它们以水稻的茎秆和穗部为食，造成水稻倒伏、枯心和白穗等症状。二化螟的危害严重影响水稻的产量和品质。6 月上旬，由于田间湿度较高，二化螟易发生且繁殖较快。

2）稻飞虱。一种同翅目害虫，主要危害水稻的叶片和茎秆。它们以水稻的汁液为食，导致叶片出现黄褐色或灰色斑点，并最终引起叶片枯萎。稻飞虱对水稻生长和产量都有较大的影响。6月上旬，由于田间湿度较高，稻飞虱易发生且繁殖较快。

3）稻纵卷叶螟。一种鳞翅目害虫，主要危害水稻的叶片。它们将水稻叶片卷成筒状，并在其中产卵和取食。稻纵卷叶螟对水稻生长和产量都有较大的影响。6月上旬，由于田间湿度较高，稻纵卷叶螟易发生且繁殖较快。

2. 无人飞机飞防情况

云和县作为浙江省丽水市的主要粮食生产区，早稻的种植面积较大，面临着多种病虫害的威胁。为了有效控制这些病虫害的发生和危害，云和县农业部门积极推广和应用无人飞机植保技术，以满足病虫害防治的及时性和有效性。

无人飞机飞防作业在防治病虫害方面具有显著优势，包括高效、精准、覆盖面广等。通过无人飞机植保技术的推广应用，可以显著提高作业效率和防治效果，缩短作业时间，减少农药使用量和环境污染，为农民提供更优质、更便捷的植保服务。

云和县农业部门引进了多种型号的无人飞机，并配备了专业的飞防作业队伍，为农民提供及时、有效的飞防作业服务。同时，为了提高飞防作业的质量和效果，云和县农业部门还加强了对飞防作业人员的培训和技术指导。

根据丽水市农业部门的数据统计，2022年丽水市早稻无人飞机飞防作业面积达到了10万亩次以上。其中，针对稻瘟病的防治面积达到了3万亩次，针对纹枯病的防治面积达到了2万亩次，针对二化螟和其他病虫害的防治面积达到了5万亩次。这些数据表明，无人飞机植保技术在防治丽水市早稻病虫害方面发挥了重要作用。同时，数据统计还表明，无人飞机飞防作业的防治效果达到了90%以上，比传统的人工防治效果提高了约30%。这表明无人飞机植保技术在提高作业效率和防治效果方面具有显著优势。

5.1.3 飞防方案

1. 用药配方

25%三环唑可湿性粉剂30~40g（亩用量）和10%井冈霉素水剂100~150g（亩用量）混合使用，可同时防治稻瘟病和纹枯病；5%氯虫苯甲酰胺悬浮剂30~40g（亩用量）和25%吡蚜酮悬浮剂30~40g（亩用量）混合使用，可同时防治二化螟和稻飞虱。

植保无人飞机作业时，一般作物的每亩药液用量为500~1000ml，药液浓度过高易对作物产生药害，所以一般要采用专用超低容量液剂，超低容量液剂必须具备抗蒸发、防漂移、黏性好的特点。常见的超低容量水稻飞防药剂见表5-1。

表5-1 超低容量水稻飞防药剂数

作物	病虫害	对应农药及成分
水稻	稻瘟病	稻瘟灵、春雷霉素、肟菌酯戊唑醇、咪鲜胺、三环唑、稻瘟酰胺、嘧菌酯、吡唑醚菌酯戊唑醇
	纹枯病	噻呋酰胺、苯醚甲环唑丙环唑、肟菌酯戊唑醇、嘧菌酯、吡唑醚菌酯戊唑醇

2. 作业前准备

(1) 作业环境调查

1) 周边种植情况。在作业前必须观察周边，特别是下风向的作物种植情况，是否存在桑树等敏感植物，避免产生飘移性药害、毒害事故。要提前查询好药物特性、作物特性，确认安全后方可作业，避免产生经济损失。

2) 周边水源和养殖情况。注意观察四周特别是下风向是否存在水源地、鱼塘、水库，避免对水源产生污染。如作业区域周边存在养殖情况，则有可能产生养殖牲畜中毒、死亡的可能。如作业不可避免，一定要确定农药是否可能对养殖牲畜产生毒害。

3) 障碍物。检查四周是否有树木、电线杆、高压线、斜拉索等障碍物，并进行相应的处理。田块规划时应仔细观察田块内部及边缘障碍物情况，进行障碍物规划，避免植保无人飞机与障碍物产生撞击。

4) 天气情况。及时关注当地的天气预报，确保作业处于非恶劣天气环境下，避开雨雪、冰雹、霜冻、大风和高温天气。无人飞机植保作业时，风力一般不超过3级，进行农作物防病治虫作业时，遇到风力大于4级的天气应暂缓作业，风力大于6级严禁作业。植保无人飞机的作业环境温度一般为5~40℃，当环境温度过低时无人飞机电池容量会减少，同时液晶屏幕反应速度变慢，可能会导致无人飞机的操作不当；当环境温度过高时，无人飞机飞行控制器的CPU温度会过高，可能导致无人飞机的飞行出现异常；另外，需要注意无人飞机的储存温度，并避免无人飞机存放在高温潮湿的环境中。

(2) 成本核算

1) 收入估算。以某知名无人飞机植保公司在水稻、小麦等作物飞防服务两年为例，较为理想的情况是每年作业7000亩（3500亩×2架），两个作业区域错开打药作业时间（保证理想情况下无等待时间）。预估每个起落架次打药10~12亩，总计需要约700个架次；每亩每年3遍药，总共需要2100个架次，耗时约3个月。总打药2.1万亩次，每亩水稻收费10元，作业费总共21万元。

2) 成本估算。①电池损耗：两架无人飞机作业700架次，约5块电池报废，即总共报废15块电池，每块电池约2200元，电池支出3.3万元；②充电器损耗：无人飞机高频次作业下，充电器每年差不多损耗一台，支出0.4万元左右；③维修损耗：每架无人飞机作业3500亩架次左右，需要3500元左右保养、维修费用，7000亩次需要约0.7万元支出；④无人飞机损耗：现有无人飞机高频次作业下能用3~4年，飞机本身折旧成本每年1万元左右，两架飞机损耗2万元；⑤油费：转场+运输+田间发电机充电，三个月总共油费约1万元；⑥人员费：每人每月工资约8000元，2架无人飞机至少3个人配合作业，3个月约7.2万元。

3) 年利润。总收入21万元，总支出约14.6万元，年利润约6.4万元。

4) 其他。在理想状态下，作业时间内无人飞机没有出现炸机等影响作业的损伤，自己备有交通工具，3个月内没有下雨等天气原因，且打药作业时间能够完整闭合。现有无人飞机每小时作业40~45亩，保证效果条件下，需每天作业8个小时左右，早上6~10点，下午4~8点，必要时也可以选择夜间作业。

（3）作业模式选择　植保无人飞机作业时，可根据实际情况选择合适的作业模式，包括手动作业、AB点作业和航线规划全自主作业。表5-2从适用田块、优势、劣势及典型应用方面对三种作业模式进行了对比。

植保无人飞机三种作业模式对比

表5-2　三种作业模式对比

项目	作业模式		
	手动作业	AB点作业	航线规划全自主作业
适应田块	小型不规则地块	规整长方形或正方形田块	中大型地块
优势	迅速作业，地形适应能力强	迅速作业，操作人员劳动强度低，喷洒均匀	操作人员劳动强度低，地形适应能力强、喷洒均匀、工作人员少
劣势	操作人员劳动强度大，易疲劳，易出现重喷、漏喷	只适合在规整田块使用	前期要进行航线规划，作业准备时间长
典型应用	5~30亩，不规整地块	30~300亩，规整地块	30~300亩，地块四周通行方便

（4）航线规划　全自主航线规划作业是目前使用最广泛的作业模式，作业前需要提前对地块进行规划。在规划的过程中，通过打点将作业区域覆盖在作业范围内；通过障碍物规划，使航线避开障碍物；通过调整航线，使航线更高效、覆盖范围更广。无人飞机开启全自主航线规划作业模式，工作强度大大降低，操控员能够从事更多的其他工作，只要设置合理行距，就能够避免药液重喷与漏喷的发生。所以，全自主航线规划作业模式是智能程度最高、最精准的作业方式。

针对百亩以上的水稻田进行飞防作业，应选择全自主航线规划作业模式。该模式是指对作业区域进行整体测绘，使植保无人飞机在规划区域自动作业，该作业模式具备全自主作业、操控员工作强度低、地形适应能力强、喷洒均匀和对工作人员数量要求少等优势。操控员需要更多地掌握航线规划软件的使用技巧和航线规划方法，目前常见的航线规划软件包括基于手机终端的农服类APP专用软件和基于电脑终端的地面站控制软件。图5-2所示为"极飞农服"APP软件进行航线规划作业，图5-3所示为"天途航空云控系统"地面站进行航线规划作业。在对作业地块进行测绘时，除了完成地块边界的测绘打点，还需要对包含障碍物的区域边界进行打点测绘。操控软件自动生成航线时，无人飞机将采取绕飞的方式避开该区域（见图5-2b）。

（5）作业注意事项

1）设备准备。①照明设备：夜间作业时，要准备好起降区域的照明设备，方便无人飞机起降、更换电池与药箱等操作；②电池：每机建议配置5块以上，数量过少有可能导致电池保障不足或电池高温充电损害电池；③发电机：夜间标配发电机，选用发电机功率在7000W以上，可供两台四通道充电器使用；④其他配件：例如螺旋桨、套筒、喷嘴等配件，备用喷嘴可在故障无法排除时更换；⑤配药工具：包括大桶、母液桶、小桶、漏斗（带滤网）等；⑥维修工具：如老虎钳、内六角套装、剪刀等工具，牙刷可以用来排除喷头堵塞。

a) "极飞农服"APP软件　　　　　　　b) 绕开障碍物

图 5-2　"极飞农服" APP 软件航线规划作业

图 5-3　"天途航空云控系统"地面站进行航线规划作业

2）人员安全。作业人员应穿戴长衣长裤长袜，减少皮肤裸露；应携带手电筒或头灯，便于夜间走路；应随身携带花露水、防蚊水，避免蚊虫叮咬；南方地区作业需穿水靴，避免脚部进水及踩踏到毒蛇；夜间行车，避免疲劳驾驶、超速行驶；作业前应清空作业区域，否则植保无人飞机与地面人员发生撞击将可能造成严重伤害，植保无人飞机起降需与人员保持足够安全距离。

3）夜间作业的注意事项。要及时开启植保无人飞机照明灯并关注 FPV 画面，在遥控器 APP 设置选项中，打开照明灯以照亮前方区域，这样再通过观察 FPV 画面，就可以清晰地获取前方的实时画面，更好的保障飞行安全；更换电池时应确认电池卡紧；要避免起降期间撞击障碍物，白天规划时，提前确定无人飞机起降点与执行作业起始点位置是否有障碍物，如起降上方有电线，提前设置好起飞点高度，避免与电线碰撞，或者手动解锁飞行至航线起始点，到达起飞点时，滑动执行任务；作业时要能够实时判断植保无人飞机的实际位置，在遥控器的执行界面，红色三角形为植保无人飞机所在的位置，通过观察 FPV 摄像头画面判断无人飞机实际位置，通过进入卫星地图进行辅助判断田块边界是否存在障碍物，对有明显障碍物区域需提高警惕。

4）安全往返作业中断点。首先，可以通过遥控器断药点提示或剩余药量判断，提前在地头将植保无人飞机拉回进行加药，避免植保无人飞机在田块无药悬停；其次，通过已经作业航线轨迹，手动拉回植保无人飞机，手动拉回时，注意高度变化；最后，可以使用一键返航操作，返航轨迹从断药点到返航点呈直线状态，确保返航点中间无障碍物、无电线，落地时如场地过小，可手动降落。

3. 作业天气及参数

本案例中针对水稻飞防作业的天气情况和具体作业参数，详见表 5-3 和表 5-4。

表 5-3　作业天气

作业时间	2022 年 6 月 6 日	作业地点	浙江省丽水市
作业地形	平地	风力	东南风 1~2 级
天气	晴	气温	23~25℃

表 5-4　作业参数

作业模式	航线规划	所用机型	MG-1P
相对作物高度	1.8m	飞行速度	5.2m/s
作业行距	4.3m	安全距离	2.2m
亩施药量	1.1L	喷头类型	扇形压力喷头（XR11001VS）

4. 作业效果

作业效率：本案例中提及的近百亩水稻田，其飞防作业总计用时不到 2h，作业效率为 40~50 亩每小时。

防治效果：本次作业取得了显著的效果。无人飞机能够准确、均匀地喷洒农药，提高防治效率，同时减少农药的使用量和浪费；作业完成后，水稻的生长情况得到了改善，产量和品质也有相应的提升。

思考与练习

一、单项选择题

1. 人体在农药中毒后的表现，不包括的是（　　）。
   A. 头晕、头痛　　B. 恶心、呕吐　　C. 流涎、多汗　　D. 手脚疼痛
2. 作业人员在农药中毒时正确的处理措施不包含的是（　　）。
   A. 立即将病人平放到阴凉处　　　　　B. 立即送医
   C. 脱去被污染衣物　　　　　　　　　D. 用氢氧化钠清洗被污染肢体
3. 农业植保无人飞机不得在同一个地点长时间停留喷洒，原因不包含的是（　　）。
   A. 会造成飞行不稳定　　　　　　　　B. 会造成药害
   C. 会造成电量浪费　　　　　　　　　D. 会造成作物倒伏
4. 植保无人飞机飞行前的检查，不是必须检查的因素是（　　）。
   A. 高压电线　　B. 地面树木　　C. 电线塔斜拉索　　D. 天气情况
5. 下列符合要求的安全操作行为的是（　　）。
   A. 操控员坐在车里操控无人飞机
   B. 操控无人飞机从 20m 高压线上方飞越
   C. 操控无人飞机对树木进行杀虫作业
   D. 在闹市上操控无人飞机低空飞行
6. 植保无人飞机作业时，操控员应站在（　　）。
   A. 站在无人飞机上风向，执行作业无人飞机与人员最近相隔 2m
   B. 站在无人飞机下风向，执行作业无人飞机与人员最近相隔 6m
   C. 站在无人飞机上风向，执行作业无人飞机与人员最近相隔 6m
   D. 站在无人飞机下风向，执行作业无人飞机与人员最近相隔 2m
7. 植保无人飞机药量已喷完准备降落，发现降落点围满群众，以下操作错误的是（　　）。
   A. 地勤用隔离带圈出安全区域供降落
   B. 寻找空旷人少的地区作为新的起降点
   C. 先疏散群众再降落，不抢一时之快
   D. 直接降落，无需理会周围群众
8. 进行自主航线作业时，做法正确的是（　　）。
   A. 操控员手持遥控器关注无人飞机作业状态
   B. 喝酒
   C. 打牌
   D. 坐到车里面去休息
9. 植保无人飞机不得在同一个地点长时间停留喷洒，原因不包含的是（　　）。
   A. 会造成作物倒伏　　　　　　　　　B. 会造成飞行不稳定
   C. 会造成药害　　　　　　　　　　　D. 会造成电量浪费
10. 植保作业时，下列行为正确的是（　　）。
    A. 完毕后立即漱口、洗手　　　　　　B. 进行饮食
    C. 站立于下风向　　　　　　　　　　D. 不穿戴防护装备

11. 作业过程中，下列做法正确的是（　　）。
A. 将植保无人飞机飞行到人员头顶之上
B. 降落时桨叶尚未停转就靠近植保无人飞机
C. 飞行时人员与植保无人飞机时刻保持 6m 以上距离
D. 飞行时将植保无人飞机飞行到 30m 高度，越过高压线

12. 下列关于操控员的要求，描述错误的是（　　）。
A. 不可将植保无人飞机操控到人员正上方，不可接近飞行中的无人飞机
B. 植保无人飞机提示需磁罗盘校准时，第一时间进行校准
C. 飞行前 8h 禁止饮酒
D. 作业区域有农户在拔草，依然继续作业

二、简答题

1. 百亩水稻田单机飞防作业时，选择哪种作业模式更为合适？并写出其具体的操作流程。
2. 植保无人飞机对于作业时的天气环境有哪些具体要求？

学习拓展

1. 任务背景

2022 年 9 月上旬，在上海市奉贤区南桥镇江海村一大片稻田里，伴随着引擎的轰鸣声，一架农用植保无人飞机在操控员的控制下，在稻田上方匀速飞行。在螺旋桨的风压下，机身不断侧喷出农药，均匀地洒向农田。操控员只用了 3h，便完成了 108 亩水稻田农药喷洒。如果用人工方式喷洒农药，则需要 4 个人用一天的时间才能完成。有了植保无人飞机，这里的 3380 亩中晚稻喷洒农药工作只需要两三天就能完成。

从水稻插秧到收割的几个月时间内，需要进行 4~6 次病虫害防治，现在已经到了病虫害防治的关键时期。最近在南桥镇的稻田里，农户人工打药施肥的身影少了很多，取而代之的是植保无人飞机。植保作业前，通过软件对施药区域做好航线规划，设计好无人飞机的飞行喷洒作业路线，随后便可以装药、检查、起飞，无人飞机会按照设定好的路线自动飞行作业并喷洒农药，操控员需密切关注无人飞机的电量和药量。

据了解，在上海市奉贤区南桥镇，植保无人飞机除了可以喷洒农药外，还能用于水稻播种和施肥。随着技术的不断发展，部分植保无人飞机还具备智能测绘等功能，操作也更加容易上手，让农业变得更智慧、更高效。

2. 任务要求

请结合上述植保无人飞机为水稻进行飞防的案例背景，组织相关专业学生（分 2 个小组）对本市郊区的农户进行植保需求方面的调研，计划利用学校无人飞机装备对大田农作物进行飞行防治服务。要求每组学生采用航线规划作业模式完成 100 亩以上的作业任务，且病虫害的防治有效率达到 90% 以上，并对该飞防任务进行合理规划，撰写任务过程书一份，具体要求包括：

1）小组团队分工。
2）作业环境调查。
3）无人飞机航线规划。
4）大田农作物的病虫害发生情况及用药配方。
5）作业参数设计与数据记录。
6）任务要求与总结。

3. 绘制作业流程图

4. 团队分工

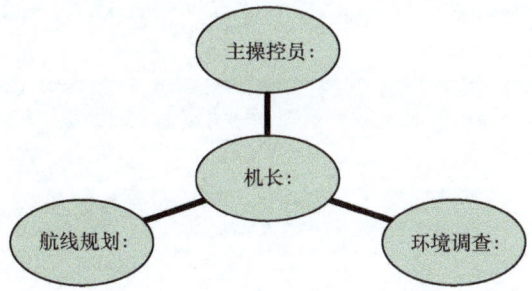

5. 作业环境调查

（1）农作物生长及病虫害情况

（2）地块内障碍物及周边环境

（3）地块及航线规划

（4）气象要素

6. 用药配方及配药流程

7. 作业参数设计与数据记录

设备型号	作业方式	喷洒方法	航线路径	喷施角度
作业高度	航线间距	作业速度	喷雾流量	安全距离
作业面积	作业时长	使用药量	架次	记录人

8. 作业实施

（1）工具清单

（2）安全预案

（3）作业前检查

（4）开始作业后的注意事项

（5）作业后检查

（6）设备养护

9. 实践总结

撰写一分项目实践总结，要求 500 字左右。

单元二　多机飞防作业

5.2.1　案例背景

2020 年 2 月底，正是油菜开花的时节，同时也是病虫害防治的关键期。四川省宜宾市叙州区抢抓晴好天气，出动 25 架天鹰兄弟植保无人飞机，对全区 6 万亩油菜开展病虫害统防统治作业，为油菜丰产丰收打下基础。

28 日，柳嘉镇民主村，两架无人飞机在专业人员的操控下，正

多机飞防作业案例

在油菜地上空进行快速而精准的喷药作业（图5-4），短短几分钟时间就完成了一大片油菜的病虫害防治。"今年是政府给我们免费打药，既节约了时间，也节约了成本。"柳嘉镇民主村的村民笑着说道。

据专业人员介绍，植保无人飞机飞防作业是一种新型的病虫害防控手段，在喷施农药的同时还可兼顾叶面喷肥、辅助油菜授粉。相比传统的人工防治方法，具有防治效果好、防治成本低等优势。无人飞机飞防作业技术人员介绍说："它的雾化效果很好，对作物的正反面附着力都比较好，防治比较精准，每天我们这个无人飞机能作业200~300亩，是人工作业量的20倍到30倍。"

图5-4　无人飞机为油菜进行病虫害防治

据了解，四川省宜宾市叙州区作为全省食用植物油生产大县，油菜种植面积常年稳定在15万亩以上。当前正是油菜菌核病、霜霉病和蚜虫等病虫害的高发期，一旦防治不到位，会严重影响油菜籽的产量。叙州区针对油菜集中成片、面积大、人工施药较难等情况，投入项目资金200余万元，启用25架植保无人飞机同时对16个乡镇187个村的6万亩油菜开展病虫害统防统治，无人飞机防治作业预计10天左右就能全部完成。

5.2.2　案例分析

1. 病虫害情况

根据近年来四川省宜宾市油菜的病虫害发生情况报告数据，其主要的病害和虫害如下。

（1）病害

1）油菜病毒病。油菜病毒病是由病毒引起的油菜病害，症状包括叶片出现黄色或紫色斑点、植株矮小、抽薹延迟等。在四川省宜宾市，油菜病毒病的发生率较高，尤其是在早播油菜田中，病毒病的危害更为严重。

2）油菜菌核病。油菜菌核病是一种由真菌引起的病害，症状包括叶片出现褐色病斑、茎部出现菌核等。在四川省宜宾市，油菜菌核病的发生率也比较高，尤其是在潮湿的环境下，菌核病的危害更为严重。

3）油菜霜霉病。油菜霜霉病是一种真菌性病害，主要危害油菜的叶片、茎和花果，给油菜的生产带来了严重的威胁。油菜霜霉病的病菌会在土壤或病株残体中越冬，通过风雨传播，从油菜的叶片气孔侵入。当春季气温上升后，如果雨水多，田间湿度大，则很容易发病或引起花期霜霉病流行。在四川省宜宾市，由于环境潮湿，霜霉病的发生较为普遍。

（2）虫害　油菜蚜虫是一种常见的油菜病虫害，蚜虫会吸取油菜的汁液，导致油菜叶片发黄、生长缓慢，严重时甚至会导致油菜死亡。在四川省宜宾市，油菜蚜虫的发生率较高，特别是在干旱的年份，蚜虫的数量会更多。

2. 无人飞机飞防情况

在四川省宜宾市，无人飞机飞防服务已经逐渐成为油菜病虫害防治的重要手段之一。截至 2020 年底，四川省宜宾市油菜田的无人飞机飞防服务覆盖面积已经达到数十万亩，服务范围覆盖了多个县区。根据宜宾市农科院油菜专家介绍，农业植保无人飞机是集绿色防控、智能防控、精准防控、专业防控于一体的现代农业生产服务装备，可以减少农药对人体的伤害，减少人工施药过程中对农作物的损害，同时具有喷药快速、省水省药，解决了油菜开花期人员进田喷药困难等优点，是实施农药减量行动的重要措施，也是发展现代农业的重要体现。

近年来，宜宾市农科院油菜重大技术协同推广项目组专家团队与辖区内的农技推广服务中心科技人员合作，积极开展针对油菜开花期菌核病防治的飞防示范研究，引导农民和专业服务组织团队开展无人飞机飞防服务。同时，宜宾市农业农村局也加强了对无人飞机飞防服务的监管和指导，确保服务质量和安全。

5.2.3 飞防方案

1. 用药配方

在防治油菜病毒病、油菜菌核病和霜霉病三种病害时，可以同时使用杀菌剂、杀虫剂、植物生长调节剂等飞防用药配方进行综合防治。针对油菜病毒病、油菜菌核病和油菜霜霉病，可以选用胺鲜酯和乙烯利两种农药进行稀释后喷洒在油菜上；对于油菜蚜虫，可以选用吡虫啉或啶虫脒喷雾防治。具体参考用量如下：30% 胺鲜酯乙烯利可溶剂 25~30g（亩用量）+70% 吡虫啉水分散粒剂（或 70% 可湿性粉剂）2~3g（亩用量）。

2. 作业前准备

（1）作业环境调查　作业前，需要详细了解作业地块周边的种植、水源和养殖等情况，避免因药液漂移产生药害、毒害等不安全现象；仔细观察和检查地块临近、四周和内部的障碍物情况，并对障碍物所在区域进行规划处理，坚决避免无人飞机作业时与障碍物产生撞击；关注作业当天的天气预报，选择适合无人飞机作业的具体日期和时段进行。

（2）成本核算　根据地块环境调查的结果，依照植保作业经验，估算好作业所需的劳动力成本，结合设备折旧、维护等费用成本，以及往返作业目的地的出行和食宿成本等，算出作业所需的总成本，再充分考虑当地的农户收入水平和植保市场价格后，最终决定收费单价和总价格。

（3）作业模式　根据实际情况选择合适的作业模式，考虑到地块面积较大且地形条件良好，采用航线规划全自主作业和多机协同作业模式可以大大增加工作效率。其中，无人飞机多机协同作业是指多架无人飞机之间通过相互合作、协调行动，以实现更大范围的任务执行。这种作业模式具有以下特点。

1）高效协同。多架无人飞机能够协同作业，完善任务规划，共同完成任务目标。

2）实时通信与信息共享。多架无人飞机之间需要实时通信与信息共享，以协调行动和规划路径，提高协同效率。

3）任务需求和特点的考虑。针对不同的任务需求和各自无人飞机的特点，进行任务分工和路径规划。

4）适应复杂环境。在复杂的环境中，如天气变化、地形限制等，无人飞机需要具备适应能力,以完成任务目标。

5)灵活调整。在任务执行过程中,无人飞机可以及时调整规划,适应新的任务要求。

无人飞机多机协同作业能够提高任务执行效率、降低成本并减少风险。例如,在农业领域,通过多架无人飞机的协同作业,可以实现大范围、高效的植保喷洒;在灾害救援领域,无人飞机可以快速响应,通过协同作业提供灾情监测和物资运输等服务。

为了实现高效的多机协同作业,需要解决通信与信息共享、任务规划、路径规划等方面的技术挑战。例如,通过引入先进的通信协议和算法,确保无人飞机间的实时通信和信息传递的可靠性;通过优化任务规划和路径规划算法,提高任务执行效率和精度。

因此,无人飞机多机协同作业是一种具有广泛应用前景的技术,能够在许多领域实现高效、精准的任务执行。随着技术的不断发展和完善,这种技术将在未来发挥更加重要的作用。

(4)地块规划 航线规划作业前必须规划好地块,如果地块太小,则作业效率太低,一般建议 30 亩以上地块才开始使用该模式。下面以大疆的植保无人飞机为例,讲述其常见的三种地块规划方式,包括遥控器规划、RTK 模块规划、飞行规划。

大疆植保无人飞机的三种地块规划方式

1)遥控器规划,是指工作人员使用遥控器在卫星地图上直接规划,精度一般,需要纠正偏移。

2)RTK 规划,是指工作人员使用插入 RTK 高精度定位模块的遥控器进行规划,精度高,无须纠偏。使用 RTK 规划地块时,需要提前做好以下准备:规划时需要插入 RTK 高精度定位模块,需要通过高精度定位模块接收 RTK 信号;遥控器需要联网,目前大多数遥控器使用的是网络 RTK,故需要联网后才能进行通信;需要提前激活网络 RTK 套餐,大疆 T 系列植保无人飞机购机时赠送 AB 两个套餐,总计 12 个月的网络 RTK 使用时间;选择 RTK 信号源,选择网络 RTK,即可正常获取网络 RTK 信号。

RTK 规划的具体流程如下:第一步,围绕地块边界进行打点,也就是俗称的"圈地",能够将地块的实际形状有效的记录下来。第二步,根据障碍物的实际情况,添加障碍物,使得航线绕开障碍物,以免作业航线进入障碍物范围内造成摔机事故;如果在边界上存在一个连片的障碍物区域,也可以通过打点的方式直接将障碍物规划在航线之外;在"大疆农业"APP 界面内,黄色线是航线,红色线是障碍物区域,红色点是障碍物规划的航点。

3)飞行规划,是指操控员操控植保无人飞机进行规划,精度与定位方式有关,对操控员具有一定的操控技术要求。

(5)航线规划 地块规划完成后,可选择其中需要作业的地块进行航线规划,规划航线时需掌握以下概念与方法(下面以"大疆农业"APP 为例,讲解其航线编辑和修改方法)。

1)地块。指航线规划完毕的地块,如果一块地刚开始作业,一般需要调用此地块。

2)统一内缩与单边内缩。内缩距离是指作业航线与边界保持的安全距离,分为统一内缩和单边内缩。统一内缩是针对所有边进行设置,单边内缩只针对所选择的某条边。设置内缩距离时,应充分考虑障碍物的位置、植保无人飞机的大小、飞行精度带来的误差等各种情况。其中，GNSS 定位技术的植保无人飞机飞行精度在 0.6~1m，RTK 定位技术的植保无人飞机飞行精度在 0.1m 以内。当内缩距离为 0m 时，起始航线与边界保持半个行距的距离。例如，当行距为 5m 时，航线与边界的距离为 2.5m。

3）航线调整。航线为自动生成，可以根据实际的地形、风向、加药点适当调整航线走向，尽量减少空飞航线，提高作业效率。航线规划软件内一般都有三种航线角度调整方式，一是拖动地块编辑中黄色点；二是点击黄色点，数字微调；三是双击某一条边即可让航线快速对齐选定的边。

4）航线切割。航线切割功能能够对地块进行切割，分成多块，以方便作业。例如，将一个地块分成多块，再使用一控多机功能，实现一个操控员操作多架无人飞机同时对一个地块进行作业，从而提高作业的效率；或者对地块进行切割后，只完成其中部分地块的作业。

5）自动扫边。植保无人飞机沿着农田边界飞行一圈，以实现更佳的作业效果或者实现特定形状田块的作业。航线切割与自动扫边结合，可以实现只围绕田块飞行一周的飞行方式。

6）低速自爬升。部分大载重机型在横移阶段因为风场过强，可能造成农作物的倒伏。通过设置低速自爬升，让无人飞机在横移阶段提升高度，避免对作物造成倒伏。一般仅有大载重机型（如大疆 T20、T30）才需设置此功能，小载重机型（如大疆 T10）无须设置该功能。

7）保存。最后将编辑好的航线进行保存，可将地点、户主、田块、作物、药剂等情况进行记录。

8）调用航线。指调用已完成其中部分作业的地块航线。例如，某一地块上午作业了 50%，在结束时就会自动产生已经有比例的作业任务，下午作业时调用此任务就可以继续作业。

9）添加标定点。添加标定点是指选择地块周边特征比较明显的区域进行设置。以 GNSS 坐标点形成的航线有可能随着时间的推移产生精度误差或坐标飘移，作业航线有可能发生整体偏移，有可能造成植保无人飞机摔机。但是某一个具体的点，相对于作业区域位置在短时间内是不会变化的。通过提前在作业区域周边寻找一块地面特征明显的位置设定为标定点，作业前可将植保无人飞机放置在标定点执行纠正偏移，即可解决航线的偏移问题。

10）纠正偏移。找到之前已经设置好的标定点，将植保无人飞机的中心部位放置在标定点正上方，执行纠正偏移，以使作业航线与原始航线保持重合。如果采用 RTK 模块规划以及开启了 RTK 定位的飞行规划，则规划精度为厘米级，无须操作纠正偏移。

3. 一控多机作业流程

本案例中，为了提高大面积油菜田的作业效率，对任务地块进行了分割处理，采用一控多机的方式实施多机协调作业。下面以大疆 MG-1P 系列植保无人飞机为例，讲解一控多机作业的操作步骤。

1）开启遥控器，接通植保无人飞机的电源线。

2）点击"大疆农业"APP 主界面的"执行作业"，点击右上角设置菜单选择"遥控器设置"。

3）选择"多机对频"，点击"开始对频"，遥控器进入对频状态。

4）按下第一架植保无人飞机机尾对频键，APP 扫描探测界面显示扫描到第一架植保无人飞机，则表示对频成功，APP 自动编号为 1 号机。

5）按下第二架植保无人飞机机尾对频键，APP 扫描探测界面显示扫描到第二架植保无人机，则表示对频成功，APP 自动编号为 2 号机。

6）如需控制多架植保无人飞机，重复执行对频操作即可，1 台遥控器最多可控制 5 架植保无人飞机。

7）多机对频完成后，在 APP 中点击"结束对频"退出设置菜单。

8）点击 APP 左上角"DJI"图标，点击"执行作业"。

9）点击屏幕左侧 1 号机状态框，再次点击则进入 1 号机操作界面。

10）点击屏幕左侧任务列表，选择已规划好的任务。

11）点击"调用任务"，点击"纠正偏移"，点击"执行作业"。

12）在参数设置窗口中，设置亩用量、喷洒效率、是否启用协调转弯等参数，点击"确定"。

13）点击屏幕左侧 2 号机状态框，再次点击进入 2 号机操作界面。

14）点击屏幕右下角"执行作业"，此时可以选择滑动任意一架植保无人飞机单独起飞开始作业，也可以选择滑动一键起飞，令所有植保无人飞机同时开始作业。

4. 作业天气及参数

本案例中针对油菜飞防作业的天气情况和具体作业参数设置见表 5-5 和表 5-6。

表 5-5 作业天气

作业时间	2020 年 2 月 28 日	作业地点	四川省宜宾市
作业地形	平地	风力	北风 1~2 级
天气	晴	气温	20~22℃

表 5-6 作业参数

作业模式	航线规划	所用机型	TY-M12L
相对作物高度	2m	飞行速度	4.2m/s
作业行距	4.5m	安全距离	2.3m
亩施药量	1.2L	喷头类型	扇形压力喷头

5. 作业效果

作业效率：本案例中提及的 6 万亩油菜田，预计飞防作业时间总计在 10 天左右，单机作业效率约为 240 亩 / 天。

防治效果：本次作业取得了较好的效果。多旋翼无人飞机可以更加精准、均匀地喷洒农药，有效覆盖油菜植株的各个部位，从而提高防治效果；通过精准均匀的喷洒农药，可以有效防治油菜病虫害，促进油菜生长发育，从而提高油菜的产量和品质。

思考与练习

一、单项选择题

1. 作物对药剂剂量最为敏感的是（　　）。
   A. 除草剂　　　　B. 杀菌剂　　　C. 植物调节剂　　　　D. 杀虫剂
2. 关于重喷与漏喷，描述错误的是（　　）。
   A. 行距设置过宽是漏喷的主要原因
   B. 行距设置过窄是重喷的主要原因
   C. 行距设置为有效喷幅，较为合适
   D. 行距可以随意设置，都不会造成重喷与漏喷
3. 关于在晴朗的高温天气下飞防作业，做法错误的是（　　）。
   A. 中午12点依然在作业　　　　B. 上午尽量在6~9点作业
   C. 下午尽量在4~7点作业　　　　D. 尽量在35℃以下作业
4. 植保队对水稻进行除草作业，下风向情况风险最高的是（　　）。
   A. 小麦田　　　　B. 水稻田　　　C. 玉米田　　　　D. 油菜田
5. 下列关于航线规划中障碍物测量的描述，错误的是（　　）。
   A. 如果作业区域内存在障碍物，则建议对障碍物测量，否则有可能造成撞机
   B. 障碍物区域的形状和大小，可通过调整其边界点进行微调
   C. 障碍物区域测量后，应设置障碍物边距，保障飞行安全
   D. 障碍物区域不受内缩距离的影响
6. 操控美国手时，右边摇杆向前打，无人飞机将会（　　）。
   A. 后退　　　　B. 前进　　　C. 顺时针偏航　　　　D. 逆时针偏航
7. 关于摇杆模式，下列描述正确的是（　　）。
   A. 摇杆模式分为美国手与日本手，摇杆操作方式相同
   B. 大疆植保无人飞机，出厂时默认的是美国手
   C. 美国手摇杆模式，俯仰在左边上下
   D. 美国手摇杆模式，偏航摇杆在遥控器右侧左右方向
8. 遥控器（美国手）左侧摇杆向前推无人飞机会使无人飞机（　　）。
   A. 向前飞行　　B. 向左飞行　　C. 向上飞行　　　　D. 逆时针旋转
9. 关于作业参数，说法错误的是（　　）。
   A. 作业高度是指雷达到作物顶端的距离
   B. 作业高度是指雷达到地面的距离
   C. 飞行速度一般在 4~6m/s
   D. 行距设置应充分考虑到机型的设计喷幅
10. 起飞前准备，先开启遥控器再接通无人飞机电源；结束飞行后，须先关闭无人飞机电源再关闭遥控器，解释错误的是（　　）。
    A. 若先接通无人飞机电源，无人飞机将处于失控状态
    B. 若先关闭无人飞机，无人飞机将处于失控状态
    C. 主要是从不浪费电量角度考虑

D. 主要是从飞行安全角度考虑

11. 飞行前检查，下列对应当检查的项目描述错误的是（　　）。

A. 电池应完整插入，听到明显的"哒"一声，同时轻拉电池，确认电池完全插入

B. 将机臂套筒拧紧或卡扣卡紧，操控员最后再次确认一遍

C. 短按遥控器开机键与外置电池按键，确认电量充足

D. 确认卫星信号以及 RTK 信号良好，遥控器状态栏为红色或黄色

二、简答题

1. 大疆植保无人飞机对地块进行航线规划时有哪些方式？有何区别？
2. 对大疆植保无人飞机进行作业航线的规划时，添加标定点有何意义？

学习拓展

1. 任务背景

2022 年 7 月中旬，棉花步入花铃期，正是棉花生长的重要时期，也是棉花打顶的关键环节。7 月 10 日，在新疆维吾尔自治区巴音郭楞蒙古自治州库尔勒市阿瓦提乡吾夏克铁热克村四组利华棉业棉花示范核心基地，6 架无人飞机一字排开（图 5-5），各农业合作社负责人及部分棉花种植大户在棉花地对地里生长的棉花结铃性测算。原来，此时正准备召开全县棉花化学打顶技术示范暨品种对比试验观摩现场会。

基地的技术人员讲道："当地里的棉花长到 70~80cm 时，每株棉花有 7~8 台果枝，棉花顶部的倒二蕾宽达约 1.5cm，苞叶发红，这时候就不能再等了，就是准备喷施时期。选择化学打顶剂厂家看是否有'三证'，飞防时还需在无风无雨、一早一晚喷。"

图 5-5　无人飞机给棉花化学打顶现场

据了解，该县当前棉花种植面积达 105 万亩，棉花是库尔勒市农牧民增收的重要支柱，但由于近年棉花打顶基本上靠人工，而人工打顶存在效率低、易漏打、工价高、人员走动易传播病虫害等缺点。推广应用化学打顶是当前农业植保的一项系统工程，主要是利用化学物质与肥水管理等农艺措施相结合，调控棉花生产，主要促进棉花生产发育、调控生产、改善作物器官发育、塑造株型结构、控制株高，脱叶催熟，提高抗逆性；与人工打顶相比具有省工、快捷、方便、节本增效，还利于塑株型等优势。

随着操作手旗一摇，6 架无人飞机腾空而起，无人飞机飞行高度均在指定的 1.8~2.1m，喷幅 4.6m，速度 3~4m/s，一会儿工夫，6 架无人飞机就把 120 亩棉花飞防完毕。飞防完成后，参会的各棉花种植大户迫不及待地到地里看喷施后的棉田，看到飞

防后的棉叶蘸药均匀,且短短几分钟 6 架无人飞机完成了 120 余亩棉田的喷施工作。预计今年该县推广棉花化学打顶剂面积达 25~30 万亩。

2. 任务要求

请结合上述植保无人飞机为棉花化学打顶的案例背景,组织相关专业学生(分 2 个小组)对本市郊区的农户进行植保需求方面的调研,计划利用学校无人飞机装备对大田农作物进行飞行防治。要求每组学生采用多机协同作业模式完成百亩以上的飞防任务,并对该任务进行合理的地块规划和航线规划,撰写任务过程书一份,具体要求包括:

1)小组团队分工。
2)作业环境调查。
3)无人飞机地块规划和航线规划。
4)大田农作物的病虫害发生情况及用药配方。
5)作业参数设计与数据记录。
6)任务要求与总结。

3. 绘制作业流程图

4. 团队分工

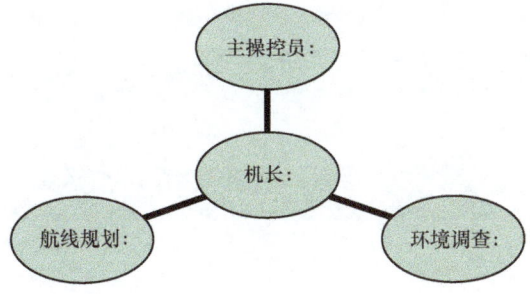

5. 作业环境调查

（1）农作物生长及病虫害情况

（2）地块内障碍物及周边环境

（3）地块及航线规划

（4）气象要素

6. 用药配方及配药流程

7. 作业参数设计与数据记录

设备型号	作业方式	喷洒方法	航线路径	喷施角度
作业高度	航线间距	作业速度	喷雾流量	安全距离
作业面积	作业时长	使用药量	架次	记录人

8. 作业实施

(1) 工具清单

(2) 安全预案

(3) 作业前检查

(4) 开始作业后的注意事项

(5) 作业后检查

(6) 设备养护

9. 实践总结

撰写一分项目实践总结，要求 500 字左右。

单元三　大田飞防作业

5.3.1　湖北水稻稻飞虱与稻瘟病防治

1. 案例背景

大田飞防
作业案例

2018 年 7 月中旬，极飞科技植保服务团队运营一队中的三个组来到湖北省枝江市，进入到病虫危害地区，为当地的中稻进行植保防治。按照工单中的需求，服务队员在作业日的 18 时到安福寺北面的地块，在地里等候的农户向服务队员展示了早已准备好的农药和配药所需的清水。

服务队员们下车后，将 P20 等作业设备搬抬下车，趁着天还没黑，快速地查看地块情况。这块水稻田地平坦，田埂边的杂草矮而零散，靠东面有一排杨树，比较适合 P20 无人飞机植保作业。随后，植保服务队员开始检查需要使用的药物，这次使用的农药有两种，分别为吡蚜（含 5%）毒死蜱（含 30%）悬浮剂 50ml 和咪鲜（5%）乙蒜素（30%）乳油 20ml，服务队员使用二次稀释法开始配药。图 5-6 所示为作业现场。

图 5-6　水稻稻飞虱与稻瘟病防治现场

近 50min 后，P20 无人飞机装备和配药的工作都已准备完毕，确认 RTK 基站架设完毕后，植保作业正式开始。根据地块的实际情况，服务队员设定的 P20 参数为：飞行速度 5m/s，采用超声波定高设置高度 2m，每亩喷洒农药为 400ml。地块总面积 241.8 亩，在三个运营组三架无人飞机同时作业的情况下，如无意外，保守估计可在 2h 左右完成作业。

2. 作业建议

1）水稻稻飞虱防治时间最好在早上 6 点前及下午 6 点后。
2）一般情况下，使用仿地飞行，高度设定为离植物表面 2m 以上。

3. 作业信息

本次水稻稻飞虱及稻瘟病防治案例详细信息见表 5-7。

表 5-7 作业信息

防治时间	2018年7月中旬，19时30分		
作业对象	水稻	作业地点	湖北省枝江市
作业面积	241.8亩	防治目标	防治稻飞虱、预防稻瘟病
作业天气	晴	作业温度	24~28℃
使用药剂	吡蚜（含5%）毒死蜱（含30%）悬浮剂50ml 咪鲜（5%）乙蒜素（30%）乳油20ml	作业参数	飞行速度：5m/s 作业高度：2m（超声波定高） 喷施量：400ml/亩

4. 作业效果

作业效率：241.8亩水稻田，3架无人飞机协同作业，约2h完成，单机作业效率超过40~50亩每小时。

防治效果：良好。

5.3.2 新疆玉米钻心虫防治

1. 案例背景

2017年6月底，新疆博乐市温泉县地区出现了玉米钻心虫虫害，西安天翼航空植保队长途跋涉3100km，由西安前往新疆博乐进行飞防作业，共作业16600亩。

2. 现场情况

植保团队的技术人员到达现场后，迅速了解虫害情况，发现此时的玉米受害面积达50%~55%，受害部位主要集中在未成熟的玉米芯和玉米叶上，钻心虫为害严重，扩散快。

3. 环境信息

虫害地区天气条件良好，气温适中，风力不大，比较合适飞防作业。植保队选定于6月25日开始进行作业，具体作业环境信息见表5-8。

表 5-8 作业环境信息

作业时间	2017.6.25—2017.7.13	作业地点	新疆博乐市温泉县塔秀乡6大队
作业地形	旱地	环境条件	晴天、16~26℃、风力2级

4. 用药信息

根据虫害情况，决定选择不同类型的药剂混用，提升作业效果。详细用药信息见表5-9。

表 5-9 用药信息

农药名称	剂型	有效成分及含量	亩用量
猎涤（高效氯氟氰菊酯）	悬浮剂	10%	6.6ml
维特斯（毒死蜱）	乳油	45%	100g
大川军（丙溴·辛硫磷）	乳油	总成分40%（丙溴磷6%；辛硫磷34%）	20ml

5. 作业参数

现场地块形状不一，所以此次作业采用了智能AB点作业和航线规划作业相结合的作业模式，灵活应对实际情况，具体作业参数见表5-10。

表 5-10 作业参数

设备型号	大疆 MG-1P	作业模式	智能 AB 点作业和航线规划模式
作业高度	2.5m	飞行速度	4.5~5m/s
作业间距	5m	安全距离	2.5m
亩施药量	1.0L	喷头类型	扇形压力喷头（XR11001）

6. 防治效果

通过随机抽样，打药前虫害情况为平均每50株作物上约30头钻心虫。打药后平均每50株作物上约6头钻心虫。通过计算，虫口减退率约为80%，效果明显。

7. 作业结论

1）作业后通过抽样调查与村民实地检验，虫害防治效果明显。
2）省时、省力和省药，作业效果好。

5.3.3 四川直播水稻田封闭除草

1. 案例背景

水稻直播省去了育苗、移栽、插秧的过程，省时省工，而且不存在返青和拔秧植伤的过程，生育期要比同期移栽的水稻短。由于水稻直播具有这些简单方便的优点，受到越来越多的农民喜爱，但随之而来的是除草难题。由于水稻直播田中的稻种和杂草几乎同时发芽，直播田中的杂草通常发生程度比较严重。因此，直播稻田中对于杂草的防治是水稻种植过程中的关键环节。

稻田中常见的杂草有千金子、双穗雀稗、马唐、野慈姑、泽泻和鸭舌草等，如图5-7所示。

图 5-7 稻田常见杂草

2. 用药信息

根据直播稻田的除草需求，决定选择丙草胺作为除草药剂，具体信息见表5-11，为了提升药剂的附着率和吸附效果，再加入一定量的飞防助剂。

表 5-11　用药信息

农药名称	剂型	有效成分及含量	亩用量
除草剂（丙草胺）	乳油剂	30% 丙草胺	100ml
飞防专用增效剂"迈飞"（HY-6099）	水溶剂	瓜尔胶、聚丙烯酰胺	10ml

丙草胺是一种具有高选择性的水稻田专用除草剂，主要成分为丙草胺乙酯，可用于控制多种草本杂草，对水稻安全，杀草谱广。其作用机理是通过抑制植物体内的脯氨酸合成酶，阻断脯氨酸的合成，从而导致植物死亡。杂草种子一般在发芽过程中吸收药剂，由于其根部吸收能力较差，因此只能作芽前土壤处理。

水稻发芽期对丙草胺也比较敏感，为保证早期用药安全，在施用丙草胺时需要加入安全剂CGA123407。使用丙草胺时，需要先将地整好，然后催芽播种，播种后2~4天及时用药，否则杂草出土后就会影响药效；播种的稻谷要根芽正常，切忌有芽无根，否则无法吸收药剂中的安全剂，导致药害；在北方稻区使用丙草胺时，施药时期应适当延长，先行试验，再大面积推广，以免产生药害；在喷洒丙草胺时，要远离池塘河流，该除草剂对鱼类毒性较大。

3. 作业信息

本次作业地点地形条件较差，地面不平，电线杆林立，地块面积小，最大地块11.5亩，最小地块仅1.2亩。为了提高效率，采用手动模式，总计起飞37次，作业总计耗时4.6h，作业效率约为42亩每小时。

图5-8所示为无人飞机喷洒除草剂的作业现场，表5-12为作业环境及参数信息。

图 5-8　无人飞机喷洒除草剂

表 5-12　作业环境及参数信息

作业时间	2020.3.22	作业地点	四川泸州
作业地形	丘陵	风力	1级
天气	多云	气温	16~26℃
所用机型	T16	飞行速度	5m/s
相对作物高度	2.5m	作业行距	5m
亩施药量	1.3L	喷头型号	扇形压力喷头 XR110010VS
作业模式			手动

5.3.4 新疆油菜花蚜虫防治

1. 案例背景

2017年7月底,新疆农四师74团种植的油菜花爆发了蚜虫虫害。经调查,严重地块每平方米蚜虫数量达到500~1000头。因油菜花植株茂密,地面机车进入田块进行防治会碾压作物导致大量减产。昌吉市际翔农业服务有限公司应邀了解情况后,派出3架MG-1S植保无人飞机前去作业,共计作业周期为7天,作业面积总计为6600亩。

2. 环境信息

本次作业地块总计6600余亩,以平地和丘陵地形为主,天气情况良好,晴天为主,气温适中,风力较小,比较合适飞防作业。植保团队选定于8月3日开始作业,预计1周完成,具体作业环境信息见表5-13。

表5-13 作业环境信息

作业时间	2017.8.3—2017.8.10	作业地点	新疆生产建设兵团农四师74团
作业地形	平地、丘陵	环境条件	晴天、18~28℃、风力小于3级

3. 用药信息

根据蚜虫发生情况,决定选择使用药剂"诺普信力道",具体信息见表5-14。"诺普信力道"是一种复配制剂,有效成分及含量为20%噻虫嗪和10%高效氯氟氰菊酯。噻虫嗪内吸收效果好,持续期长,而高效氯氟氰菊酯触杀效果好,见效快。

表5-14 用药信息

农药名称	剂型	有效成分及含量	亩用量
诺普信力道(噻虫嗪+高效氯氟氰菊酯)	悬浮剂	20%噻虫嗪、10%高效氯氟氰菊酯	20ml

噻虫嗪是一种全新结构的第二代烟碱类高效低毒杀虫剂,对害虫具有胃毒、触杀及内吸活性,用于叶面喷雾及土壤灌根处理。噻虫嗪在施药后会被迅速内吸,可有效防治同翅目、鳞翅目、鞘翅目、缨翅目害虫,其中对同翅目类有特效,如各种蚜虫、叶蝉、粉虱、飞虱等。

高效氯氟氰菊酯是高效、广谱、速效拟除虫菊酯类杀虫、杀螨剂,以触杀和胃毒作用为主,无内吸作用。对鳞翅目、鞘翅目和半翅目等多种害虫,以及叶螨、锈螨、瘿螨、跗线螨等螨类有良好效果,在螨类发生初期使用,可抑制螨类数量上升,当螨类已大量发生时,控制不住其数量,因此只能用于虫螨兼治,而不是专用的杀螨剂。

用药建议:对于个别虫害严重的地方,可加配敌百虫和小苏打,因敌百虫与碱性小苏打结合时可产生敌敌畏,可加强对害虫的熏蒸和杀灭效果。

4. 作业参数

新疆生产建设兵团农四师 74 团辖区面积共 7.73 万公顷，其中的油菜种植地块以平地和丘陵为主，由于面积广，决定采用航线规划模式进行飞防作业，具体作业参数见表 5-15。

表 5-15　作业参数

设备型号	大疆 MG-1S	作业模式	航线规划模式
作业高度	2m	飞行速度	5m/s
作业间距	4.5m	安全距离	2.3m
亩施药量	0.8L	喷头类型	扇形压力喷头（XR11001）

5. 防治效果

喷洒作业 24h 后，作物上蚜虫明显减少；48 小时后，防治效果至少达到 80%，大部分防治效果达到 90% 以上。通过随机抽样调查取平均值的方法，对作业前后油菜单位面积内的平均虫口数量进行了对比分析，具体如下：打药前虫情为每平方米 100~150 头，打药后虫情为每平方米 9~17 头，虫口减退率约为 90%，客户对杀虫效果非常满意。

思　考　与　练　习

一、单项选择题

1. 小麦分蘖最合适的土壤含水量是（　　）。
A. 70%~80%　　　B. 60%~70%　　　C. 50%~60%　　　D. 40%~50%
2. 水稻发根与出叶保持着一定的同生关系，当第 5 叶抽出时，（　　）开始发根。
A. 不完全叶节　　B. 第 2 叶节　　　C. 第 3 叶节　　　D. 第 1 叶节
3. 小麦一生中的阶段发育是指（　　）。
A. 营养生长阶段　　　　　　　　　B. 生殖生长阶段
C. 春化阶段　　　　　　　　　　　D. 基本营养生长阶段
4. 杂交制种中，父本播种至母本播种之间的间隔天数，称为（　　）。
A. 播差期　　　　B. 生育期　　　　C. 叶龄差　　　　D. 时间差
5. 大豆苜蓿夜蛾防治措施是物理防治的是（　　）。
A. 虫少时，可用纱网、布袋等顺豆株顶部扫集，或利用幼虫假死性，用手震动豆株，使虫落地，就地消灭
B. 幼虫 3 龄前用 21% 灭杀毙乳油 6000 倍液、2.5% 高效氯氟氰菊酯乳油 5000 倍液、2.5% 联苯菊酯乳油 3000 倍液等广谱杀虫剂喷雾防治
C. 选用 10% 吡虫啉可湿性粉剂 2500 倍液或 5% 氟啶脲乳油 2000 倍液，于低龄期喷洒，隔 20 天喷 1 次，防治 1 次或 2 次
D. 以上都是

6. 大豆灰霉病的防治方法有（　　）。
A. 亩用 50% 多菌灵可湿性粉剂 100g
B. 亩用 80% 多菌灵超微粉 50~60g
C. 亩用 70% 甲基硫菌灵可湿性粉剂 80~100g
D. 以上都是

二、简答题

植保无人飞机正式开启飞行作业前，一般需要完成哪些方面的准备工作？

学习拓展

1. 任务背景

2022 年 5 月中旬，正是小麦抽穗灌浆和防治病虫害的关键时期，陕西省咸阳市泾阳各镇抢抓农时，积极开展"一喷三防"，确保夏粮丰产丰收。

"'一喷三防'是在小麦生长期使用杀虫剂、杀菌剂等混配剂喷雾，达到防病虫害、防干热风、防倒伏效果，确保小麦增产。我们正在抢抓有利时机，进行以'一喷三防'为重点的小麦后期田间管理工作。"村企联合植保服务队的负责人说道。

走进中张镇东鸟村的麦田，只见农技人员正熟练地操控着手中的遥控器（图 5-9），植保无人飞机低空掠过麦田，均匀地喷洒下雾状农药。相比传统人工喷洒的方式，植保无人飞机飞防效果更好，效率更高，一架载重 40kg 农药的无人飞机，每小时能作业 100 多亩。

图 5-9　无人飞机对小麦进行飞防作业

为了更好地对全县小麦进行植保，泾阳县成立村企联合植保服务队，培训了多名专业无人飞机操控员。自 4 月 5 日起，该村企联合植保服务队共出动无人飞机 7 架、自走式高杆喷雾机 4 架，专业无人飞机操控员 15 人，后勤保障人员 20 余人，对辖区内小麦进行喷防，截至 5 月 18 日，防治面积已达到 5 万余亩。

2. 任务要求

请结合上述植保无人飞机为小麦飞防作业的案例背景，组织相关专业学生（分 2 个小组）对本市郊区的农户进行植保需求方面的调研，计划利用学校无人飞机装备对大田农作物进行飞行防治。要求每组学生至少完成服务任务 1 次，且病虫害的防治有效率达到 90% 以上，并对该飞防任务进行合理规划，撰写任务过程书一份，具体要求包括：

1）小组团队分工。
2）作业环境调查。

3）无人飞机航线规划。

4）大田农作物的病虫害发生情况及用药配方。

5）作业参数设计与数据记录。

6）任务要求与总结。

3. 绘制作业流程图

4. 团队分工

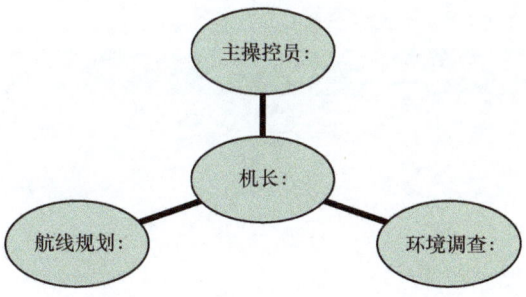

5. 作业环境调查

（1）农作物生长及病虫害情况

（2）地块内障碍物及周边环境

（3）地块及航线规划

（4）气象要素

6. 用药配方及配药流程

7. 作业参数设计与数据记录

设备型号	作业方式	喷洒方法	航线路径	喷施角度
作业高度	航线间距	作业速度	喷雾流量	安全距离
作业面积	作业时长	使用药量	架次	记录人

8. 作业实施

（1）工具清单

（2）安全预案

（3）作业前检查

（4）开始作业后的注意事项

（5）作业后检查

（6）设备养护

9. 实践总结

撰写一分项目实践总结，要求 500 字左右。

单元四　果园飞防作业

5.4.1　果园航线规划和相关计算

1. 航线规划

使用大疆植保无人飞机对果园进行航线规划时，可以选择区域规划与自由航线规划两种类型，可根据果园的实际地形条件和种植结构特点等确定规划类型。图 5-10 所示为大疆智图和遥控器两种操作界面下，区域航线和自由航线规划两种航线规划类型各自生成的航线示意图。

（1）区域航线规划　区域航线规划是在已完成的地块边界范围内，通过自动等距的方式自动规划无人飞机的作业航线，可以对果园进行全覆盖式的作业，树行、路面等区域也会被航线覆盖。此种航线规划方式适用于种植密度高（即已封行）、种植整齐、冠层无大幅度落差、坡度较小的果园；此外，针对果树的特殊作业需求，如清园、病虫害大面积爆发的全面防治

果园飞防
作业案例

基于大疆农业
无人飞机的果园
航线规划

等情况，也可使用此航线规划类型。区域规划航线模式下，可以选择以下三种喷洒方式。

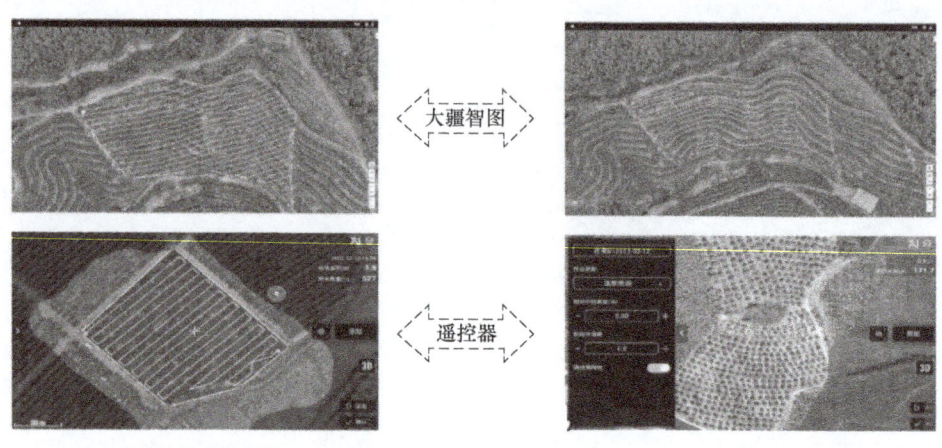

a) 区域航线连续喷洒　　　　　　　　　　b) 自由航线连续喷洒

图 5-10　航线规划示意图

1）连续喷洒。在地块边界范围内按作业参数自动生成航线，作业时连续喷洒。

2）树心定点喷洒。在地块边界范围内按作业参数生成树心与树心相连的最短路径航线，作业时仅在树心位置开启喷洒。

3）过树心连续喷洒。在地块边界范围内按作业参数生成树心与树心相连的最短路径航线，作业时连续喷洒。

(2) 自由航线规划　　自由航线规划是通过手动方式自由设定无人飞机的作业航线，可以根据果树的实际种植情况和走势进行喷洒作业，此方式只覆盖果树的种植区域，果树行间、路面等不会覆盖。此种航线规划方式适用于种植密度小（即未封行）、果树种植走势随山体呈等高线分布的果园；此外，2~3 年的幼树以及空隙较大的果园也适合采用此规划类型。自由航线规划同样包含以下三种喷洒方式：

1）连续喷洒。作业时按照手动规划的航线进行连续喷洒。

2）树心定点喷洒。手动规划的航线会智能吸附在途径的树心位置，作业时仅在树心位置开启喷洒。

3）过树心连续喷洒。手动规划的航线会智能吸附在途径的树心位置，作业时连续喷洒。

2. 作业参数设计

(1) 作业参数的影响因素　　无人飞机的作业参数设定，需要考虑各种因素，包括天气因素、机型/喷头、航线类型、防治对象、种植情况、作物类型和农药特性等。各因素对作业参数的影响大小如图 5-11 所示。

(2) 无人机果树作业的参数建议　　大疆农业植保服务团队，通过对 T50 植保无人飞机基于果树飞防的作业参数进行不断地科学探索和应用实

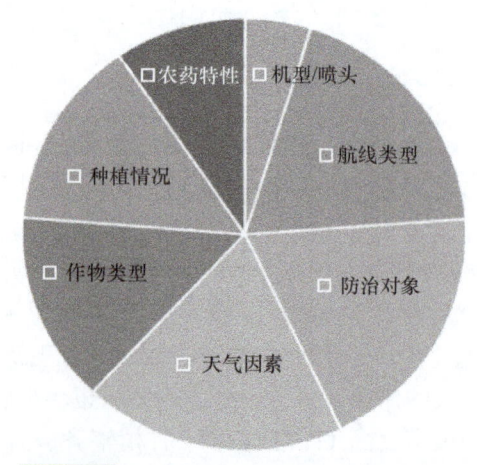

图 5-11　无人飞机作业参数的影响因素

践，获得了许多宝贵的作业经验。针对不同果树类型和树冠结构特点，其相关的作业参数可参考表 5-16。

表 5-16　大疆 T50 植保无人飞机果树作业参数建议

机型	T50 植保无人飞机								
喷头型号	双重雾化离心喷头								
喷头数量	T50 标准套装（2 喷）				T50 果树套装（4 喷）				
粒径范围（可调）	50~500μm								
流量范围	0~16L/min				0~24L/min				
果树作业参数建议										

果树种类	树高 /m	树冠直径 /m	速度 /m·s⁻¹	相对高度 /m	自动等距/区域航线连续喷洒		手动/自由航线连续喷洒	T50 套装
					行距 /m	亩用量 /(L/亩)	流速 /(L/min)	
柑橘类、芒果	1~1.5	1~1.5	2.5~3.5	3~3.5	3.5~4	8~12	10~12	4 喷果树套装
	1.5~2	1.5~2	2~2.5	3.5~4	4~5	12~15	12~15	
	2~2.5	2~2.5	2	4~4.5	4~5.5	15~25	15~20	
	1~1.5	1~1.5	2.5~3.5	3~3.5	3.5~4	5~8	5~8	2 喷标准套装
	1.5~2	1.5~2	2~2.5	3.5~4	4~5	8~12	8~12	
	2~2.5	2~2.5	2	4~4.5	4~5.5	12~20	12~15	
荔枝	3~5	2~3	2~2.5	3.5~4	3~3.5	10~12	10~12	4 喷果树套装
	5~7	3~4	1.5~2	4~4.5	3.5~4	12~15	12~15	
	7~9	4~6	1~15	4.5~5	4~4.5	15~30	15~24	
	3~5	2~3	1.8~2	3.5~4	3~3.5	10~12	5~8	2 喷标准套装
	5~7	3~4	1.5~1.8	4~4.5	3.5~4	12~15	8~12	
	7~9	4~6	1~1.5	4.5~5	4~4.5	15~30	12~15	
落叶后的果树	1.5~2	1~1.5	3~3.5	3~3.5	3~3.5	12~15	12~15	4 喷果树套装
	2~2.5	1.5~2	2.5~3	3.5~4	3.5~4	15~20	15~18	
	2.5~3	2~2.5	2	4~4.5	4~4.5	20~30	18~24	

（续）

果树种类	树高/m	树冠直径/m	速度/m·s⁻¹	相对高度/m	自动等距/区域航线连续喷洒		手动/自由航线连续喷洒	T50套装
					行距/m	亩用量/(L/亩)	流速/(L/min)	
落叶后的果树	1.5~2	1~1.5	3~3.5	3~3.5	3~3.5	12~15	8~10	2喷标准套装
	2~2.5	1.5~2	2.5~3	3.5~4	3.5~4	15~18	10~12	
	2.5~3	2~2.5	2	4~4.5	4~4.5	18~22	12~15	

注意事项：
1. T50果树套装50L药箱作业时，不论区域航线还是自由航线，须保证流速在10L/min以上。
2. 常绿果树与落叶果树有很大区别，其叶子密度和质地影响穿透力，生长环境的温度、湿度、风力将影响雾滴粒径、亩用量和高度等参数。
3. 果园管理情况不同，如种植密度、修剪情况等对作业参数影响较大。
4. 果园作业通常选择推荐雾滴粒径为中、细两档，如夜晚无风天气、触杀型杀虫剂、控梢等特殊情形，可选择最细档。
5. 不同厂家药剂以及病虫害解决方案，也将影响作业参数。
6. 果树作业情况复杂，无法穷尽，推荐参数仅可做参考，实际作业时还需结合当地用药习惯、果园管理、环境以及病虫害严重程度等情况调整。

3. 总用水量计算

（1）**自动等距/区域航线**　区域航线的总用水量计算公式为：总用水量（L）=作业面积（亩）× 亩用量（L/亩）。

（2）**手动/自由航线**　自由航线的总用水量计算公式为：总用水量（L）={航线长度（m）÷[速度（m/s）×0.9]÷60}× 流速（L/min）。

上面自由航线的用水量计算公式中，由于航线拐弯会有速度损耗，根据作业经验，平均飞行速度=设置速度×速度损耗系数；速度损耗系数由航线拐弯数量的多少决定，拐弯越多则系数越小，一般在0.8~0.9，例如设置速度为2m/s，则实际作业速度为1.6~1.8m/s。

总用水量计算原理

（3）**其他注意事项**　在选择作业面积计算方式时，由于表面积与投影面积存在较大差异，一般表面积≥投影面积，大坡度果园作业时作业面积应选择表面积；采用手动航线或自由航线作业时，速度损耗对总用水量影响很大，计算水量时要考虑速度损耗；无论是表面积还是投影面积，都和实际果园面积有差异，不能用作配药和计算的依据，应使用架次或者总水量进行计算。

（4）**计算案例**

【例】某果园承包面积为150亩，果树数量为4000多棵，航测投影面积为97亩，如何计算其用水量？

解：若按区域航线面积计算，根据区域航线规划统计结果，其作业面积为86亩，总用水量为：86（亩）×21（L/亩）=1806（L）。若按航线长度计算，根据自由航线规划统计结果，其航线总长为 11260 米，总用水量计算如下：不考虑速度损耗，[11260（m）÷2（m/s）÷60]×15（L/min）≈1408（L）；考虑速度损耗，{11260（m）÷[2（m/s）×0.85]÷60}×15（L/min）≈1197（L）。此外，不管采用何种计算方法，都需要加上一定的流量误差。

4. 总用药量计算

（1）定义

1）亩用量和亩用药量。亩用量是指植保无人飞机作业时通过遥控器或飞行控制软件设置的喷洒用量，即作业前输入的参数值，表示兑水后的药液量；亩用药量是指农药标签中标注的每一亩地所需的农药原液剂量。

2）喷洒用量和流速。喷洒用量一般是指区域航线规划时用以确定单位面积内所喷药液量的一个作业计量参数，常用亩用量来表示；流速一般是指自由航线规划时用以确定单位时间内所喷药液量的一个作业计量参数。

3）稀释倍数。稀释倍数是指稀释前的溶液浓度除以稀释后的溶液浓度所得的商。通俗理解，农药稀释倍数是指稀释用水为农药重量（固体）或体积（液体）的倍数，如稀释 1000 倍，就是将 1ml 农药原液加入到 1000ml 水中。

（2）总用药量计算

1）传统作业总用药量计算。总用药量 = 表面积总和 × 亩用药量（标注量）。

2）以喷洒用量为作业参数配制药液。第一步，根据农药标签确定亩用药量，结合航测面积的总和，亩用药量和航测面积相乘求积计算总用药量；第二步，一般飞防用药比人工用药能节省 20%~30%，即将总用药量减少 20%~30% 后，再根据二次稀释法依次将农药配制到总水量中。

总用药量
计算原理

3）以流量为作业参数配制药液。第一步，根据航测的投影面积，同上计算总用药量；第二步，在手动/自由航线规划中选择流量使用单位作为计量参数；第三步，将总用药量减少 20%~30% 后，依据二次稀释法依次将农药配制到总水量中。

4）传统配药计算举例。

【例 1】：将 50% 多菌灵可湿性粉剂 100g 配制成 500 倍液，需要用多少水？

解：用水量 =100g×500=50000g=50kg。

【例 2】：有 75% 甲基托布津 15ml，稀释 500 倍，需要加入多少水？

解：加水量 =15ml×500=7500ml。

【例 3】：某喷雾器容量为 15kg（15000ml），多菌灵的稀释倍数为 500 倍，需要用多少药？

解：用药量 = 加水量/稀释倍数，多菌灵用量 =15000ml/500=30ml，即每喷雾器需加多菌灵 30ml。

【例 4】：某农药原药液浓度为 75%，现需使用浓度为 15% 的药液，需要稀释多少倍？

解：稀释倍数 = 原药液浓度/所需药液浓度，稀释倍数 =75%/15%=5，即需稀释 5 倍。

5）无人机飞防配药。无人机飞防配药时，所用药液的稀释倍数一般是人工稀释倍数的 1/5~1/10，即将传统人工用药稀释倍数乘 1/5~1/10 减量后，再根据二次稀释法依次将农药配置到总水量中。

【例】以大疆无人飞机云上疆果作业为例,其中某一农药 A 的人工稀释倍数为 1500 倍液,总用水量是 600kg,需要多少 A 农药?

解:总用药量 = 总用水量 /(人工稀释倍数 ×1/5~1/10)=600kg/(1500 × 1/5~1/10)= 2~4kg

6)农药使用注意事项。农药包装使用说明所标记的用药量,是理论上的安全有效用量,这个用药量对于没有抗性的病虫害有效果,但是对于实际农业生产中的高抗性病虫害而言,效果可能不太理想。因此,飞防作业配药时,最好是在农技植保专业人员的指导下进行使用。

5.4.2 广西沃柑清园作业

1. 案例背景

广西沃柑成熟采摘后,需要对果园(图 5-12)进行 1~2 次的清园工作,即需要在果实成熟后,首先人工将残枝、落叶和落果等清出果园,然后用无人飞机对果园喷施灭杀越冬虫卵和病原物的农药,这是对果园进行物理和化学防控的一次彻底"大扫除"。喷施清园药剂的目的主要是消灭果树上的越冬虫卵和病原物,同时防治修剪伤口的感染。

图 5-12 广西沃柑果园

2. 用药方案

大部分果园,一年内一般会清园两次。第一次是刚采完果,用药方案为 45% 晶体石硫合剂(50 倍)和噻螨酮(150 倍);第二次与第一次间隔 10~15 天,临近发芽前 3~5 天,用药方案为 97% 矿物油(20 倍)和 73% 炔螨特(200 倍)。

3. 作业环境及参数

本案例中第一次使用药剂清园时的具体作业环境及参数信息见表 5-17。

表 5-17 作业环境及参数信息

作业时间		2023.2.18		作业地点		广西崇左
作业环境				飞防作业参数		
果树情况		天气情况				
树高	2m	当日天气	阴天	作业机型	T50	航线类型	区域航线
树冠直径	2m	风力	2级	飞行速度	2m/s	作业高度	3.5~4m
生长期	成熟采果期	温度	15℃	亩用量	15L/亩	作业行距	4.5m
植保管理	清园	湿度	80%	雾滴粒径	细	流速	/

4. 注意事项

1）果树建议在无风或者微风环境下作业。
2）使用炔螨特清园时，最佳适用温度为 20~25℃。
3）果园出现花芽时，不建议使用炔螨特。

5.4.3 湖南桃树褐腐病和流胶病防治

1. 案例背景

湖南省桃源县是桃树适生区，桃树面积、产量均在湖南省占有重要的地位。

一眼望去，沃野田畴。走在产业园笔直的田间机耕道上，两边是标准化种植的示范园，有梨园、桃园、柑橘园；转道隔离区棋盘式地块，一片不同类别、不同品种的亩本园映入眼帘，这里收集有 106 个梨树、桃树、柑橘的品种，用于研究繁育适宜本地栽种的优质、高产品种，以满足园区果园升级改造和发展需要。2015 年，龙家嘴村引进了某农业发展有限公司，先后投资 2800 万元，流转土地创建了 1001.96 亩以黄桃、脆梨、柑橘为主的果树繁育基地和水果产业园示范基地。公司依托产业园申请注册了"天赋果业"商标品牌，提升品牌价值就要突出抓好水果品种引进、繁育和品质提升，以及果园标准化栽培和规模化生产。目前在建的 350 亩资源圃收集梨树品种 38 个、桃树品种 58 个、柑橘树品种 10 个；50 亩苗繁圃年出圃优质苗木 30 万株；600 余亩示范园年产水果 1000 吨，年产值超 1000 万元。公司通过产业园示范，辐射带动本村农户新扩水果面积 300 余亩以及其他乡村发展水果面积 3000 余亩。

该产业园地处亚热带与温带过渡带，兼有亚热带和温带的气候特点。由于气候、土壤及生产管理等多方面的原因，该地区桃树病虫害较为严重，尤其是褐腐病和流胶病，大范围普遍发生，很多桃园或者不重视，或者不知道如何科学预防和防治，导致桃树产量、品质和经济效益不高。

2. 病害介绍

桃树褐腐病（图 5-13）又称为菌核病，是真菌性病害，桃树花、叶、枝条果实均可发病。嫩叶受害时，自叶缘开始，病部变褐萎垂，最后病叶残留在枝上。果实被害最初在果面产生褐色圆形病斑，如环境适宜，病斑在数日内便可扩及全果，果肉也随之变褐软腐。桃树开花期及幼果期如遇低温多雨，果实成熟期又逢温暖、多云多雾、高湿度的环境，发病严重。

桃树流胶病（图 5-14）是真菌性病害，主要发生在枝干上，也可危害果实。一年生枝染病，初时以皮孔为中心产生疣状小突起，后扩大成瘤状突起物，上散生针头状黑色小粒点，翌年 5 月病斑扩大开裂，溢出半透明状黏性软胶，后变茶褐色，质地变硬，吸水膨胀成胨状胶体，严重时枝条枯死。冻害、病虫害、雹灾、冬剪产生机械伤口容易导致桃树流胶病的侵染。

3. 用药分析

根据病害情况，可以选择使用 40% 苯醚甲环唑、75% 代森锰锌和 20% 噻唑锌等进行病害治理。其中，苯醚甲环唑为三唑类内吸性杀菌，具有保护和治疗作用，广泛应用于果树、蔬菜等作物，能有效防治黑星病、黑痘病、白腐病、斑点落叶病、白粉病、褐斑病、锈病、条锈病、赤霉病等。代森锰锌是一种保护性杀菌剂，具有很广的杀虫谱，同时还能补充作物的锌元素。噻唑锌是一种新型杀菌剂，具有保护和治疗作用，能防治大多数细菌性病害和部分真菌病害。

图 5-13　桃树褐腐病

图 5-14　桃树流胶病

4. 作业环境及参数

本次桃树飞防作业的背景信息和具体作业参数见表 5-18 和表 5-19。

表 5-18　作业背景

作业时间	2019.4.30	作业地点	湖南省桃源县热市镇
作业地形	山地	作业面积	70 亩
桃树高度	3~3.5m	桃树树龄	6 年

表 5-19　作业参数

设备型号	T16	作业模式	果树模式 2.0
相对作物高度	2.2m	飞行速度	3m/s
作业间距	4.5m	安全距离	2.2m
亩施药量	3L	喷头类型	扇形压力喷头（XR11001VS）

5.4.4　赣南脐橙园红蜘蛛防治

1. 案例背景

赣南脐橙原产地为江西省赣州市，种植总面积位居世界第一，年产量世界第三，是全国最大的脐橙生产区。赣南脐橙主要品种为纽荷尔脐橙，具有外观美、肉质优、商品性好等特性，且果皮光滑，具有浓郁的柑橘类清香味，果肉细嫩而脆，化渣汁多，果汁甜酸适口，风味浓郁，富有香气。

云上疆果（图 5-15）是大疆农业在江西赣州市信丰县全程使用 T50 无人飞机进行

病虫害防治示范应用的脐橙果园，其种植面积约 150 亩，树龄 7~8 年。2023 年 6 月上旬，正是脐橙的果实膨大期，随着气温的升高，溃疡病、潜叶蛾、红蜘蛛等病虫害呈爆发趋势。红蜘蛛是众多虫害中较难防治、也是对整个果园产量和收益影响较大的一种虫害，主要原因是红蜘蛛繁殖速度快且世代共存，增加了防治难度。

红蜘蛛又名棉红蜘蛛，俗称大蜘蛛、大龙、砂龙等，学名叶螨，主要为害脐橙叶片、嫩枝和果实。成螨、若螨、幼螨群在叶片、嫩枝和果实上吸汁，轻则叶片出现密集白点，失去光泽，严重时落叶、落果，影响树势和产量。在赣南地区，红蜘蛛的发生有 2 个高峰期：4~6 月和 9~11 月。防治红蜘蛛虫害，要在高峰来临前进行，降低虫口基数、避免大规模发生。防治红蜘蛛一是要利用好红蜘蛛的天敌六点蓟马和捕食螨等，二是针对红蜘蛛的强抗药性，在采用药物对红蜘蛛进行防治时，要注意轮换用药。

图 5-15　云上疆果脐橙园

无人飞机飞防作业是否能有效地防治红蜘蛛为害，很多果农对此存在疑虑，除了红蜘蛛繁殖能力强和世代共存等问题外，还有用药方案（抗性问题）、作业时机、作业次数、作业参数等因素导致防治效果不尽相同。同样全程使用无人飞机进行飞防作业，但有些果园对于红蜘蛛的防治效果较好，有些果园却出现红蜘蛛爆发或者难以控制等现象。因此，大部分果农对于无人飞机防治红蜘蛛或全程作业的质疑无法消除。

2. 用药方案

针对云上疆果红蜘蛛为害的特点，本案例用药方案均以阿维菌素为主（见表 5-20），辅以联苯肼酯、朕肼·乙螨唑或螺螨酯中的一种，一年内总共喷施 6 次，根据气温变化交替轮换选择辅助农药的品种以及是否加入矿物油，由于各地用药习惯、红蜘蛛抗性、世代共存、气温等不尽相同，本用药方案仅供参考。

表 5-20　云上疆果红蜘蛛飞防用药方案

有效成分	飞防配药比例	主要作用
阿维菌素	10 倍液稀释	主要针对成虫
联苯肼酯	10 倍液稀释	从卵到成虫通杀
朕肼·乙螨唑	10 倍液稀释	对卵和若螨效果好，耐低温
螺螨酯	2~5 倍液稀释	对卵和若螨效果好，耐低温
矿物油	1∶400 倍稀释	物理杀成虫

3. 作业参数

由于果园的种植结构各有不同，其种植密度、修剪习惯、树龄等均存在差异，所以作业参数的设定要因地制宜，需要根据不同的果园设定不同的作业参数，表 5-21 展示了云上疆果示范园在不同防治阶段使用 T50 作业时的相关参数，仅供参考。其中，果树三维自由航线和果树三维区域航线可以交替使用，7~8 年树龄通过修剪后对于飞防更加有利。

表 5-21　云上疆果红蜘蛛飞防作业参数

作业阶段	航线类型	亩用量/流量	飞行速度
清园期	区域航线	20L/亩	1.8m/s
保花保果期	自由航线	12L/min	1.8m/s
幼果期	自由航线	15L/min	2m/s
果实膨大期	区域航线	15L/亩	2m/s

本例中针对果实膨大期的红蜘蛛、潜叶蛾防治，其具体的作业环境及参数信息见表 5-22。

表 5-22　作业环境及参数信息

作业时间		2023.6.5		作业地点		江西赣州信丰	
作业环境				飞防作业参数			
果树情况		天气情况					
树高	2m	当日天气	多云	作业机型	T50	航线类型	自由航线
树冠直径	2m	风力	≤2 级	飞行速度	2m/s	作业高度	4m
生长期	果实膨大期	温度	25~35℃	亩用量	/	作业行距	/
植保管理	红蜘蛛、潜叶蛾防治	湿度	80%	雾滴粒径	120μm	流速	15L/min

4. 作业时机

要选择适宜的作业时机和作业时间进行红蜘蛛的防治。红蜘蛛繁殖速度快，且可孤雌生殖、世代共存，所以防治红蜘蛛主要以预防为主。在果树每叶红蜘蛛基数 ≥ 5 头时，就需要抓紧作业，由于无人飞机作业效率高，完全可以在红蜘蛛的防治窗口期内完成施药。具体作业时间应选择气温较低的傍晚时分，从而避免白天高温天气作业导致的药液蒸发，通过提高药液在果树叶面上的沉积率和附着率，加强防治效果；此外，晚上作业时，工作人员的劳动强度也较低，不容易发生中暑现象。

5.4.5　广州荔枝园病虫害防治

1. 案例背景

每年 5 月中下旬到 6 月中下旬，我国华南地区往往会出现持续性、大范围强降水，对于荔枝来说，这意味着的是霜霉病、炭疽病的暴发。所以每年这个季节，荔枝种植户们就会为如何能在短时间内请到大量人手打药而发愁。

广州增城是闻名全国的"荔枝之城"，每年端午节前后，就会有大批成熟荔枝（图5-16）送往全国各地。90后小何家的荔枝园共600亩（图5-17），挂果面积接近400亩。据小何介绍，过去采用人工打药，需要9个工人共花费4天才能完成。"人工越来越贵，一个工人一天接近200元。广州每年到这个时候，天气就会很不稳定，打药的窗口期非常短。我们这里山坡也十分陡峭，人工夜间打药也不安全，所以有时候花大价钱也未必能把药打完。"小何说道。

图5-16 成熟荔枝

图5-17 荔枝园

2018年小何第一次了解到植保无人飞机，但碍于当时的机型无论是载重或是喷幅都没能达到他的要求，小何没有选择购买。直到2020年小何在新品推广会上了解到大疆T30后，机器各方面的要求都达到了他心目中的要求，最终他成为当地第一个使用植保无人飞机作业的荔枝种植户。小何表示，使用大疆植保无人飞机后，仅需1名操控员配合1名地勤，一天半的时间就能完成作业（图5-18）。此外，由于使用植保无人飞机在夜间也能作业，所以在抢农时赶打药窗口期的时候也更加方便。

"近段时间一直下暴雨，增城很多靠人工打药的果农都颗粒无收，但我们用无

图5-18 无人飞机为荔枝园打药

人飞机打药，我有信心今年依然能够稳产。"小何算了一笔账，2020年荔枝园防治病虫害的成本要41万，2021年使用植保无人飞机后，节省下来的人工成本和用药成本足足有30万。

在小何看来，荔枝的质量就是他的立根之本，同时也是保证每年能热销全国的关键。所以使用植保无人飞机打药能不能打透，能不能打好是他最为关心的问题。由于当地一直没有成功的例子作为参考，小何心中一直保持着怀疑的态度。直到第一次看到无人飞机打药的效果后，小何的疑虑完全打消。

小何表示，由于使用无人飞机作业的用药、人工以及时间成本都有所下降，所以他们打药的频率反而提高了。原本10天打一次药，如今6~7天就会打一次，有时候甚至下完雨就会立刻打。"以前用人工打药，或多或少都会有漏打，但使用无人飞机就不会

存在这种情况;而且无人飞机风场足够大,能打透,效果我认为比人工还要好。"小何表示。

如今,他家荔枝园所在的步云果场已列入粤港澳大湾区"菜篮子"生产基地名单,小何表示,成为"菜篮子"生产基地后,会有工作人员定期上门对荔枝进行质检,而他们的通过率要比靠人工打药的其他果园高得多。

2. 用药信息和作业参数

根据本案例中荔枝园的病害和虫害特点,其用药信息和作业参数见表5-23。

表5-23 用药信息和作业参数

亩用量	10L/亩	飞行速度	2m/s
相对作物高度	4m	喷嘴型号	SX11001VS
常用药	除虫脲、氯虫苯甲酰胺、高效氯氟氰菊酯、烯酰吗啉、吡唑醚菌酯、波尔锰锌和甲基硫菌灵等		
作业经验	1. 尽量在3级风以下进行作业 2. 若遇到长时间降雨,可适当增加打药次数,提高打药的频率		

3. 作业效果

本案例中的荔枝园采用无人飞机进行飞防时,大大减少了人力劳动和用药成本,相较于人工打药,平均每亩果园能节省近500元;此外,使用无人飞机打药,不仅药液喷洒均匀,且药液的穿透效果更佳(图5-19),对于病虫害的发生起到了很好的防治效果。

图5-19 无人飞机喷洒农药效果图

思 考 与 练 习

一、选择题

1.( )是苹果常见的病害,广泛存在于我国的大部分苹果产区。(单选题)

A.苹果白粉病　　　　B.根腐病　　　　C.褐斑病　　　　D.腐烂病

2. 苹果树的主要病害有（　　　）。（多选题）
A. 苹果白粉病　　　　　B. 根腐病　　　　　C. 褐斑病　　　　　D. 腐烂病
3. 植保无人飞机飞防服务的优势是（　　　）。（多选题）
A. 效率更高　　　　　　　　　　　　　　B. 适应面更广
C. 省水省药　　　　　　　　　　　　　　D. 对人体无危害
4. 无人飞机作业稀释倍数是人工稀释倍数的（　　　）。（单选题）
A. 1/5~1/10　　　　B. 1/2~1/5　　　　C. 1/3~1/6　　　　D. 1/15~1/25

二、填空题

1. T50 果树套装 50L 药箱作业时，不论区域航线还是自由航线，须保证流速在_____L/min 以上。
2. 常绿果树与落叶果树有很大的区别，其叶子密度和质地影响药液的穿透力，其生长环境的_____、_____、_____将影响_____、_____和_____等参数。
3. 果园管理情况和大田不同，如_____、_____等对作业参数影响较大。
4. 果园作业通常选择推荐雾滴粒径为_____两档，如夜晚无风天气、触杀型杀虫剂、控梢等特殊情形，可选择_____档。

三、简答题

1. 简述区域航线规划和自由航线规划在果园飞防作业中的区别。
2. 果树飞防作业时的总用水量计算，需要注意哪些方面的内容？

学习拓展

1. 任务背景

2021年10月中旬，大疆农业发布了全球作业面积超10亿亩的里程碑海报，这其中有着比例可观的果树作业。

研发人员表示，在前期调测过程中，测试员在全国20多种不同的果园中进行飞行测试（图5-20），确保果树模式可以用于大多数果树场景，并且实现了果树识别率98%、每分钟内完成200亩作业面积的目标。大疆农业在推出果树模式后，还推出了"树心模式"，对航线的优化与农药的精准定量喷洒可以最大化发挥农药的效果，全力保障果树作业的经济化效益。除此之外，此后陆续推出了"地块边界识别""苗情分析""巡田监测"等功能。

图 5-20　大疆无人飞机测试"果树模式"

近几年，随着DJI影像产品的不断升级，智能跟随技术也随之不断完善，从原来简单识别颜色纹理发展到现在的重人脸识别功能，并且在同一场景中可以出现多个物体的跟焦功能,真正实现三维场景的智能跟随。

2. 任务要求

请结合上述大疆植保无人飞机测试"果树模式"的案例背景,组织相关专业学生(分2个小组)对本市郊区的果农进行植保需求方面的调研,计划利用学校无人飞机对果树进行飞行防治。要求每组学生至少完成服务任务1次,采用航线规划的作业模式,并对该飞防任务进行合理规划,撰写任务过程书一份,具体要求包括:

1)小组团队分工。
2)作业环境调查。
3)无人飞机航线规划。
4)果树病虫害的发生情况及用药配方。
5)作业参数设计与数据记录。
6)任务要求与总结。

3. 绘制作业流程图

4. 团队分工

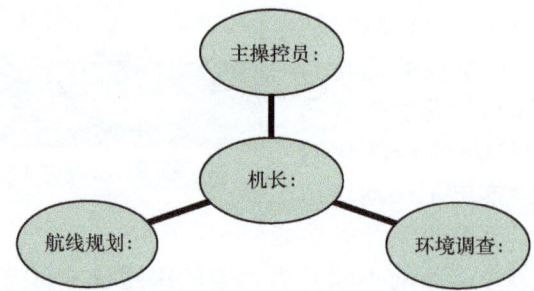

5. 作业环境调查

（1）农作物生长及病虫害情况

（2）地块内障碍物及周边环境

（3）地块及航线规划

（4）气象要素

6. 用药配方及配药流程

7. 作业参数设计与数据记录

设备型号	作业方式	喷洒方法	航线路径	喷施角度
作业高度	航线间距	作业速度	喷雾流量	安全距离
作业面积	作业时长	使用药量	架次	记录人

8. 作业实施

（1）工具清单

（2）安全预案

（3）作业前检查

（4）开始作业后的注意事项

（5）作业后检查

（6）设备养护

9. 实践总结

撰写一分项目实践总结，要求 500 字左右。

单元五　其他农业领域的作业

5.5.1　小麦追肥

1. 案例背景

其他农业领域的作业案例

春节后，随着温度的快速回升，小麦茎叶进入快速生长时期，由以茎叶生长为主开始向生殖生长转化，小麦幼苗逐渐进入快速生长的时期。大量的分蘖在生长发育过程中，需要大量的养分和水分。充足的水肥才能满足茎叶的生长，长成植株并进入抽穗期，一旦水肥供应不足，出现缺水缺肥，大量的小分蘖因无法获得足够的养分，逐渐死去，成为无效分蘖。因此，小麦返青拔节期是小麦需肥关键期，追施小麦拔节孕穗肥，是促进小麦幼苗转化、培育壮苗的关键；必须要进行追肥浇水，才能满足茎叶的生长，提高分蘖成穗率，为小麦获得丰产丰收奠定良好的基础。

小麦追肥的目的是促进幼苗生长和分蘖，提高分蘖数，促进大分蘖成穗，提高成穗率，促进小穗和小花的分化，争取穗大粒多。因此，追肥的具体时间要根据麦苗的长势进行，一般黄淮海地区，冬小麦的最佳追肥时间在2月下旬至3月上旬，弱苗要适当地提前追肥，可促进缓苗，加速幼苗生长；对于壮苗，要适当推迟追肥，促进小穗分化，提高结籽率；对于群体密度大，有旺长趋势的麦苗，可以不追肥，只喷施叶面肥。

到了每年3月份，农户都会抢农时施拔节肥，但"请人难、请人贵"的问题尤为突出。越来越多的"新农人"，通过更先进、科学的植保手段为自己和家人创造更好生活的同时，在为守护粮食安全，端稳国人饭碗贡献自己的力量。江苏淮安洪泽区的大李就是一位"新农人"，他和大多数当地的农户一样，需要赶在下雨前施撒拔节肥。由于窗口期短，作业量大，要在窗口期完成追肥农事活动，对于当地的普通农户来说，挑战还是比较大的，但对于拥有多年飞防植保经验的操控员大李来说，就显得从容得多。

2. 作业环境

在2023年小麦追肥关键期，大李一天需要完成约300亩的撒肥作业。由于地块与地块之间被树林分割成了好几块，且形状也不算方正，这对无人飞机航线规划、自主作业效率产生了一定影响，但通过合理的地块规划和娴熟的操作技巧，他依然能够高效率地抢在窗口期结束前完成撒肥作业。作业当天，他借助T50植保无人飞机，每天可完成撒肥150袋，具体的作业环境见表5-24。

表5-24　作业环境

作业地点	江苏淮安洪泽区	作业地形	平地
天气	阴	风力	1级
湿度	37%	气温	7~15℃

3. 作业参数

大李从早上10时开始作业，1块电池能撒3袋肥（每袋50kg），通过两块电池循环不间断地作业，1h大约可以撒22袋肥，当天共需撒肥150袋，约7h完成追肥作业。由于飞行速度不影响撒肥作业的效果，所以在保证安全的前提下，尽量提高飞行速度，以获取更高的作业效率。具体作业参数见表5-25。

表 5-25　作业参数

所用机型		大疆T50	
相对作物高度	3m	飞行速度	9m/s
亩施药量	25kg/亩	作业行距	7m
播撒盘转速	1000r/min	作业模式	全自主航线规划作业

4. 用肥方案

拔节追肥的用法和用量需要科学合理，因为拔节孕穗期直接决定着小麦的成穗率和结实率，是促进壮秆大穗的关键时期。因此，为了保证小麦生长所需养分，形成大穗，增加粒数，提高产量，科学施肥相当重要。大李凭着多年的小麦种植和追肥经验，制订了合理的用肥方案，见表5-26。

表 5-26　用肥方案

肥料类型	亩用量	作用
复合肥（15-15-15）	25kg	促进小麦全方位生长

5. 作业效果

使用T50大疆植保无人飞机进行小麦大田的追肥作业，其作业效果良好，肥料颗粒能够被均匀地喷撒到大田的每个角落，如图5-21所示。在作业效率上，T50植保无人飞机每小时能撒肥22袋，合计1100kg，平均每小时作业约44亩，效率极高。

图 5-21　撒肥作业效果

5.5.2 猕猴桃授粉

1. 案例背景

猕猴桃为雌雄异株植物，虽然雌雄株都能产生花粉，但雌株的花粉通常是空瘪无活力的，只有雄株才能产生有活力的花粉（图5-22），所以雌雄株之间必须通过授粉才能坐果。猕猴桃果实内的种子数量与果实的大小、营养成分的高低具有相关性，授粉产生13粒种子就可坐果，但结的果实个小品质差，要想生产优质果，一般每个果实内应至少有800~1000粒种子。

猕猴桃虽然是风媒花，能够借助风力授粉，但其花粉粒大，在空气中飘浮的距离短，依靠风力授粉效果不好，必须依靠昆虫授粉或人工授粉。雌花正常授粉后，可避免幼果脱落和畸形小果，果实膨大快，籽实

图5-22 猕猴桃雄花花朵

不但正常发育，且籽实量显著增加，单果重随之提高，果形整齐，可溶性固形物含量提高，着色好。反之，坐果率将受影响，即便坐果，果个、果形、果色也难以保证。实践证明，人工辅助授粉效果非常好，可以有效地提高果品产量与质量，人工辅助授粉的果园比未进行辅助授粉的果园单果增重20%~30%，籽实增加40%~50%，优果率可提高30%。

我国作为猕猴桃的原产地，近几年产量不仅稳居世界第一，品质也是节节拔高。陕西作为中国猕猴桃大本营，产出的猕猴桃质地绵密柔软，甜酸适口，受到市场青睐。而想要保证猕猴桃的产量和质量，有效的猕猴桃授粉非常关键。每年的5~6月，正是猕猴桃开花时节，而猕猴桃作为雌雄异株植物，必须进行异花授粉才能结果。如何高效地为猕猴桃授粉，关系到猕猴桃产业的健康发展。

2021年5月，陕西渭南福康植保公司、渭南果树研究院、华洲高塘果沁农业猕猴桃园三家联合，利用大疆T10植保无人飞机为200亩猕猴桃树进行授粉，不到7h完成作业，效果良好，开启了无人飞机猕猴桃授粉的篇章。

2. 作业环境

猕猴桃花期短暂，仅10天左右，如果想单纯依靠风媒或昆虫授粉，果实产量很难提高；传统人工授粉，需事先采摘雄花，再把雄花一一涂在雌花表面，人工一天作业仅2亩，费时费力。如遇上突发雨季，人工也很难在短时间内完成授粉，造成果园减产。除了通过雄花授粉，目前市面上也出现了干粉喷雾器授粉。用户把花粉装进容器，喷施即可，每亩使用花粉30~40g，每人每天可作业5~6亩。但人工效率较低，费用高。因此，选择无人飞机授粉替代传统的人工和干粉喷雾器授粉，不仅能够提高作业效率，更能够降低经济成本。

本案例中为200亩猕猴桃树进行授粉时的作业环境见表5-27。

表 5-27　作业环境

作业时间	2021.5.8	作业地点	陕西省渭南市华州区
作业对象	初挂果猕猴桃树，高度 2m	作业地形	平地
作业面积	200 亩	风力	3 级
天气	晴	气温	26℃

3. 作业参数

猕猴桃花粉纯粉售价 20 元/g，建议果农采用当年自制花粉。制作花粉溶液时，先把助剂溶于水，再溶解花粉。助剂是为了使花粉与水更好地相溶，并保持花粉活力。助剂的使用量根据水量而定，花粉浓度建议为每 5kg 水中溶解 2.5~10g。使用无人飞机为猕猴桃花进行液体辅助授粉时，建议使用风场较小的 T10 植保无人飞机，飞行速度不宜过慢，无人飞机与作物保持一定飞行高度，防止风场吹落果花。具体作业参数见表 5-28。

表 5-28　作业参数

所用机型		大疆 T10	
相对作物高度	2m	飞行速度	1.3m/s
亩施药量	5L/亩，花粉 3g/亩	作业行距	3m
作业模式	全自主航线规划作业	喷头类型	XR11001VS

4. 作业效果

无人飞机辅助授粉可克服猕猴桃雌雄花期不遇和授粉不良的问题。同一果园雄花一般比雌花早开 2~3 天，猕猴桃的花期特别短，一旦授粉机会错过，全年的收获就无从谈起，所以提前收集花粉，进行辅助授粉是最理想的选择。此外，无人飞机辅助授粉还可有效解决花期因低温、阴雨天气造成授粉不良的影响，克服因猕猴桃叶片宽大、密接重叠而造成风媒、虫媒授粉不彻底的问题。

目前，在猕猴桃上使用无人飞机辅助授粉，是渭南市果业研究院费时 5 年研究的成果。通过在水中加入助剂，提高花粉与水的相溶性，使花粉能够均匀地分布在水中，并保持 2~3h 的活性。经过技术人员的测量，无人飞机为猕猴桃花授粉 1h 可完成 40 亩，效率是人工喷枪授粉的 40 倍；成本上，一亩地需用花粉 5~10g，加上专用助剂，一亩地的成本为 300~400 元，远低于人工成本。

5.5.3　油菜籽播种

1. 案例背景

油菜种植既要实现规模化，还要实现快速化和智能化。近年来，随着植保无人飞机产业规模的增大及其在农业领域应用技术的扩展，全自动、高精度、高效率的无人飞机飞播技术已成了推动油菜产业发展、赋能油菜种植大户的最佳途径。

南方油菜的种植面积大，受地形影响，地面播种机械对于很多种植区域并不适用，主要还是以人工播种为主。人工播种方式主要有两种，一是育苗移栽，这需要耗费大量劳动力；二是直接撒播，存在油菜籽播撒分布不均匀的问题。近年来，随着农村劳动人口不断减少，人工成本越来越高。采用无人飞机播种越来越重要。

大疆 MG-1P 植保无人飞机能够通过搭载 MG 播撒系统进行水稻直播，水稻出苗后，播撒度均匀、水稻成活率较高，农户对播撒效果非常满意。使用 MG 播撒系统进行油菜籽的播种值得尝试。

2. 播撒参数

2018 年 10 月底，当地某植保公司的技术人员在广西壮族自治区崇左市大新县名仕田园开始了播撒油菜籽测试（图 5-23），针对 MG-1P 搭载播撒系统作业时的飞行高度、飞行速度、转盘转速以及开口大小对播撒的影响进行了试验测试。由于油菜籽的粒径较小，在 1~2mm，飞行高度不

图 5-23　无人飞机播撒油菜籽

宜过高，在保证油菜籽播撒均匀的前提下，技术人员经过多次测试，最终在保证亩播种量为 0.4~0.5kg 的前提下，找到了最佳的作业参数，具体见表 5-29。

表 5-29　作业参数

所用机型		大疆 MG-1P	
相对作物高度	2m	飞行速度	4m/s
播撒盘转速	650r/min	作业行距	5m
开口率	20%	作业模式	全自主航线规划

3. 作业效果

通过试验测试确定了大疆 MG-1P 播撒油菜籽的适宜作业参数后，为了让当地用户放心，植保技术团队选用 10 亩试验田地进行了实地测试。使用播撒机播种 4 天后油菜的出苗情况如图 5-24 所示，播种 10 天后油菜的出苗情况如图 5-25 所示，良好的出苗情况让当地农业农村局对 MG 播撒机的播撒效果相当满意，并将 5000 多亩的油菜播种作业任务全部交给了植保公司负责。

图 5-24　播撒 4 天后油菜的出苗情况

图 5-25　播撒 10 天后油菜的出苗情况

根据技术人员介绍，一架 MG 播撒机每天可以完成 300 亩的作业任务，要是地块

大一些，作业效率还可以更高。MG 播撒系统可实现固态颗粒的播撒作业，作业箱容积达 13L，适用于直径为 0.5~5mm 的颗粒状物质。

5.5.4 红干椒喷洒催红催熟剂

1. 案例背景

红干椒在内蒙古通辽市开鲁县已有 20 多年的栽培历史，是当地的特色拳头产品，属于国家地理标志性产品。开鲁县是中国最大的县域红干椒生产基地，享有"中国红干椒之都"之美誉。开鲁红干椒（图 5-26）皮红肉厚、色质纯正、果实细长、品质优良，除维生素、辣椒素和各种营养物质含量比其

图 5-26 开鲁红干椒

他地区生产的同类产品较高外，还具有特别香浓的辣味，被称为"香辣型"，是辣椒中之上品。全县红干椒种植面积达四十多万亩，总产量可达 2.4 亿斤以上，占全国的 17%，产品销往国内 20 多个省自治区、直辖市，并出口新加坡、韩国、日本、俄罗斯等国家。

在开鲁县，当红干椒接近成熟时，通常会喷洒"一喷红"等水溶肥料对其催红催熟。这类肥料能平衡红干椒养分，活化花菁苷基因，提高花青素含量，促进果实转红、膨大；同时配合乙烯利一起使用，能起到促使辣椒增红早熟的作用。早在 2017 年，内蒙古耕耘农业团队便将无人飞机应用到红干椒催红催熟作业上。

2. 作业环境

开鲁县土地资源丰富，县内地势平坦土壤肥沃，土质以黑白相间的五花土为主，有机质含量适中，光照资源充足，年平均日照时数 3100h 左右，年降水在 340mm 左右，虽然降水少，但 88.6% 都集中在作物生长的 5~9 月份，属雨热同季，条件极适宜红干椒的生长，利于大规模种植红干椒。本案例具体作业环境信息见表 5-30。

表 5-30 作业环境信息

作业时间	2017.9.2	作业地点	通辽市开鲁县道德村
环境条件	微风	作业地形	平原

3. 用药信息

本次作业的目的是通过使用 MG-1S 进行植保作业，确保红干椒在一定时间内增红早熟，增加产量和收入。根据作物情况，共计划进行 3 次喷洒作业。本案例作业为第 2 次作业，本次作业的用药信息见表 5-31。

表 5-31 用药信息

农药名称	剂型	有效成分及含量	亩用量
一喷红	含腐殖酸水溶肥料	/	100ml
一喷红	水剂	40%	70ml

4. 作业参数

红干椒催红催熟作业对药剂喷洒均匀度要求较高，结合现场部分地块不规则的情况，本次作业采用航线规划作业模式。具体作业参数见表5-32。

表5-32 作业参数

所用机型		MG-1S	
相对作物高度	2m	飞行速度	5m/s
亩施药量	1L/亩	作业行距	4m
作业模式	全自主航线规划作业	喷头类型	扇形喷头 XR11001

5. 作业效果

在过去，红干椒催熟作业是椒农的一大心病，原因在于辣椒封垄后，人背着药壶进入田间容易挂断辣椒枝干，导致辣椒脱落减产。如今，无人飞机飞防作业已经彻底改变了这个不利局面。

5.5.5 棉花变量化控旺作业

1. 案例背景

棉花是北方的主要经济作物之一，市场价值与需求都相对稳定，其主要收益与产量、品质等因素有关。而在夏季高温雨季，尤其是在肥水条件充足的情况下，极易出现旺长的现象，旺长会使得枝叶消耗大量养分，导致植株的花蕾脱落率变高，这是棉花减产的主要原因之一。因此需要做好棉花的控旺工作，防止棉花过度生长。

棉花全程化控旺过程分为苗期控旺、蕾期控旺、花期控旺和打顶后控旺四个阶段，需根据各阶段棉花的生长特点制订相应的控旺措施。棉花苗期控旺，一般在幼苗1~2叶期进行，只要幼苗高度超过10cm、红茎比例达到40%以上，就需要及时进行药物喷施控旺，对于移栽时能达到5片叶的旺苗，建议在3.5~4叶时进行控旺，以此来矮壮幼苗、预防高脚苗；棉花蕾期控旺，一般在棉花现蕾初期或长到7~8叶时进行，只要棉田中有1/3~2/5的棉株现蕾且红茎比例不超过1/2就要进行控旺喷施作业，以此来抑制节间拉长、促进现蕾；棉花花期控旺，一般在棉花初花期或长到15~16叶时进行，只要田间棉株长势偏旺且红茎比例不超过2/3，就进行控旺作业，以此减少赘芽的萌生量，达到降低养分无效消耗量、提高结铃数量的效果；打顶后控旺，一般在棉花打顶后7~10天内进行，控旺重点是针对晚施和重施铃肥的地块使用，目的是预防棉种顶部果枝过度伸长、减少赘芽萌生、预防中下部郁闭，以达到提高铃重、提高品质的增产优收效果。

2. 棉田拍摄

首先利用大疆M3M遥感无人飞机拍摄棉田，再通过大疆智慧农业平台生成NDVI指数图，以查看棉田长势差异，从而科学合理的规划作业地块，生成作业处方图（图5-27）后，再指导植保无人飞机进行变量化控旺作业。M3M航摄时的飞行参数见表5-33。

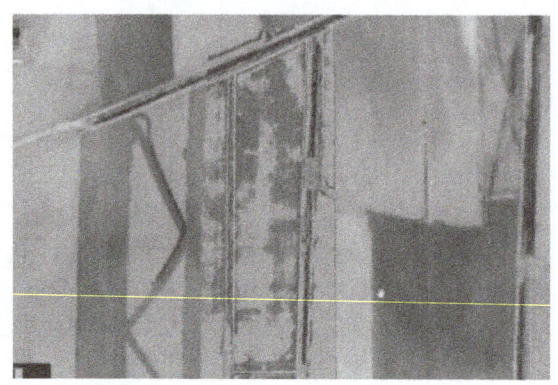

图 5-27　棉花变量化控旺作业处方图

表 5-33　飞行参数

搭载相机	DJI Mavic 3 多光谱版 - 可见光 + 多光谱	作业机型	M3M
作业时间	2023.7.4	作业地点	新疆沙湾
航线模式	建图航拍	航线高度	180m
航线速度	15m/s	高程优化	关闭

3. 作业效果

在过去，由于无法实现变量作业，只能通过对全棉田的均匀喷洒实现棉花整体的控旺作业（图 5-28），由于自然生长的棉花长势存在差异，如果全田喷洒抑制生长剂，那么长得矮的苗也被会被抑制生长，最终导致苗矮的棉花产量不如苗高的产量。如今，通过变量控制，可以仅对苗高的区域进行控旺喷洒，没被喷施药物的矮苗则能继续保持生长，等长势一致时再进行全田的喷洒控旺，从而达到整体增产的效果。

大疆智慧农业平台通过分析作物长势差异后，生成作业处方图，T50 无人飞

图 5-28　无人飞机棉花变量化控旺作业

机可根据处方图进行变量喷洒，长得好（高）的地方多喷，长得矮的地方不喷（少喷），实现精准喷洒，科学施药。由于无人飞机全程可实现自动化作业，效率高，不压苗，作业非常轻松，是当今"新农人"实现智慧农业生产的一大利器。

思 考 与 练 习

一、单项选择题

1. 植保作业时，人员必须的防护装备不包括（　　）。

A. 防护服　　　　　　B. 眼罩　　　　　　C. 口罩　　　　　　D. 衬衫

2. 植保作业如发生中毒，下面措施错误的是（　　）。
A. 带离作业现场，进入新鲜空气的场所　　B. 立刻漱口
C. 脱掉被污染衣服，清洗被污染皮肤　　D. 立即大量饮水

3. 已知某药剂每亩使用量为 50mL，每亩施药总量为 0.8L，作业参数为高度 2.5m、速度 4m/s、喷幅 5m，药箱体积为 10L，配药时每箱需加入的药剂为（　　）。
A. 625mL　　　　　B. 600mL　　　　　C. 500mL　　　　　D. 700mL

4. 下面关于航线规划描述错误的是（　　）。
A. 作业人员应在下风向作业
B. 作业人员应在侧风向或者上风向作业
C. 航线应远离高压线
D. 航线应避开树木、电线杆等障碍物

5. 关于喷洒限制，下面错误的是（　　）。
A. 避免对地面所有人员、财产、其他物种造成损害
B. 严格按照农药包装使用说明书的用量与操作规范进行配药、稀释、加药
C. 草甘膦类除草剂必须在 2~3 级风情况下进行喷洒
D. 更换农药品种作业时应将喷洒系统清洗干净后，方可进行下一种农药的喷洒

二、填空题

1. 小麦追肥的目的是促进幼苗_____和_____，提高_____，促进大分蘖成穗，提高成穗率，促进小穗和小花的分化，争取穗大粒多。

2. 猕猴桃虽然是风媒花，能够借助风力授粉，但其花粉粒大，在空气中飘浮的距离短，依靠风力授粉效果不好，必须依靠_____或_____。

3. 南方油菜的种植面积大，受制于地形影响，地面播种机械对于很多种植区域并不适用，主要还是以人工播种为主，人工播种主要包括_____和_____两种方式。

4. 棉花全程化控过程分为_____、_____、_____和_____四个阶段，需要根据各阶段棉花的生长特点制订相应的控旺措施。

学习拓展

1. 任务背景

2023 年 6 月上旬，三夏农事忙，晚稻种植正当时，杭州市余杭区种粮户纷纷运用各种新型无人飞机装备，开启晚稻播种，以实操作业生动诠释"机械强农"。

伴随着旋翼的嗡鸣声，一架无人飞机盘旋在稻田上空，将一行行水稻种子整齐地射入泥土中，3min 便完成了一亩地的播种任务。据杭州余杭益民合作社的负责人介绍，这架无人飞机叫"脉冲精量穴播无人机"（图 5-29），可以将装载的种子精量有序地运输到播种口，再利用脉冲技术使种子沿指定轨迹射入土中，最终实现水稻成行成穴点直播，有效降低播种损耗、节约播种成本。使用这架无人飞机作业，每亩地只需播种 1kg 种子，用量比起人工播种、行走式机械播种要减少 30% 以上。

此外，为提高无人飞机直播水稻种子的出苗率和成苗率，实现"一播全苗"，杭州

益民还开展了"种子丸粒化"（图5-30）研究，通过给种子外层加入肥料、生长调节剂、增氧剂、杀菌剂等成分并制成丸粒状，有效解决了水稻种子因形体细、长尖、有棱、有芒、绒毛而影响机械充种性能的问题。

图5-29　脉冲精量穴播无人飞机水稻直播作业

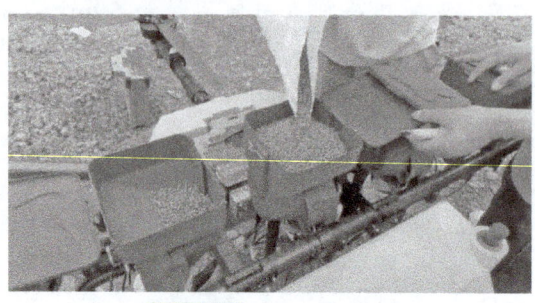
图5-30　种子丸粒化

近年来，余杭区积极招引培育农业科技企业，依托科研力量，在种粮户中大力推广省工节本高效的新农机。此外，余杭区还通过举办植保无人飞机操控技能竞赛、拍摄上传"机械强农"题材抖音视频、开展农机职业技能人才选拔和"土专家"培育等活动，全面提升农机从业人员的认同感和获得感。2024年，余杭区单季晚稻种植面积预计12万亩，种植大户300多户，水稻耕种收环节综合机械化率为88.17%、高效植保机械化率为76%。

2. 任务要求

请结合上述无人飞机进行水稻直播和水稻种子丸粒化的案例背景，组织相关专业学生（分2个小组）对本市郊区的"新农人"进行走访调研，了解无人飞机在植保飞防领域外的其他应用场景，并搜集相关资料，撰写调查报告一份，具体内容要求包括：

1）应用背景和意义。
2）主要创新技术。
3）无人飞机作业流程。
4）无人飞机作业参数。
5）总结。

参 考 文 献

[1] 胡志凤，张淑梅.植物保护技术［M］.2版.北京：中国农业大学出版社，2018.
[2] 杨苡，戴长靖，王明.无人机植保技术［M］.北京：机械工业出版社，2020.
[3] 蒋三生，郭辉，王尚，等.无人机农业植保应用研究新进展［J］.农业科学，2022，12（11）：1136-1142.
[4] 程忠义.2021植保无人机将继续深刻改变国内农业格局［J］.营销界：农资与市场，2021（Z1）：72-77.
[5] 薛铭扬.江苏植保无人机专业企业人才需求分析［J］.湖北农机化，2019（22）：14.
[6] 梅玲.气象要素对植保无人机飞行作业的影响分析［J］.农业灾害研究，2021，11（04）：31-32.
[7] 马英剑，徐勇，孙利，等.我国航空植保的发展现状及展望［J］.农药，2022，61（07）：469-477.
[8] 兰朝美.植保无人飞机应用于丘陵山区适用性分析［J］.农村科学实验，2021（6）：72-73.